테·마·가·있·는
정원 가꾸기

체계적 이론 & 다양한 사례

+33

For Self Gardening
테마가 있는 **정원 가꾸기 + 33**

초판 6쇄[부분개정] 발행일 2022년 4월 9일

발행처	(주)주택문화사
펴낸이	임병기
출판등록번호	제13-177호
주소	서울시 강서구 등촌3동 684-2 우리벤처타운 6F
전화	02-2664-7114(代)
팩스	02-2662-0847
출력	삼보프로세스
용지	영은페이퍼(주)
인쇄	북스

편집 · 기획	전원속의 내집 편집부
사진	변종석
디자인	정은선
총판 · 관리	장성진 · 이미경
마케팅	서병찬

자매지
월간 전원속의 내집 www.uujj.co.kr

정가 26,000원

이 책의 저작권은 (주)주택문화사에만 있습니다.
내용의 전부 또는 일부를 이용하려면 반드시 동의를 받아야 합니다.
파본 및 잘못된 책은 바꾸어 드립니다.

ISBN 978-89-6603-001-9

For Self Gardening

테·마·가·있·는
정원 가꾸기

체계적 이론 & 다양한 사례

+33

책을 내며

시간이 나면 시골에 항상 내려갑니다. 마루나 평상에 퍼질러 앉아 텃밭에서 방금 솎아 온 상추 잎에 찬밥 한 숟갈, 온갖 양념을 담뿍 버무린 쌈장에 '똑' 하고 분지른 고추 한 대목을 얹어 쌈을 싸먹으면, 그 맛이…

격식과 체면 모두 다 팽개치고 우악스럽게 먹다보면 주변으로 자연스럽게 시선이 옮겨집니다. 무심코 쳐다보던 울안의 소담한 정원 풍경이 너무도 편하게 소화를 시켜 줍니다. 이쪽저쪽 훨훨 나는 나비가 마치 운율을 맞춰 주는 듯 하고요.

사람들은 푸념하듯 이야기합니다. 여유가 생기면 시골에 내려가 전원주택이나 짓고 살겠다고. 정원 넓은 집에서 사람 사는 재미를 느끼며 조금은 느리게 살고 싶다고 말입니다.

그런데 말이죠. 꼭 그림 같은 전원주택 정원이 아니어도 마당이나 하다못해 베란다에 화분 몇 개만 들여 놓아도 그 꿈을 제대로 시작할 수 있지 않을까 싶습니다. 문제는 너무나 익숙해져버린 생활에 대한 안이함과 습관이 되어버린 게으름이 아닐까요?

그래서 여기, 내가 즐겁고 가족이 따뜻해질 수 있는 정원 이야기를 하나씩 풀어 보고자 합니다. 희망하는 정원을 설계하는 즐거운 고민, 벤치 하나만 놓아도 분위기가 달라지는 뜨락, 예쁜 꽃이 어우러진 수목과 함께하는 행복, 가족과 즐거운 한 때를 보내는 텃밭까지 자연을 가꾸고 즐기는 방법들과 잘 꾸며진 정원들을 찾아보았습니다.

애써 땀 흘리며 가꾸고 즐기는 여유가 얼마나 사람을 행복하게 만드는지 그것은 경험한 사람만이 알고 또 누릴 수 있는 기쁨입니다.

CONTENTS

PART 1 Garden Design

내 집 앞마당, 정원을 가꾸는 이유 14

정원디자인 계획의 시작 16

정원 계획의 세 가지 요소 18
Theme – Style – Plan

본격적인 정원 구상 10단계 20
정원 계획 시작하기 – 대지와 마당, 주변 환경 점검 – 이미지보드 만들기 – 집과 주변경관 둘러보기 – 공간 나누기 & 경계선 긋기 – 바닥 포장과 잔디 심기 – 오솔길 만들기 – 나무와 꽃 고르기 – 색으로 꾸미기 – 시설물 계획하기

정원만들기 실전 28
예산 산출하기 – 재료 구입하기 – 땅 고르기 – 주제 식물 심기 – 조경물 설치 – 화목류 배치 – 잔디 깔기

CASE 1 석재를 활용한 정원

돌과 물, 나무가 어우러진 마당 34

소나무 숲에 둘러싸인 편안한 암석정원 42

방문객의 편의에 초점을 맞춘 특별한 정원 50

정갈하고 무게감이 느껴지는 조경 56

크고 작은 자연석으로 끌어안은 녹음 64

PART 2 Outdoor Space

정원의 담과 문 ····· 72
여러 유형의 담과 문
세월이 갈수록 정취를 더하는 돌담

진입로와 포장 ····· 78
자재별 특징 및 시공요령

정원 계단 디자인 ····· 82
지형과 자재에 따른 계단의 종류

싱그러운 초록 연못 ····· 86
초보자도 가능한 연못 시공법
전문가가 필요한 연못 시공법

정자와 파고라 ····· 96
다양한 정자와 파고라의 유형

수영장과 노천탕 ····· 100
앞마당에 간이수영장과 노천탕 설치하기

CASE 2 수공간이 눈길을 끄는 정원

아기자기한 볼거리가 넘치는 정원 ····· 106
시원한 물줄기가 눈과 귀를 사로잡는 정원 ····· 114
단정함과 깔끔함의 극치를 보여주는 조경 ····· 122
전통 조경의 미학이 살아 있는 수공간 ····· 132

CONTENTS

PART 3 Green Place

정원수 선별 및 구입 노하우 ... 144
건강한 묘목 선택 방법

취향별 정원수 고르기 ... 146
상록수 – 화목류 – 유실수

사계절 건강한 나무 관리법 ... 152
정원수 식재하기
정원수의 겨울나기
수목 관리법 10

소나무의 이식과 관리방법 ... 158

생나무 울타리에 대한 모든 것 ... 162
쓰임새에 따라 적합한 수목의 종류
울타리용 나무 고르기
사철나무 울타리 만들기

잔디 선택 및 시공에서 관리까지 ... 166
어떤 잔디를 심을 것인가
내 손으로 잔디 깔기
사계절 파릇한 잔디 유지 관리
효과적인 잡초 제거 방법
정원관리용 기기 선택
잔디 관리법 13

CASE 3 녹음이 돋보이는 정원

짙푸른 녹음이 선사하는 청량감 ... 180

아늑하고 풍성한 녹음을 즐길 수 있는 정원 ... 188

주인의 정성이 담뿍 담긴 뜨락	196
빈틈없이 정돈된 집과 정원	206
가꾸는 만큼 푸르름을 안겨주는 마당	214
일상에 지친 이들에게 휴식이 되는 정원	222
알뜰하고 이상적인 전원 속 정원	232

PART 4 Garden Flower

꽃밭 꾸미기의 첫 단계, 꽃의 분류 — 242
봄에 심는 화초 VS 가을에 심는 화초
한해살이 화초 VS 여러해살이 화초
인기 있는 우리 꽃 Best8

사계절 화사한 공간별 꽃밭 연출법 — 248
꽃밭 계획 세우기
꽃밭 꾸미기 노하우

생기 있는 꽃밭 관리 노하우 — 254
꽃씨 파종 및 식재 방법
화초 & 화분 손질법
병충해 예방 및 제거법

야생화 가꾸기의 모든 것 — 258
야생화 선택 및 구입 방법
야생화가 잘 자라기 위한 흙의 조건
화분에서 기르기
정원에서 기르기
계절별 야생화

CONTENTS

CASE 4 꽃향기 가득한 정원

정원을 가득 채운 꽃과 나무가 주는 안온함 272

야생화와 항아리로 치장한 도심 속 정원 280

정원에 활기를 더하는 야생화의 향연 288

시간이 지날수록 풍성하고 아름다운 정원 294

꽃무더기 가득한 너른 마당 300

PART 5 Kitchen Garden

텃밭 가꾸기 전략 308
초보자를 위한 작물별 재배 노하우
텃밭 크기에 따른 재배 사례

유기농 재배의 실제 312
땅고르기 – 이랑 만들기 – 파종하기 –
김매기 & 솎아내기 – 병충해 막기 – 수확하기

우리집 텃밭에 적당한 채소 316
다양한 쌈 채소
비타민과 미네랄이 풍부한 새싹채소 가꾸기
겨울철 휴경지를 이용한 텃밭농사
가을 김장채소 기르는 법

건강한 텃밭을 위한 퇴비 만들기 324
퇴비 만들기
발효제 만들기
쌀뜨물로 영양제 만들기
단계별 퇴비실

CASE 5 소품으로 생기를 더한 정원

정성이 가득 담긴 단 하나뿐인 공간 330
석재 조형물로 꾸민 정원 340
한결 품격 있는 정원의 완성 346
정원에 여유를 더하는 소품, 벤치 352
완성도 높은 정원을 위한 작은 노력 360
아기자기한 소품이 주는 활력 368

CASE 6 데크로 생활공간을 넓힌 정원

탁 트인 전망을 자랑하는 데크 정원 374
독특한 개성을 간직한 조경 디자인 384
데크가 선사하는 풍요로움 392
생활 영역의 확장을 도와주는 데크 400

CASE 7 고풍스러운 전통 정원

고유의 넉넉함을 한껏 드러내는 마당 산책 408
아늑함이 느껴지는 우리 정원 416
INDEX 424

PART 1

Garden Design

내 집 앞마당, 정원을 가꾸는 이유	14
정원디자인 계획의 시작	16
정원 계획의 세 가지 요소 Theme – Style – Plan	18
본격적인 정원 구상 10단계 정원 계획 시작하기 – 대지와 마당, 주변 환경 점검 – 이미지보드 만들기 – 집과 주변경관 둘러보기 – 공간 나누기 & 경계선 긋기 – 바닥 포장과 잔디 심기 – 오솔길 만들기 – 나무와 꽃 고르기 – 색으로 꾸미기 – 시설물 계획하기 –	20
정원만들기 실전 예산 산출하기 – 재료 구입하기 – 땅 고르기 – 주제 식물 심기 – 조경물 설치 – 화목류 배치 – 잔디 깔기	28

Prologue

내 집 앞마당,
정원을 가꾸는 이유

정원, 'garden'이라는 단어는 둘러싼다는 뜻의 라틴어 'gar'와 아름답게 꾸민다는 뜻의 'eden' 또는 'oden'이 결합되어 생긴 말이다. 즉 '일정한 테두리 안에서 사람의 손길을 거쳐 탄생하는 것'이란 의미다. 이렇게 생각해보면 자연 속에 터를 잡는 전원주택에서도 정원이 필요할까? 굳이 정원을 꾸며야 할까? 하고 반문할 수도 있지만, 자기만의 영역을 구획한다는 방향에서 보면 답이 나온다. 대문 밖을 나서면 접할 수 있는 산이나 계곡과, 우리집 앞뜰의 수풀과 수공간은 좀 다른 의미이기 때문이다.

우선 정원은 '생활'을 위한 공간이다. 단지 보고 즐기는 장식적 의미뿐만 아니라, 먹고 쉬는 일상생활과 밀접한 관계를 갖는다. 건축물이 옥내생활공간이라면 정원은 옥외생활공간이다. 심신의 피로를 푸는 휴식의 장소로, 건강을 위한 스포츠 장소로, 어린아이들에겐 놀이터로, 때로는 세탁을 하거나 DIY를 위한 작업장으로도 활용된다. 파자마 입고 배드민턴을 칠 수 있는 곳은 오로지 우리 집 정원뿐이다.
이처럼 정원에서 다양한 활동을 할 수 있는 이유는 사생활이 보호되기 때문이다. 집은 그 어떤 장소보다 절대적으로 사생활 보호가 필요한 영역이다. 따라서 정원은 이를 구획하는 대지의 경계 부위에 수목이나 담장으로 외부와 선을 그어 분리시키는 것이 일반적이다.

물론 정원을 조성하는 가장 큰 이유는 수목과 초화류 등으로 쾌적하고 건강한 주거환경을 완성하는 데 있다. 식물은 인체가 내뿜는 탄소를 흡수하고 우리에게 필요한 산소를 배출해 줌으로써 맑은 공기를 마실 수 있게 한다. 또한 수목은 외부에서 날아오는 각종 분진이나 매연, 바람을 막아주고 뜨거운 햇볕을 차단해주며 때로는 꽃향기까지 선사하니 어찌 오감이 즐겁지 않겠는가.
또한 정원은 생산성 있는 공간으로도 활용될 수 있다. 유실수를 심어 과실을 얻거나 텃밭이나 약초밭을 만들어두고 수확하는 재미를 맛볼 수도 있다. 정원에 각종 동식물들을 키우면서 자연에 대한 이해도 높이는 기회를 얻는 것이다.

그러나 무엇보다 주택의 정원은 정서적으로 심신의 안정을 찾게 해주고 생활의 여유를 갖게 하는데 그 의미가 있다. 주택의 가장 큰 목적이 바로 휴식과 재충전이기 때문이다. 한때 인위적으로 가다듬어 조형미를 나타낸 수목과 정원 양식이 유행하기도 했으나, 최근에는 자연 상태 그대로 자란 초화류를 선호하는 경향이 강한 것도 같은 맥락이라 하겠다.

집집마다 그 규모가 다르듯이 정원 역시 넓은 대지에 비싼 수목과 희귀 초화류, 시설물들로 화려하게 치장하는 조경도 있고, 친근한 상록수나 낙엽수들을 심고 자연석을 보기 좋게 배치하는 정도의 소박한 조경도 있을 것이다. 조경에 어느 정도 무게를 두고 예산을 편성하느냐에 따라 다르겠지만, 정원에 아무리 공을 들여도 애초부터 꾸준히 관리할 자신이 없다면 일치감치 포기하는 편이 나을 것이다. 철마다 피는 꽃들을 바꾸어 심어 정원에 표정을 더해주고, 나무소독과 전정 등으로 꾸준하게 손질하는 작업은 말처럼 쉽지 않다. 당신의 마음속에 정원을 꿈꾸고 있다면, 각오부터 먼저 다져야 할 것이다.

Garden Design

정원디자인 계획의 시작

조경은 '인공적으로 자연, 산수의 경치 같은 느낌이 나도록 정원이나 공원 등을 꾸미는 일'이다. 그리고 정원은 '집 안에 가꾸어 놓은 뜰, 특히 아름답게 자연 경관을 살려 꾸며 놓은 뜰'을 말한다.

정원은 크게 인위적으로 꾸민 것과 자연 풍경을 살려 꾸민 두 가지 형태로 나눌 수 있다. 서양의 정원은 형식적인 경우가 많고, 동양에서는 자연 풍경을 살린 경우가 많다.

동양의 조경은 공간의 배치에 있어서 대체로 순천주의적 자연관, 신선사상의 영향으로 자연의 형태를 심하게 변형시키지 않았다. 변형에 있어서도 형태적인 변형보다 확대 축소의 변형 과정을 거치기 때문에 자연과 유사한 비정형성을 띠고 있다.

수직적인 공간구분이 강한 우리식 조경

공간배치에 있어서 한국 조경의 가장 큰 특징은 수직적인 공간 구분이 강하다는 점이다. 중국과 일본이 평지에 정원을 구성하였던 것과 달리, 우리는 건물입지에 있어서 풍수지리사상의 영향을 받아 배산임수(背山臨水)의 지형에 양택(陽宅)을 하게 되므로 건물 뒤쪽에 경사지가 생기는 경우가 많다. 또한 지형 자체가 경사지가 많고, 주위에 산이 둘러싸인 형태가 많기 때문에 수직적 공간이 특히 많았다. 때문에 정원은 경사지에 단을 쌓고 단 위에 꽃과 나무를 심어 화계(花階)를 조성한 뒤 자연석내지 떨어지는 폭포를 두어 변화를 꾀하는 식으로 많이 꾸며졌다.

정원과 자연의 경계가 모호하도록

또한 우리의 정원은 자연을 그대로 연장하는 개념이어서, 인위적인 손길이 느껴지지 않는 자연의 모습 그대로를 담아낸다. 봄에는 꽃이 피고 여름엔 녹음이 우거졌다가, 가을이면 낙엽이 지고 겨울엔 앙상한 모습을 드러낸다.

분수도 거의 쓰이지 않는다. 위에서 아래로 떨어지는 순리 그대로 폭포나 연못을 구성하기 때문이다. 정원과 자연의 경계를 흐리기 위해 담도 일부러 낮게 배치해 인근에 펼쳐진 호수와 산의 풍경이 정원과 연계되어 보이도록 한다.

빠질 수 없는 정원의 요건

정원에서는 첫째로 계절감을 느낄 수 있어야 한다. 꽃, 열매, 단풍 등 계절에 따라 변하는 식물의 생태를 접할 수 있는 공간이 되어야 한다.
둘째로 그늘을 줄 수 있는 녹음수가 있어야 한다. 녹음수는 여름철 더위를 막아주고 겨울철 추위를 막아주는 역할을 한다.
셋째로 즐길 수 있는 계류나 연못 같은 수공간이 있어야 한다. 수공간이 있음으로 해서 다양한 수생식물을 접할 수도 있고 여름철 놀이 공간으로서의 활용도 가능하다.
넷째로 입주자에게 휴식을 제공하는 쉼터 공간(가제보, 정자, 파고라, 간이테이블, 벤치 등)이 있어야 한다. 정원의 가장 큰 목적은 편안한 휴식이기 때문이다.

Garden Design

정원 계획의 세 가지 요소

가족과 정원의 용도 고려

정원을 만들기 위해선 먼저 주제를 정해야 한다. 주제를 정할 때에는 정원의 규모나 주택 외관에 따른 전체적인 이미지 등을 가장 중요하게 고려해야 한다. 꽃과 나무, 소품, 조명까지 하나의 주제 아래 선택해야 통일성을 줄 수 있다.

규모가 작은 정원에 너무 크고 비싼 나무를 심는다면 오히려 집안에서 바라보는 바깥경관을 가리게 될 것이다. 반대로 넓은 정원을 화초만으로 꾸민다면 조금 심심한 느낌이 들 수도 있다.

또한 가족 구성원에게 필요한 정원의 용도 또한 고려해야 한다. 꽃을 주요 소재로 꾸미는 화훼정원이나 야외에서의 휴식을 주요 목적으로 하는 휴식정원, 가꾸어 먹을 수 있는 채소 위주로 꾸민 채소정원 등 다양한 욕구가 반영되어야 하기 때문이다.

그러나 지나치게 통일성에 치중하거나 완벽함을 추구하다 보면 자연스런 느낌이 감소될 수 있으므로 유의한다. 추후 관리나 유지가 어렵지 않을 정도의 적정선을 찾는 것이 중요하다.

통일성 있는 스타일 정하기

주제를 제대로 살려낸 정원은 나름대로의 스타일을 갖게 된다. 주제정원의 대표적인 사례가 영국의 장미정원이다. 영국인들에게 있어 정원을 가꾸는 것은 생활의 일부이다. 그리고 정성들여 가꾼 꽃과 나무를 보는 것에 만족하지 않고 사람들을 초대해 파티를 열고 자신이 가꾼 정원을 자랑하고 싶어 한다. 또한 영국은 오랜 허브가든의 역사를 가지고 있다.

허브가든이 발달한 또 다른 나라가 바로 일본이다. 우리나라에서는 분화로만 허브를 판매하고 있는데 점차 조경에도 허브를 활용하려는 움직임이 일고 있다. 허브는 약용이나 미용, 장식용, 향료 등 여러 가지 용도로 쓰인다. 따라서 허브를 이용해 정원을 꾸며 볼 생각이 있다면 같은 용도로 쓰일 수 있는 것들을 따로 모아 용도별로 이름을 붙인 정원을 꾸며 보는 것도 즐거운 경험이 될 것이다.

또 요리에 특히 관심이 있다면 텃밭이나 유실수로 꾸민 정원을 생각해보는 것도 좋다. 외국에서는 키친 가든(Kitchen Garden) 또는 쉐프 가든(Chef's Garden)이라고 해서 매우 인기가 높은 스타일이다. 식(食)에 관계되는 것이어서 어찌 보면 가장 실용적이며 실생활에도 도움이 많이 되고, 잘만 꾸며 놓으면 화훼정원 못지않게 보기도 좋다.

간단한 설계도 직접 그려보기

정원을 만들고 싶다면 전문적인 수준은 아니더라도 직접 종이 위에 심고자 하는 꽃과 나무들로 대략적인 설계도를 그려보자. 나무의 크기나 꽃의 색깔, 나뭇잎의 계절별 변화, 꽃의 개화시기를 고려하여 적절히 배치하고 상록수와 낙엽수도 섞어 심는 것이 좋다. 봄에서 가을까지 자연의 변화를 담아낼 수 있는 식물이 관상가치가 훨씬 높다는 사실을 잊지 말자.

꽃과 나무 외에도 정원을 달라 보이게 하는 요소들은 많다. 정원에 관심을 가지는 이들이 늘어나면서 시중에서도 정원용 가구나 소품을 쉽게 구할 수 있으며 아이디어만 있다면 얼마든지 활용이 가능하다. 파라솔이나 테이블을 비롯한 정원용 가구는 기본이며 파고라, 화분박스, 파티션, 휀스 등 멋스런 정원용 아이템도 다양하게 구비되어 있다.

Garden Design

본격적인 정원 구상 10단계

1 정원 계획 시작하기
정원 디자인에 대한 고민

화초만 심는다고 해서 정원이 제대로 갖춰지는 것은 아니다. 전체적인 계획을 비롯해서 설계, 토공사, 축대·연못·계단의 기반공사, 포장·시설물 공사, 식재, 유지관리 등의 체계적인 과정을 거쳐야 비로소 아름다운 정원을 얻게 된다.

정원이 만들어지는 과정은 크게 〈계획 → 설계 → 시공 → 유지관리〉로 이루어진다. 계획 과정에서는 자신의 정원에 대한 이미지를 구상하고 어느 정도의 예산을 책정하는 것이 중요하다. 이상적인 것도 중요하지만 현실적인 면을 간과할 수 없기 때문이다. 대개의 경우 계획이나 설계 과정 없이 정원공사를 실시하는 경우 예산을 초과하거나 마음에 안 드는 상황이 벌어지곤 한다. 어느 정도의 경비를 들여서라도 설계를 하는 것이 차후 결과를 예측하는 데 많은 도움이 될 것이다.

설계 과정은 정원에 대한 나의 생각과 이미지를 구체화하는 작업이다. 어떤 재료를 사용하고 얼마의 물량을 쓸 것인지, 나무는 어디에 몇 그루를 심을 것인지 모든 요소들을 도면으로, 예산으로 잡아내는 과정이다. 이 과정에서 대부분 예산이라는 문제 때문에 고민하게 되는데, 모든 것을 한꺼번에 풀어내는 것은 적합하지 않다. 1차, 2차, 3차, 몇 년을 두고 조금씩 공정을 나누어 공사해 나가는 방법이 효과적이다.

정원공사의 공정은 크게 토공사(흙의 움직임이 있는 공사)인 축대·연못·계단의 기반공사, 식재공사(큰나무 심기, 작은나무 심기, 꽃 심기, 잔디심기)와 포장공사(진입로 깔기, 산책로 깔기, 데크 깔기), 시설물 공사(의자, 파고라, 목책, 트랠리스) 등으로 구분되며,

설계에 의해 선택된 재료와 수량을 가지고 시공하면 된다. 이때 재질의 종류와 수목의 규격에 따라 예산 책정이 달라진다. 따라서 조경전문가를 만나서 정원의 전반에 대한 조언과 설계·시공을 의뢰하는 것이 정원의 질과 만족도에 영향을 줄 것이다.

최종단계는 유지관리의 단계로 전문적인 관리업체에 의뢰하거나 개인이 직접 손을 볼 수도 있다. 하지만 농약 뿌리기나 비료 주기 등은 전문적인 업체에 의뢰해서 계속적인 관리를 받는 것이 좋은 정원을 유지하는 방법이다. 또한 정원은 생명력이 있는 장소로 시간의 경과에 따라서 꾸준히 변해간다. 관리하는 입장에서 충분히 환경과 생태조건을 감안하는 것이 중요하다.

2 대지와 마당, 주변 환경 점검
나의 정원, 미리 알기

가장 먼저 할 일은 부지의 위치, 지형, 기후(태양의 이동, 일조량, 양지의 변화, 풍량, 강수량 등)를 파악하는 것이다. 이는 수목의 성장과 정원의 디자인에 큰 영향을 미치므로 구상에 들어가기 이전에 확인해야만 대지의 특징을 살려 고유의 특색을 두드러지게 할 수 있다. 전망이 좋은 방향과 같은 대지만의 특별한 요소, 독특한 지형적 특징 등을 보전하고 더욱 강조하는 방향으로 계획하도록 한다. 예를 들어 평탄하지 않은 지형은 단점으로 보일 수도 있지만 이를 활용하면 개성 있는 조경공간을 창출할 수 있다. 또한 도로의 인접으로 교통소음이 많은지, 주요 조망지점의 경관이 좋은지 등에 관한 현황 분석이 필요하다.

그리고 집 안에 빈 터가 있다고 해서 무조건 정원이 되는 것은 아니다. 그 공간을 정원으로 활용할 수 있는지 주변 환경, 재료와 공간 등 기초적인 점검을 해봐야 한다. 그래야 집과 정원을 시각적으로 연결시켜, 통일되고 조화로우면서 실용적이며 아름다운 정원을 꾸밀 수 있다.

우선 정원을 꾸밀 곳의 자연적 조건을 잘 살펴본다. 햇볕의 길이와 그늘이 지는 시간은 계절에 따라 다르다. 여름에는 해가 높이 떠서 그늘이 적다. 이에 따라 일광욕을 즐기는 장소와 휴식 장소가 배정되어야 한다. 해가 움직이는 노선은 식물을 선택하고 연못의 자리를 배정하는데 영향을 미치게 된다. 큰 정원보다는 작은 정원이 계절에 따라 햇볕이 비치는 곳과 그늘진 곳의 변화가 더 크게 나타난다.

그리고 높은 지대라면 바람을 고려해 정원수 선택에 신중해야 할 것이며 경사도는 얼마나 되는지, 배수도 원활한지 살펴야 한다. 또한 현재 심어져 있는 나무나 화초 또는 활용할 수 있는 돌은 없는지, 시선을 차단할 부분이 없는지도 체크할 점이다. 그리고 정원과 연계된 시설과의 조화도 고려해야 한다. 즉 대문의 모양이나 재료, 조명, 대문에서 현관까지의 진입로는 포장되어 있는지 등 세부적인 부분도 사전에 검토한다.

이처럼 정원의 모든 주변 여건을 조사한 후에 테마에 따라서 나무와 화초의 종류, 파라솔이나 연못 등의 시설 유무, 조명이나 조형물 설치 여부 등의 사항을 결정한다. 이때 노인이 있는 집이라면 계단을 피하고 막 걷기 시작한 아이가 있다면 연못은 보류하는 등의 세심한 검토도 중요하다.

3 이미지보드 만들기
가족과 함께 상상해보기

자신이 원하는 정원을 만드는 가장 좋은 방법 중의 하나는 이미지보드를 만들어보는 것이다. 시간을 두고 정원에서 느껴지길 바라는 느낌을 적어본다. 심을 나무의 크기나 색깔, 과실수에 대한 기대감, 정원에서 하고 싶은 여가활동의 종류 등을 하나하나 꼼꼼히 정리해보는 것이다.

이러한 모든 과정은 가족이 모두 모여 기록하는 것이 좋다. 함께 이야기하다보면 놓치기 쉬운 세세한 사항까지도 끄집어 낼 수 있다.

이 때 사진이라든가 어떤 특정한 모양, 색상환, 갖가지 견본이 될만한 것들, 수집한 돌멩이나 나무조각 등 끌리는 모든 것을 소재로 모아 놓는 것이 좋다. 이 과정은 무엇을 원하는지를 정확하게 알게 해주며, 추후 조경 작업자에게도 자기만의 독특한 정원을 만들 수 있도록 느낌을 구체적으로 전달해주는 매개가 된다.

4 집과 주변경관 둘러보기
어우러짐을 위한 관찰

보통 정원을 집과 별개의 것이라고 생각하는 경향이 있지만, 정원은 집과 뗄래야 뗄 수 없는 관계에 있으며 집 밖의 환경과도 밀접한 관계가 있다. 집은 정원의 스타일과 정원에 쓰이는 재료들을 결정한다. 예를 들어 외장재가 벽돌로 만들어진 고풍스런 분위기의 주택 정원에는 벽돌 또는 표면이 거친 재료로 오솔길을 만들면 제격이다.

울타리 안의 공간을 활용하는 것만큼이나 중요한 것은 경관을 차용하는 것이다. 만약에 이웃이 아름다운 정원을 이미 꾸몄다면 이것을 이용하는 것도 한 방법이다. 특히 이웃의 정원과 명확한 경계가 없고 식재한 나무들이나 화초가 잘 융화되어 있는 경우라면 정원이 훨씬 넓어 보일 것이다. 안팎이 훤히 들여다보이는 기둥이나 낮은 철제 울타리 등을 이용하여 주변 경관을 자신의 집으로 끌어들여보자. 훨씬 넓고 쾌적한 경관을 얻게 될 것이다.

5 공간 나누기 & 경계선 긋기
정원 규모에 따른 구획과 재료 선택

정원 디자인은 공간을 어떻게 나누느냐에 따라 크게 달라진다. 전체적인 모양과 색깔, 그리고 기타 재료들과 이용된 요소도 중요하지만 배치가 가장 큰 관건이다. 큰 정원은 세세하게 나누어도 되지만, 작은 정원은 단순한 격자 울타리 또는 화초로 흥미를 유발할 수 있다.

공간 계획에 있어 중요한 것은 부지의 규모에 따라 강조할 부분을 선정하여 우선순위를 두는 것이다. 포인트가 되는 부분을 설정하고 나머지는 간결하게 조성하면 강, 약의 조화를 통한 미적효과를 얻을 수 있을 뿐만 아니라 공사비를 절감하는 효과도 볼 수 있다.

정원의 공간을 나누는 데는 벽과 울타리, 식물이 주로 사용된다. 각 공간의 실용성과 활용도를 고려하여 잔디밭이나 휴게공간, 놀이공간, 텃밭공간 등을 확보해 생활공간을 확장시키고 단절된 공간이 서로 연계되도록 한다.

일반적인 대지의 경계에는 벽이나 울타리, 산울타리 등이 들어서 있는데 만약 이것들을 없애려 하면 오히려 철거비용이 더 들어갈 수도 있다. 그럴 확률이 높다면 차라리 이를 정원을 나누는 요소로 활용하는 것이 바람직하다.

경계선은 때로 건물의 이미지를 정원까지 확장시키는 역할도 한다. 벽돌이나 석재로 마감된 집의 마당은 비슷한 소재의 담으로 둘러싸일 때 통일성이 가장 명확하게 느껴질 수 있다. 단, 이러한 재료들은 대개 비싼 편인데 대신 영구적이라는 것이 장점이다.

보통 목재로 된 담장은 가격이 높지 않으면서 주택의 외관과도 잘 어울린다. 산울타리는 저렴하고 자연스러워 보기에 좋은 반면 정기적으로 전정해주고 재배에도 신경을 써야 하는 단점이 있다. 만약 주위의 경관이 좋다면 밖을 내다볼 수 있는 형태의 담장이 이상적이지만 보안상의 허점이 생길 수도 있음을 염두에 두어야 한다.

6 바닥 포장과 잔디 심기
정원의 이미지를 좌우하는 요소

바닥포장은 정원을 만드는 데 드는 비용 중 비교적 높은 비율을 차지한다. 그러므로 신중한 초기 계획이 필수적이다.

현대적 관점에서 맞춤 제조된 석판은 벽돌과 함께 좋은 마감재로 인정받고 있다. 사각형 석재는 비용이 많이 들지만 일단 한번 포장해 높으면 내구성이나 디자인 측면에서 후회하는 일이 적다. 나무 바닥과 표면을 처리한 콘크리트도 선호되는 재료다. 그러나 무엇보다 전체적인 정원의 분위기에 알맞은 재료를 선별하는 것이 중요하다. 앞으로 정원에 심겨질 나무나 배치될 여러 소품들과 적절히 어울릴 수 있는 자재인지 고민을 거듭해야 한다.

자갈이나 화강암으로 된 마감재는 거친 질감 때문에 쉽게 미끄러지지 않아 오솔길이나 산책로로 좋다. 자갈 역시 이상적인데, 넓고 비정형인 공간에 자갈 사이로 식물이 나와 자라게 하면 무척 멋스럽다. 계단은 재료보다는 디자인이 관건으로, 되도록 넓게 계획하여 안정감을 주는 것이 좋다.

잔디는 정원에서 가장 많은 부분을 차지하며 기본적인 배경을 담당한다. 잔디가 끝나는 부분은 잔디깎기 등 유지·관리 측면에서 용이하게 계획해야 한다. 잔디를 경계선 가까이에 심으면 경계선이 지나치게 가늘어지므로 삼가는 게 좋다. 입구는 충분히 넓히거나 포장재와 조화를 이루어 아치나 정자에 연결되도록 하는 것이 좋다. 큰 공간에는 지피식물 등을 심어 유연함을 강조하는 것이 바람직하다.

7 오솔길 만들기
공간감을 구성하는 중요 요소

손바닥만한 아담한 규모의 정원이건 널찍하고 화려한 대저택의 정원이건 간에 꼭 필요한 것이 정원을 구경할 수 있는 오솔길이다. 대문을 들어서서 현관까지 가는 도중에 발길을 인도하고 이리저리 정원을 둘러볼 방향을 잡아주기 때문이다.

때로는 한 지점에서 다른 지점으로 옮겨가는 단순한 경로로만 인식되기도 하지만 공간감을 느끼기 위한 도구로도 사용되며 어떻게 구성하느냐에 따라서 정원을 넓어 보이게, 또는 좁아 보이게도 할 수 있다.

정원을 세부적으로 나누고 싶다면 길을 여러 갈래로, 즉 위에서 아래로 또는 가로 질러서 만드는 것이 좋다. 사선으로 된 오솔길은 기하학적인 패턴을 강조하고, 곡선으로 된 오솔길은 원형으로 디자인된 요소를 반영한다. 그러나 석판이나 벽돌로 된 오솔길이 이리저리 어지럽게 나 있으면 정원을 좁게 보이게 하고 오솔길은 실제보다 짧게 느껴질 수 있으므로 주의한다. 반대로 같은 재료를 곳곳에 사용하면, 눈의 움직임을 둔화시켜 정원은 훨씬 넓고 오솔길은 길어 보이게 하는 효과가 있다.

8. 나무와 꽃 고르기
짜임새 있는 식물 배치

다음으로는 심을 나무와 꽃을 선택해야 한다. 부지의 지형이나 기후에 따라 그에 맞게 성장할 수 있는 수종을 골라야 하는데 수종의 크기, 꽃의 색깔, 나뭇잎의 계절별 변화, 개화 시기를 고려하여 적절히 배치한다. 식재는 정원을 생기있게 하며 다양한 색깔과 흥미를 연중 내내 제공한다. 또한 집이라는 딱딱한 풍경을 완화시켜 주기도 한다. 식물은 공간을 나누기도 하며 배경을 제공하고 경계의 모양을 강조한다. 더불어 시선을 특정한 경로로 움직이게 한다.

간혹 정원용품 판매점에서 일시적으로 가격이 저렴한 식물들을 충동적으로 구매하거나, 이웃이나 친구로부터 얻은 식물을 아무 생각 없이 집에 들여놓기 쉽다. 결과적으로 이러한 식물들은 필요나 적절한 크기를 고려치 않고 부적절한 곳에 배치될 위험이 크다는 사실을 잊지 말아야 한다.

식재는 논리적으로 생각한다면 그리 어려운 것만은 아니다. 원칙대로 하는 것이 최선이다. 바깥쪽이나 배경으로 심겨지는 식물은 강하고 상록이어야 정원에 아늑한 느낌을 준다.

경계의 중심에는 중간 크기의 관목과 큰 2년생 목본식물을 교대로 심는다. 그리고 앞부분에는 가장 작은 식물을 심는데, 지피식물을 심으면 카펫과 같은 느낌도 주고 관리도 용이하다. 나무는 크기가 3m를 넘으면 관리도 어렵고 키우는 재미도 없다.

조망이 뛰어난 공간은 키가 낮은 수목을 식재하여 외부조망을 확보하면서 울타리용을 식재하여 주변의 차폐 및 경관의 틀을 형성한다. 하부에는 다양한 초화류를 식재하여 시각적 즐거움을 주며 계절에 따라 교체할 수 있도록 하는 게 좋다. 시선을 받는 식물이 적을수록 노력이 덜 드는데, 이것 역시 적지에 식재되었을 경우에 한정된다.

어떤 층이든지 촘촘하게 심고, 연속적인 느낌을 주도록 비슷한 식물끼리 모아서 심으면 식물 사이의 공간을 덮어 잡초를 방지하는 효과까지 거둘 수 있다. 화단 가득히 채소나 과일, 허브식물을 심어 놓으면 관리에 더욱 정성이 요구되지만, 잘만 배치하면 미적으로도 실용적으로도 만족할 만한 결과를 얻게 된다. 의외로 많은 야채들은 외관상 아름다울 뿐 아니라 생산적이므로 숨기거나 없애려 하지 않는 것이 좋다.

9. 색으로 꾸미기
정원의 분위기를 바꾸는 색 사용

정원에서 색상을 이용하는 방법에는 많은 이론이 있지만, 정확하게 입증된 것은 한색(차가운 색)과 난색(따뜻한 색)에 관한 이론이다. 정원에서 식물의 색채는 녹색 계통이 주조를 이루므로 강조나 대비의 효과를 위해 색을 사용한다. 이러한 배색에 일정한 질서를 부여하면 균형감과 통일감을 줄 수 있다. 이를 위해서는 적절한 면적의 비례와 수목의 위치 선정이 중요하다.

빨강·오렌지·노랑과 같은 난색은 생동적이며 시선을 사로잡는다. 만약 정원 바닥에 쓰인다면 시선을 잡아끌기 때문에 정원이 작아 보일 수 있다. 그러므로 난색은 집 근처나 포인트가 되는 곳에 사용하고, 원거리에는 파스텔 색상을 배열하는 것이 좋다.

회색은 어떤 색과도 잘 어울린다. 또한 주변의 색상들을 한 톤 낮추어 주고 다른 색상들을 묶어 주는 역할도 한다. 반면에 흰색은 포인트를 주는 용도로 사용된다. 강렬한 빨간색의 시설물이나 식물은 녹색으로 가득찬 정원에 활력을 준다. 색 사용을 두려워말고 용기 내어 시도해보자. 너무 어렵게만 생각할 것이 아니라 기존의 낡은 울타리에 새로 칠을 하는 것만으로도 정원의 분위기를 바꿀 수 있음을 명심하자.

10 시설물 계획하기
정원 꾸미기의 마무리 작업

정원에는 수목 말고도 여러 시설물이 놓여진다. 흔히 볼 수 있는 벤치나 물확, 화분 조각품 등이 그것이다. 이러한 시설들은 크게 기능적인 역할을 하는 것과 장식적인 포인트가 되는 것으로 나누어진다.

가장 기본이 되는 것은 관수시설로 식물의 생장에 직접적인 영향을 끼친다. 스프링클러 설치를 단순히 추가적인 비용이라고 생각할 수 있으나 지속적인 관리를 위해서는 오히려 효율적이다. 특히 비가 오지 않는 계절에 인력으로 관수가 불가능한 공간에는 필수적이다.

조명은 정원의 야간경관을 위한 시설이다. 또한 정원의 분위기를 연출하고 공간의 극적효과를 볼 수 있게 해주며 보행의 편의 및 안전에도 도움을 준다. 조명의 배치는 공간의 기능 및 성격, 수목의 배식에 따라 달라진다. 가령 보행을 위한 계단과 디딤석 주변에는 스텝등이 필요하며 테라스와 나무들 사이에는 은은한 불빛이 필요하다. 정원에 포인트가 되는 수목이나 시설물, 조형물이 있다면 계획을 병행하는 것이 좋다.

그 외 트렐리스, 수경시설, 벤치, 파고라, 목재 데크 등을 활용하면 정원을 보다 아름답고 생기 있는 공간으로 꾸밀 수 있다. 대부분 기능적인 필요 때문에 배치되나 조형성이 뛰어난 시설물은 시각적 초점의 대상으로 조형물과 같은 역할을 한다. 특히 공간이 협소하여 식재에 한계가 있을 경우 작은 소품들을 활용하면 시각적 다양성을 주면서 효과적으로 정원을 조성할 수 있다.

소품의 소재는 시각적 강도에 따라 강조해야 할 경우는 주변 경관과 대비를 이루는 소재를 사용하며, 주변과 같은 소재를 사용하여 조화를 이루도록 하기도 한다. 주로 서양식 정원에서는 조형물이나 수경시설이 강조되어 배치되는 반면 동양식 정원에서는 석탑이나 석등, 물확 등을 활용해 조화를 이루도록 조성하고 있다.

Garden Design

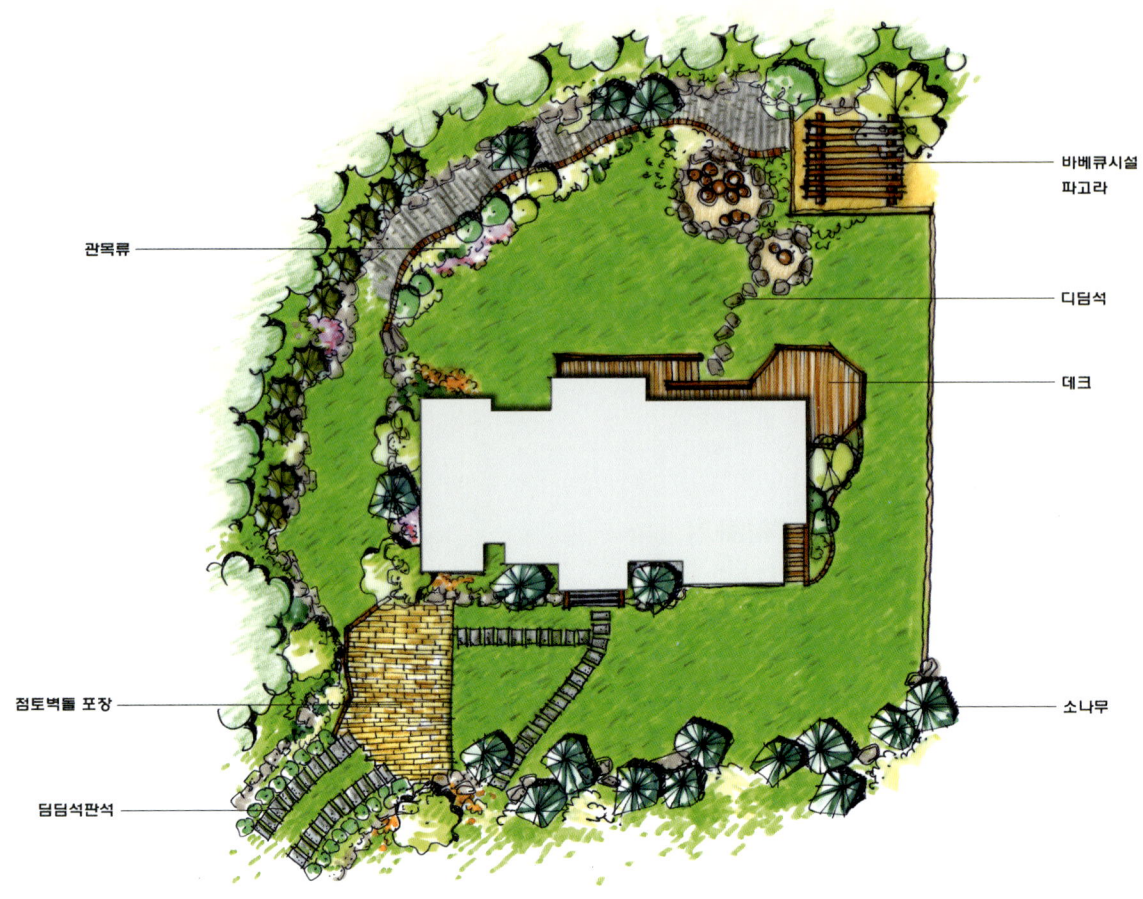

관목류
바베큐시설 파고라
디딤석
데크
점토벽돌 포장
딤딤석판석
소나무

정원만들기 실전

예산 산출하기

정원을 만드는 데 필요한 예산은 일반적으로 〈공사비와 현장 경비가 가산된 공사 원가 + 업자 영업비 + 관리비 + 세금, 보험, 장비 등 일반 관리비〉를 모두 합한 내역이 된다. 여기에 공사 규모, 기간, 작업 및 다른 상황의 발생 등에 따라 차이가 날 수 있어 예상치 못했던 경비가 소요되기도 하므로 예비비도 필요하다.

전문 설계사에게 의뢰했을 때는 견적을 두 가지 방법으로 받을 수 있다. 먼저 첫 번째는 의뢰자가 어느 정도 선의 예산을 정해 그 테두리 안에서 연출 내용을 맞추는 방법이다. 두 번째는 경비의 제한 없이 의뢰자가 원하는 분위기에 주 포인트를 맞춰서 산출하는 것으로 동일 디자인 범위 안에서도 재료를 적절히 선택하여 예산을 절감시킬 수 있다.

무작정 마음에 드는 요소들을 이것저것 사들이기보다는, 예산과 구입목록을 만들어 계획한 만큼 쓰는 것이 가장 모범적인 방법이다. 정원의 색깔 구도와 같은 내용을 미리 생각해두지 않으면 잘못된 선택을 할 수 있고 필요 금액 이상으로 더 쓰게 되는 경우가 많으므로 주의한다. 일단 예산을 산출했다면 한꺼번에 다 사용해버리지 않도록 하고, 애초 쓰려던 금액보다 2배까지 더 쓸 것을 각오하는 게 좋다고 전문가들은 말한다.

재료 구입하기

주택정원은 한번 조성하면 오랫동안 유지되므로 당장의 예산 절감보다는 디자인의 완성도를 위해 알맞은 재료를 구입하는 것이 효과적일 수 있다. 예산에 맞춰 원하는 재료를 모두 구입하려면 먼저 사전에 구입할 품목들을 정리해 보는 것이 필요하다. 설계도를 바탕으로 필요한 수목류와 화초, 기타 부자재와 시설물 등의 품목을 체크하고 수량을 계산해서 구입한다면 시간과 비용을 절감할 수 있다.

수목은 매년 봄, 산림청에서 운영하는 나무시장이 있으니 활용해보는 것도 좋은 방법이다. 전원생활을 미리 시작한 이웃이나 지인들에게 묘목을 받는 길도 있다.

땅 고르기

식물을 심지 않았던 토양은 단단하게 굳어 있어 물이 잘 빠지지 않고 통기도 불량한 경우가 많다. 이런 상태라면 나무를 심어도 뿌리가 썩기 쉬우므로 삽으로 흙을 파서 부드럽게 땅을 골라 주어야 한다. 그 다음 뿌리의 생육을 도와주는 생명토와 영양분이 많은 부엽토 그리고 마사토를 함께 섞어 전체적으로 깐다.

최근에는 지하층을 확장하거나 지하에 주차장을 따로 계획하는 경우가 많은데, 이렇게 되면 정원이 인공지반이 된다. 그러면 자연배수가 되지 않으므로 성토하기 전 배수판과 부직포를 깔아주는 작업이 필요해진다. 또 성토 시에는 인공지반임을 감안하여 하중에 대한 구조검토가 필요하다. 이때 마사토보다 인공토를 사용하면 구조에 부담을 덜 주게 되지만 비용이 좀 더 드는 단점이 있다.

주제 식물 심기

토양 작업이 끝났으면 이제 주제 식물을 심을 단계이다. 정원의 주 소재는 식물이므로 식물의 크기, 색채, 질감을 고려한 치밀한 계획이 필요하다. 수목은 기성품이 아니므로 동일 수종, 동일 규격이라 하더라도 그 모습이 모두 다르다. 따라서 교목뿐만 아니라 관목 및 초화류도 보는 각도를 고려하여 배식을 하는 요령이 필요하다.

먼저 정원의 중심이 될 나무의 위치를 정한 뒤 구덩이를 파서 나무 심을 자리를 마련한다. 구덩이의 깊이와 폭은 뿌리 부분보다 10㎝ 정도 넉넉하게 여유를 두어 흙으로 메워 준다. 나무를 심은 후에는 발로 흙을 꼭꼭 다져 준다. 이때 나무의 뿌리를 약간 앞쪽으로 기울여 주면 정원을 바라다보는 거실 쪽에서 좀더 아름다운 모양새를 감상할 수 있다.

교목의 경우에는 이식공사 이후의 생장을 위해 수개월 전에 뿌리돌림을 한 수목을 선택하는 것이 하자 발생을 줄일 수 있다. 지피식물은 다소 면적이 넓은 공간에 심어 유연함을 보강해 준다. 잔디는 정원에서 영역이 가장 넓기 때문에 다른 조경요소의 배경이 되는 역할을 한다.

조경물 설치

정원 장식의 포인트가 될 조경물을 설치할 때는 조형미를 고려해 위치를 선정한다. 이때 조경물은 정원의 테마와 나무 및 화초와 어울리는 소재를 선택해야 한다. 예를 들어 소나무가 주제 식물인 정원이라면 서구식 분수보다는 물레방아가 더 자연스럽다. 식물이 뻗어나갈 수 있도록 틀을 만들어 정원 산책로나 테라스에 지붕처럼 올려도 자연 그대로의 그늘이 된다. 또는 나무 아래 의자 몇 개만 가져다두어도 편안한 휴식공간이 된다.

화목류 배치

이제 정원에 표정을 줄 수 있는 화목류를 배치해야 할 때다. 만약 좁은 정원이라면 정원수 아래로 전체적인 색감을 고려해 한해살이 화초를 일정하게 심는다. 품종은 한두 종으로 제한하고 되도록 낮게 깔리면서 자라는 화초를 선택한다.

식물은 형태나 색채만큼이나 다양한 질감을 가지고 있음을 기억해야 한다. 질감은 식물의 잎과 크기에 따라 결정되는데, 잎이 작고 고운 질감의 수종은 차분하고 정적인 느낌의 분위기를 창출하며 잎이 크고 거친 질감의 수종은 동적인 느낌을 준다.

정원의 색채 포인트가 될 꽃식물을 심을 때는 지그재그 모양으로 심어 전체적인 조화를 맞추고 자연스러운 느낌이 들도록 한다. 이때 키가 작은 일년초는 화단의 앞쪽으로, 키 큰 관엽식물은 뒤로 배치하는 것이 기본 상식이다. 꽃을 심을 때도 앞쪽으로 약간씩 기울여 심으면 모양새가 예쁘다.

잔디 깔기

잔디는 촘촘하게 잘 돋아나 있고 누렇게 마르지 않은 것으로 선택한다. 떼심기를 할 경우는 심을 자리에 깻묵, 계분 나뭇재, 퇴비 등 유기질 비료를 넣고 20cm 깊이로 흙을 갈아엎는다.

여기에 돌을 골라내면서 갈퀴나 삽으로 흙을 잘 고르고 평평하게 다진다. 줄을 맞춰 똑바로 잔디를 깐 후 발로 밟아 뿌리가 흙과 잘 붙게 한 후, 고운 모래나 흙을 잔디 높이만큼 덮어 준다.

씨뿌리기를 할 경우는 발아율이 높고 순도가 높은 종자를 사용해야 한다. 흙을 고르고 갈퀴를 이용해 고랑을 만든 후 씨를 뿌리고, 그 위에 모래나 흙을 살짝 덮어 다져 준다. 다음 물뿌리개를 이용해 조심스럽게 물을 주면 약 일주일 후 싹이 난다.

어느 정도 모양새를 갖추었다 싶으면 어느 곳이 엉성한지, 식물의 높낮이는 자연스럽게 되었는지 체크하고 전체적인 정원의 모양새를 정돈한다. 잔디를 깔지 않은 손바닥 정원의 경우는 나머지 지표면에 이끼를 고루 깔아 수분 증발을 막고 물을 줄 때 흙이 튀는 것을 방지한다.

CASE 1

석재를 활용한 정원
Stone Garden

돌과 물, 나무가 어우러진 마당	34
소나무 숲에 둘러싸인 편안한 암석정원	42
방문객의 편의에 초점을 맞춘 특별한 정원	50
정갈하고 무게감이 느껴지는 조경	56
크고 작은 자연석으로 끌어안은 녹음	64

Stone Garden 1

돌과 물, 나무가 어우러진 마당

정원을 꾸미고자 하는 곳에 짙푸른 숲이 있고 크고 작은 돌이 있다면 특별히 수형이 예쁜 나무나 갖가지 정원용품을 따로 사들이지 않더라도 풍성한 조경을 완성할 수 있다. 이 집이 바로 그러한 경우여서 구릉진 형태의 대지에 주택 뒤로는 수려한 산세가 펼쳐진, 그 자체로 멋스러움이 풍기는 정원을 보여준다.

단지 내 도로는 주택의 마당보다 훨씬 아래쪽에 자리하고 있다. 비탈진 도로와 대지의 경계선에는 자연석을 이용해 축대를 쌓았는데 크고 작은 돌들로 메우듯 채워진 불규칙한 형태가 매우 자연스럽고 튼튼해 보인다. 건물로 이어지는 계단 바로 앞에는 낮은 높이의 대문을 두어 이웃집과 구분하였다. 목재와 철재를 섞어 사용하여 장식 효과를 살리는 아이템 구실도 겸한다.

돌계단을 밟고 올라가면 햇빛 아래 백색 사이딩으로 마감된 주택이 자리하고 그 앞쪽으로는 가파르게 경사진 초록빛 대지가 펼쳐진다. 잘 다듬어진 잔디밭 군데군데에는 키 큰 나무들과 자연석이 드문드문 배치되어 있다. 무심한 듯 심어진 초화류와 수목은 멀리 수려한 산세를 배경으로 한가로운 전원주택의 한 장면을 완성한다.

주택의 뒤쪽으로도 급경사의 돌축대가 세워져 있다. 전면의 것보다 더욱 높고 가파른데 큰 바위들이 차곡차곡 쌓여 있으며 사이사이에는 수풀이 무성하다. 이를 지나 뒷마당 한쪽, 계류가 흘러 물소리가 들리는 방향에는 데크를 넓게 내어 야외 테이블 세트를 배치했다.

01

주택으로 들어서는 입구. 경사진 도로를 따라 자연석으로 축대를 쌓고 한쪽으로 계단을 만들어 진입을 유도한다.

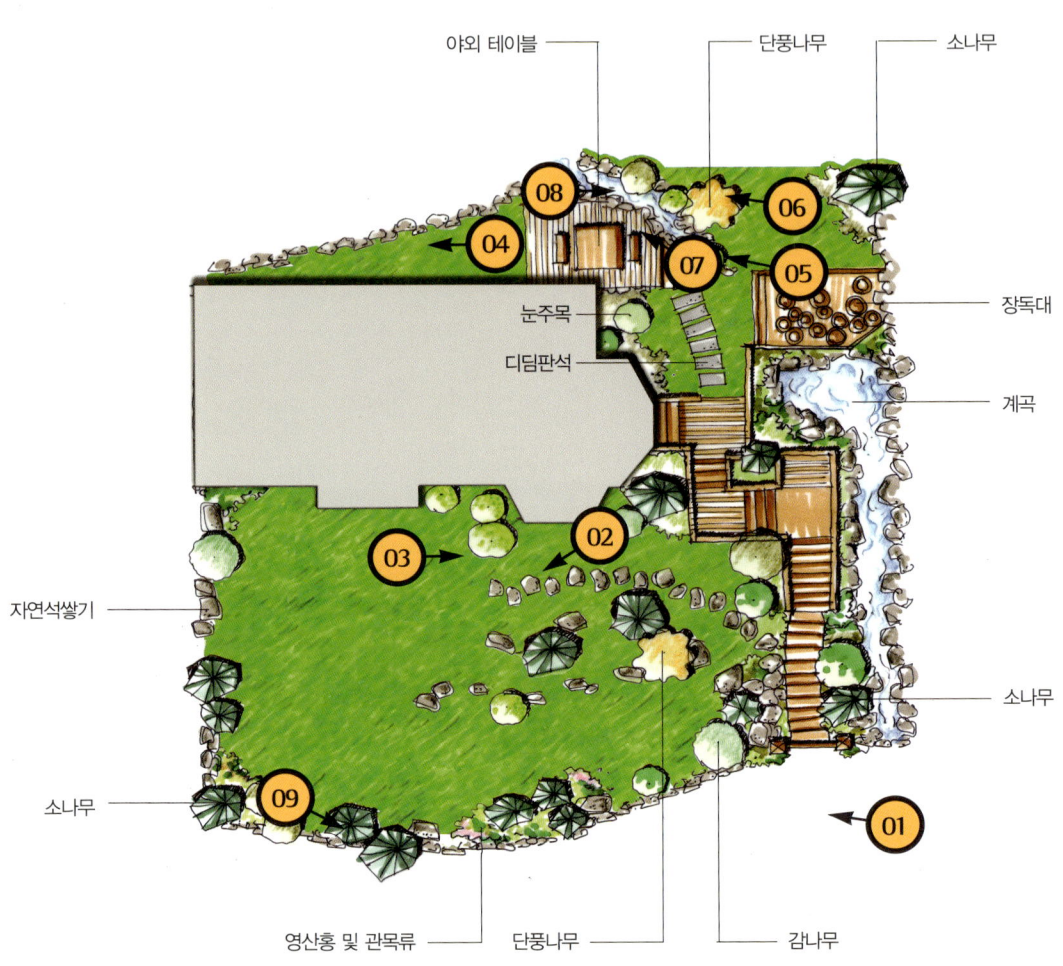

02
가파르게 비탈진 앞마당. 지형의 모양을 그대로 살려 푸른 잔디와 여러 나무들을 식재하였다.

03
주택의 측면 창문 아래에는 원추리를 식재하고 디딤돌 양옆으로 어린 나무를 심는 등 어느 한곳도 소홀함이 없이 했다.

04 자연석으로 쌓은 뒷마당 축대. 돌 틈새마다 초화류가 풍성하게 자라고 있다.

05

06
휴식 공간으로 만든 뒷마당 한켠, 널찍한 데크는 야외생활을 더욱 풍요롭게 만드는 요소다. 조명을 설치해 어두운 밤에도 활용도를 높였다.

07 08
데크 앞으로는 작은 개울이 흐르고 있어 운치를 더해 준다.
주변으로 자연석과 들풀이 빼곡하여 한층 풍요로워 보인다.

09
여러 초화류가 어우러진 정원의 한켠.

Stone Garden 2

소나무 숲에 둘러싸인 편안한 암석정원

아름드리 소나무가 군락을 이룬 완만한 산기슭에 정남향으로 자리 잡고 있는 주택이다. 진흙 속에 있는 보석을 골라내듯 쉽게 눈에 들어오지 않았을 경사진 언덕배기를 택지로 선택한 집주인의 안목이 두드러진다.

골드 컬러의 파벽돌과 호주산 벽돌로 마감한 단층 스틸하우스는 대지가 품고 있는 생기와 나무, 바람을 거주자가 항상 받아들일 수 있는 열린 공간을 지향했다. 특히 앞뒤로 마련된 널찍한 페어글래스 창을 통해 바깥 풍경이 실내로 관통하도록 해준다.

테라스에서 바라본 정원은 아기자기함이 엿보이는 일면, 잔잔하면서도 편안한 것이 특징이다. 대지 주변으로는 소나무 숲이 둘러싸고 있어 아늑함을 더하며 중앙에는 넓게 잔디를 식재해 시야를 개방시켰다. 마당과 연계된 송림에서 풍겨오는 솔향기가 상쾌한 기분을 더한다.

특히나 눈길을 끄는 것은 주택과 마당 사이에 바닥의 흙이 가려지도록 하얀 돌을 흩뿌려 낮은 마운드를 조성한 것이다. 여기에 다양한 관상수목과 화초, 자연석을 사이사이 배치해 푸른 잔디 정원과는 확연히 다른 분위기를 띠고 있다. 웬만한 면적의 정원이 아니면 쉽지 않은 시도로, 흔히 찾아볼 수 없는 디자인이 눈길을 사로잡는다.

후정에는 향나무로 생울타리를 조성하고, 정원 곳곳에 단풍나무와 화살나무, 팥배나무 등 다양한 수종을 식재하였다. 비정형의 대지에 적절하게 어우러진 조경기법들이 너른 면적을 더욱 풍성하게 만들어 주고 있는 사례다.

01

벽돌로 외장을 마감한 당진주택은 자연에 순응하는 열린 공간을 지향한다.

03 현관부에는 홍단풍 군락을 조성했다.

02

04 테라스에서는 주변 전경이 훤히 내다보인다.

CASE 1 Stone Garden

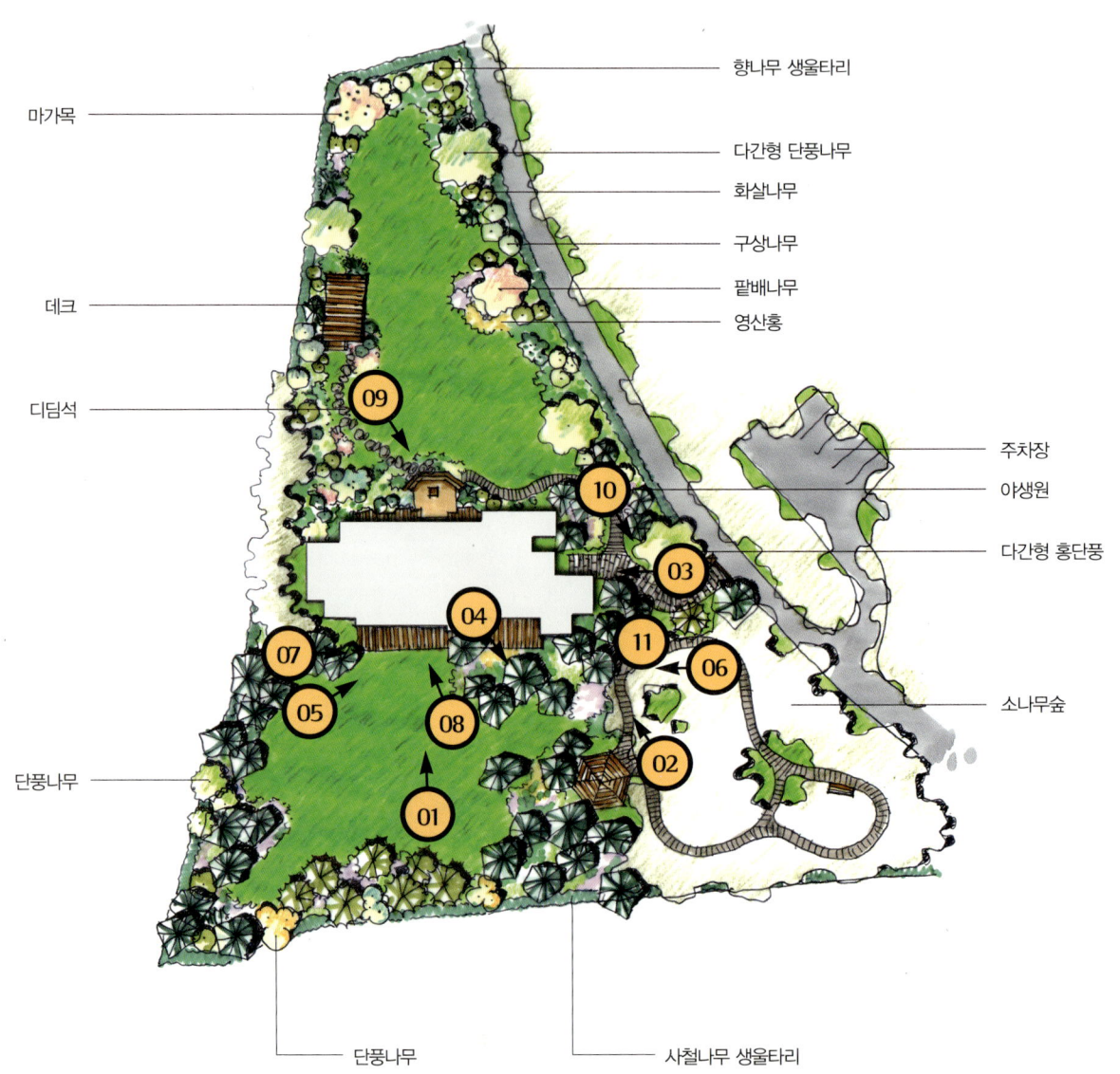

05 건강하게 하늘로 치솟은 송림 옆으로 주택이 자리하고 있다.

06

07

08 주택과 잔디마당 사이는 마운드를 조성하고 흰 돌을 깔아주었다. 여기에 관상수목과 화초를 심어 식물이 더욱 돋보인다.

09
후정에서 본 모습. 키 작은 나무들이 식재되어 건물과 조화를 이룬다.

10
주택 옆으로 길게 오솔길을 계획하고 방향을 안내해 주는
디딤석을 네모반듯하게 깔아 놓았다.

11

Stone Garden 3

방문객의 편의에 초점을 맞춘 특별한 정원

인제군 기린면 방태산 일대는 해발 1,443m에 이르는 여섯 개의 봉우리로 둘러싸인, 말 그대로 첩첩산중이다. 이곳의 휴양림 길목, 건너로는 계곡이 흐르고 있는 편평한 대지에 자리한 이 펜션은 지붕과 매스를 겹겹이 쌓아 올린 건물 외관뿐만 아니라 아기자기하게 꾸민 정원의 면면이 지나는 이들의 눈길을 사로잡는다. 수려한 산세와 맑은 공기를 갖춘 천혜의 자연에 위치하고 있기에 특별한 조경작업이 없어도 괜찮았을 법 하나, 일반주택의 용도가 아닌 펜션이니만큼 방문객을 위한 다양한 공간을 연출하였다. 넓게 펼쳐진 잔디정원을 배경으로 기존의 나무와 숲을 적극 활용하고 공용공간 확보에 주력했다.

앞마당은 입구와 바로 연계된 곳이라 단풍나무, 소나무 등으로 시선을 끌고 크고 작은 관상목을 식재하였다. 그리고 맷돌과 판석 등을 디딤석으로 이용해 동선을 유도하였다. 여기에 너른 공터에는 많은 사람들이 오고가는데 불편함이 없도록 잔디와 벽돌을 함께 깔아 야외 행사 등을 원활히 진행할 수 있도록 배려했다. 딱딱한 콘크리트 바닥과는 달리 푸른 잔디들이 촘촘히 식재되어 있어 보기에 좋을뿐만 아니라 이동도 용이하다.

후정에는 연못을 조성하여 조금은 다른 분위기를 완성하였다. 연못 주변으로 각종 수생식물을 심고 다리도 연결하여 색다른 공간 체험이 가능하도록 했다. 한쪽에 파고라와 스파도 마련되어 있어 언제든지 편안히 쉬어 갈 수 있다. 그밖에 데크와 미니퍼팅장 등의 조경시설물까지 갖추어 더욱 완성도 있는 정원을 연출하고 있다.

01
주택동 앞마당에는 야외 행사가 용이하도록 콘크리트 바닥재와 잔디를 함께 시공하였다.

02
첩첩산중에 자리 잡은 시애틀펜션.

03 깊은 산속에 위치한 건물은 마치 그림처럼 산세와 어우러져 있다. 미니퍼팅장도 보인다.

04 한쪽에는 자연석으로 만든 작은 연못을 조성했다.

05
멀리서 바라본 펜션의 모습. 돌담을 쌓아 대지를 튼실하게 다졌다.

06
파란 하늘 아래 예쁘게 핀 코스모스가 아름다운 풍경을 자아낸다.

07
외부에서 가장 먼저 보이는 펜션 입구 쪽에는 단풍나무와 소나무 등 관상가치가 있는 수목을 식재하였다.

08
잔디에는 동그란 맷돌 디딤석이 깔려 있다.

CASE 1 Stone Garden

Stone Garden 4

정갈하고 무게감이 느껴지는 조경

아무래도 주택의 무게감을 더해주는 최고의 재료로는 '돌'을 꼽을 수 있을 것이다. 통나무가 주는 묵직함보다도 한층 더한 것이 바로 석재이기 때문이다. 이렇듯 돌을 사용해 지은 집의 정원에 가장 걸맞는 재료 역시 석재가 아닐까. 건물이 전하는 진중함을 정원에서도 이어받아 전달할 수 있는 가장 효과적인 방법 중 하나라 하겠다.

성북동에 위치한 이 주택은 길게 뻗은 지붕선에 판석을 쌓아 마감한 벽면, 규칙적으로 난 창문과 1, 2층 모두에 사용된 흰색 발코니 난간 등이 주는 분위기가 매우 정갈하면서도 무게감이 느껴진다. 불규칙한 언덕배기에 대지가 놓여 대문부터 건물에 이르기까지 정원도 여러 부분으로 나뉘어 있는데, 그 중 가장 눈에 띄는 것은 널찍한 암반이다. 주택의 정면에 하나, 정원의 제일 위쪽에 또 하나가 보이는데, 대지의 형태를 따라 자연스럽게 드러나 있다.

여기에 대문에는 작은 판석을 타일처럼 넓게 이어 붙여 시원스런 진입부를 확보하였다. 길 끝에는 현관까지 이어지는 석재 계단을 배치해 대미를 장식한다. 또한 마당 곳곳에는 자연석을 촘촘히 이어 만든 산책로가 연결되어 있으며, 마당의 중앙부에는 석등과 석탑 등을 두어 장식에도 신경을 썼다.

물론 정원을 가득 메우고 있는 것은 울창한 수목과 잔디, 초화류들이다. 하지만 이들 식물을 더욱 빛나게 해주는 것이 바로 곳곳에 사용된 다양한 크기와 재질, 색상의 석재. 오래 두고 보아도 질리지 않는 나만의 정원을 바란다면 정원석을 잘 활용해 보는 것도 좋을 것이다.

01
널찍한 암반과 곳곳에 쓰인 경관석, 역시나 석재로 마감한 주택의 외관이 하나가 되고 있다. 경관석으로 쓰이는 돌은 단단한 경질이어야 하고 표면의 질감이나 색채, 광택이 우수한 것을 선택해야 한다.

02
빈틈없이 지어진 주택의 외관만큼이나 짜임새 있게 꾸민 정원이 돋보이는 사례다.

03

04

석재를 여러 가지 모양으로 다듬은 제품을 석조제품이라 한다. 석등과 석탑, 조각물 등이 여기에 속하는데 석등은 옥외 조명으로 활용되고 석탑은 원래 신앙을 위한 것이었으나 개인 정원에서는 주로 장식을 위한 첨경물 중 하나로 활용되는 추세다.

주택과 정원 사이에는 판석을 길게 깔아 이동통로를 마련했다.
잘 다듬은 관목이 깔끔함을 더한다.

주택의 옆면, 옹벽에도 역시 석재를 사용하였다.
푸른 이끼가 세월을 말해주는 듯하다.

08

09
대문에서 현관을 향해 오르는 진입로에는 작은 판석을 넓게 깔았다.
다양한 수형의 소나무들이 숲을 이뤄 정원에 중후함을 더한다.

62 정원 가꾸기+33

10 현관까지 이어지는 판석 계단. 좌우로 뻗은 소나무와 풍성하게 자란 관목들이 눈길을 끈다.

11 경관석은 조경상 포인트가 되는 장소나 입구를 막아 설치하고 주변의 경관을 짜임새 있게 하거나 풍부하게 할 수 있는 소재가 된다. 2~3개의 돌을 각각의 개성을 살려 맞추어 하나의 경치가 되도록 배치하는 것이 포인트이다.

12 담쟁이 덩굴이 자라고 있는 석벽과 물확, 소나무, 야간조명과 갖가지 조형류 등 다양한 소재로 꾸며진 정원이다.

CASE 1 Stone Garden

Stone Garden 5

크고 작은 자연석으로 끌어안은 녹음

건물의 정면이나 후면을 바라보며 진입하는 여느 집들과 달리, 도로와 이어진 주차장을 통해 좁은 진입로를 지나야만 비로소 마당으로 들어설 수 있는 구조의 주택이다. 여러 필지들이 얼기설기 얽혀 있는 단지형 전원주택 안에서 주어진 필지의 형태와 진입 방향을 최대한 활용해 건물의 향까지 고려한 결과다.

나름 구색을 갖춘 대문간을 지나자마자 눈길을 끄는 건 잘 꾸며진 화단이다. 대문 바로 앞으로 크고 작은 자연석을 쌓고 틈틈이 초화류를 심어 풍성하게 키워낸 모습과 앙증맞은 꽃들이 안마당까지 줄지어 피어 있는 진입로는 방문자의 기분을 한껏 즐겁게 만들어준다. 건물 측면으로 난 이 짧은 산책로 아닌 산책로는, 그 가운데로 징검다리마냥 놓인 맷돌을 디딤판 삼아 진입하면 널찍한 마당에 연결된다.

넓게 펼쳐진 잔디밭 역시 외곽으로 돌을 줄지어 쌓아 화단을 조성한 것이 특징이다. 매실나무, 모과나무, 감나무, 보리수나무 등의 유실수를 심은 후 깔끔하게 정리한 모습도 눈길을 끈다. 현관으로 올라가는 목재계단과 데크 주변에도 둥글거나 모나고 넙적한 돌들을 쌓고 꽃을 심었다. 꽤나 나이가 있는 듯한 소나무 줄기가 정원의 무게를 잡아주고 풍성한 관목과 화초들이 싱그러움을 뽐내는 매력적인 정원이다.

01
길게 뻗은 잔디밭과 잘 손질된 나무들, 자연석으로 테두리를 두른 화단이 눈길을 끄는 주택정원이다.

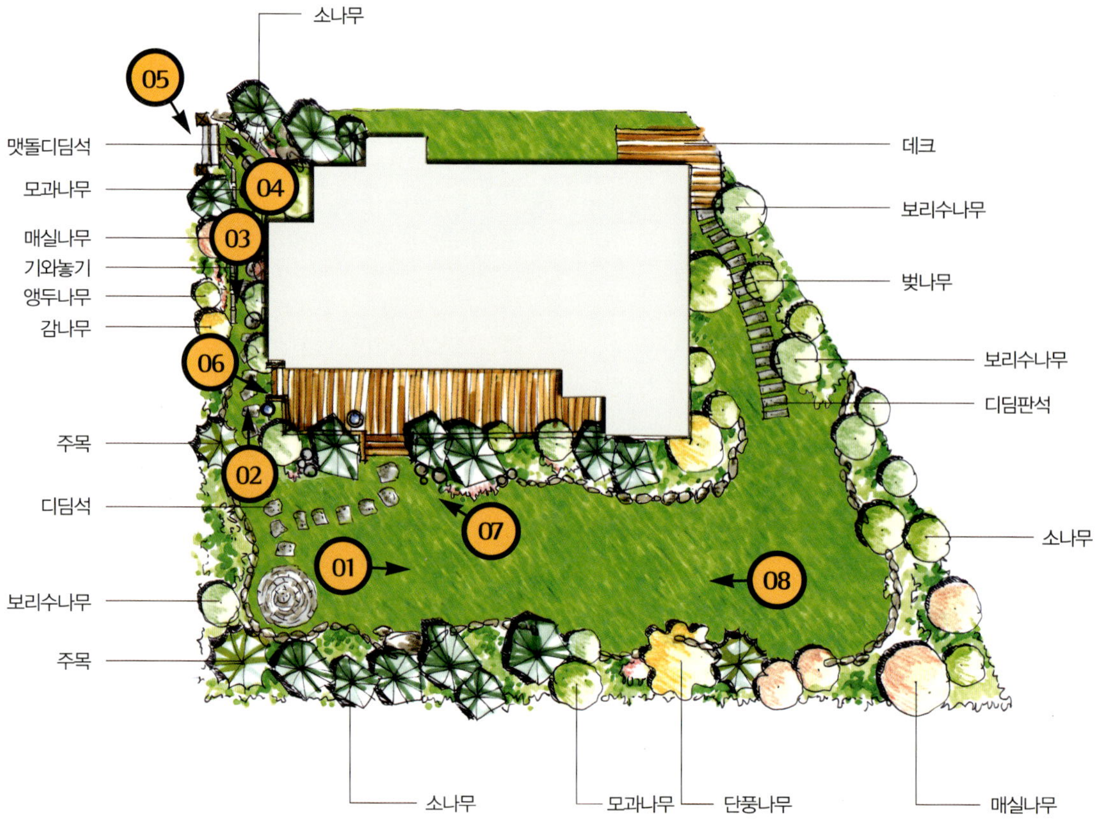

02 건물 측면으로 난 진입로를 따라 갖가지 꽃들이 줄지어 피어 있는 모습이다. 이를 지나면 주택의 안마당으로 들어설 수 있다.

04 대문을 들어서면 중간 크기 이하의 바윗돌과 풍성한 과목, 화초로 가꾸어진 작은 정원을 만날 수 있다.

05 주택의 대문간. 건물 외벽과 같은 색상의 목재를 사용하여 만든 대문을 열면 올망졸망 피어 있는 꽃들이 손님을 반긴다.

06 널찍하게 마련된 데크에는 파라솔과 의자를 두어 활용도를 높였다.

07 데크 아래쪽에도 석재와 화초를 이용해 풍성하게 꾸몄다.

08 잘 자란 소나무와 어울려 핀 꽃들이 화사함을 더하는 마당 전경.

CASE 1 Stone Garden

PART 2

Outdoor Space

정원의 담장　72
여러 유형의 담
세월이 갈수록 정취를 더하는 돌담

진입로와 포장　78
자재별 특징 및 시공요령

정원 계단 디자인　82
지형과 자재에 따른 계단의 종류

싱그러운 초록 연못　86
초보자도 가능한 연못 시공법
전문가가 필요한 연못 시공법

정자와 파고라　96
다양한 정자와 파고라의 유형

수영장과 노천탕　100
앞마당에 간이수영장과 노천탕 설치하기

Outdoor Space

경계를 짓는 장식과 조형의 공간
정원의 담장

담장(혹은 울타리)은 인간이 정착생활을 시작하면서 외부 영역과 경계를 표시하기 위해 생겨났다. 여기에 시간이 지나면서 차츰 의미가 추가되어 방어, 소유, 장식적인 기능까지도 포함하게 되었다. 「변한서」나 「삼국지」에 언급된 성곽은 그 기능상의 유사성에 비추어, 한국 담장의 기원으로 보고 있다. 70~80년대를 거치면서 도심의 주택들을 보면 벽돌담이나 콘크리트블록을 세워 시멘트를 덧바른 유형의 획일적인 담이 대부분이었다.

담장 밖에서는 내부의 모습이 전혀 보이지 않도록 높이 쌓아올린 후 담 높이보다 1m는 더 되어 보이는 나무를 심어 집을 가리거나 그도 모자라 담 위에 깨진 유리조각을 심고, 철사줄을 감는 등 폐쇄적인 모습이었다. 궁핍했던 시절이어서 도둑이 들 것을 우려한 대책들이었다.

그러나 우리의 전통적인 담장의 모습은 주변에서 흔히 볼 수 있는 재료들로 엮어낸 나즈막한 담이다. 넉넉하진 않지만 마음만은 풍요로웠던 모습의 반영이다.
이러한 낮은 담이 최근에는 일반화되고 있다. 일산이나 용인 등지의 전원주택 단지가 시초가 되었는데, 색상이나 소재가 산뜻하게 마무리된 1m 남짓한 높이의 울타리들은 보기에도 좋다. 누군가가 집안을 들여다보기라도 할세라 높이 쌓아올려, 극도의 폐쇄성을 보여주던 담장은 점점 사라져가고 있는 듯하다.

꽃담, 돌담, 토담 등 종류도 다양

담장은 축조방식이나 재료·장식 등의 여러 가지 관점에서 나누어 볼 수 있는데 꽃이나 나무를 심어 담장을 대신하는 생울타리, 방부처리된 목판재를 연결하여 만든 울타리, 돌을 쌓아 두른 돌담, 진흙에 지푸라기와 석회를 섞어 굳힌 토담, 벽돌로 쌓아올린 벽돌담 등 종류도 많다.
우선 흔히 볼 수 있는 담장으로는 시공이 간편한 것들 위주로 오래되어도 외관이 변하지 않도록 특수 도장된 비닐이나 알루미늄제의 휀스가 많다. 또는 꽃나무, 키 작은 상록수 등을 심어 담장을 대신하거나 집을 짓고 남은 자재들로 통일감 있게 시공한 담장, 관리가 약간 까다롭긴 하지만 자연스러운 멋이 풍기는 목재 담장도 자주 눈에 띈다. 흔하진 않지만 통나무에 중간중간 이음매를 만들어 이어준 통나무 담장, 전통적 느낌의 황토주택에 어울리는 토담, 돌담 등도 개성을 살린 유형들이다.

최근에는 일각에서 아예 담장을 없애자는 움직임도 일고 있다. 그러나 지나친 개방은 오히려 거주자에게 심리적인 불안감을 안겨 줄 수도 있으므로 낮은 담장 설치로 적당한 개방감과 안정감을 동시에 누릴 수 있게 하는 것이 좋다. 특히 필지가 넓지 않은 단지형 주택에서는 세대간의 프라이버시 보호를 위해 반드시 경계가 필요하다.
풍수에서 보는 담장의 큰 의미는 '바람막이'의 역할이라고 한다. 집 안으로 강한 바람이 들어오면 그 안에 사는 사람들이 건강을 잃는다고 믿기 때문이다. 따라서 담장이 건물에서 지나치게 멀리 떨어지면 바람막이의 역할을 할 수 없고 너무 높으면 새로운 바람으로 교체가 되지 않기 때문에 좋지 않다고 한다. 또한 담장이 파손되는 것은 거주자의 집안에 재물이 손실되는 의미로 받아들여진다.

| 여러 유형의 담 |

1 기와로 쌓은 담
기와를 겹겹이 쌓아 만들었다. 주변에 고르게 식재된 식물과 바위가 담과 어우러져 고즈넉하다.

2 경사를 그대로 살린 담
경사지를 감안해 만든 계단형 담장. 도심에서도 흔히 볼 수 있는 담장의 형태로 주택의 전체적인 분위기와도 잘 맞아 떨어진다.

3 나무로 만든 울타리
트랠리스를 이용해 울타리를 만들었다. 건축물과 색상이나 형태가 잘 어우러져 그 멋을 더한다. 주기적으로 오일 등을 발라주며, 다른 색상으로 페인트를 칠하면 색다른 분위기 연출이 가능하다.

4 담장정원
철재와 레드파인 목재를 활용해 만든 담장에 아담한 화원을 조성했다. 같은 레드파인 목재를 활용해 테이블식의 단을 만들어 그곳에 화초를 심었다.

5 덩굴담장
줄사철, 붉은 인동(능소화), 세덤류 등으로 멋스러운 덩굴담장이다. 기본 담장에 덩굴식재를 하여 여름에는 푸르름이 가득한 담장을 만날 수 있다.

세월이 갈수록 정취를 더하는 돌담

돌담은 그 외관이 미려하고 마모 및 풍화에 강해서 옛날부터 궁궐이나 상류주택에 많이 사용되었다. 전원주택의 경우에는 나무로 만든 울타리나 철제 휀스, 생나무 울타리등이 외부와의 경계선이 되어 주지만 돌담은 그 자체가 자연스러운 조경이 된다. 돌담으로 화단이나 정원 곳곳을 꾸미는 이유 역시 돌만이 가지는 편안함과 자연스러움 때문이 아닐까.

세월이 갈수록 그 정취가 더해진다는 것은 누구나 인정할만한 돌담의 장점이다. 여기저기 마모되고 담쟁이 덩굴과 이끼가 곳곳을 휘감은 나지막한 돌담은 지나간 옛 추억을 불러일으키기에 충분하다. 종류에 따라 현대적인 미와 고전적인 분위기가 미묘하게 조화를 이뤄 어느 건축물에나 잘 어울린다는 것도 돌담의 특징이다.

돌담을 쌓는 일은 많은 시간을 소요해야 하며 품을 사서 담을 쌓을 경우 그 비용도 만만치 않은 것이 사실이다. 그러나 수공예품이 공산품에 비해 그 가치를 더하고 내구성이 좋듯이, 돌담 역시 오랜 세월 건축물과 자연의 조화를 한층 더 살려주는 튼튼한 가교 역할을 한다.

돌담 선택을 위한 가이드라인

돌의 색깔은 건축물의 외장 컬러에 맞춰 비색이나 보색으로 선택하는 것이 가장 일반적이다. 외장이 밝을 경우에는 밝은 색 돌로 담을 쌓는 것이 좋으며, 중간톤이거나 어두운 색이면 어두운 색 돌로 시공하는 것이 좋다.

돌의 색깔을 선택했으면 다음은 돌담의 모양을 결정한다. 거칠지만 자연스러운 것을 원하는지, 다소 인위적이지만 깔끔하고 단정한 돌담을 원하는가를 견주어 본다. 그 결과에 따라 앞서 분류한 다양한 돌담 중 어떤 것이 적합한지가 최종 결정되는 것이다.

직접 돌담 쌓기에 도전해보기

긴 시간 땀 흘려 쌓은 담은 바라보기만 해도 흡족하다. 내가 원하는 대로 제법 모습을 갖춰가는 담은 쌓는 사람의 마음과 생각이 차곡차곡 쌓인 완성체인 것이다. 직접 돌담을 쌓은 이들의 이야기를 들어보면 수레로 돌을 나르고 탑을 쌓듯이 돌과 씨름하다 보니 '나 자신을 돌이켜 볼 수 있는 소중한 시간'을 얻었다고들 한다. 이렇게 돌담 쌓기는 즐거운 노동이고 취미 생활이 되기도 한다.

돌담을 직접 쌓기로 마음 먹었다면 가장 먼저 준비해야 할 것은 자재다. 시간적인 여유를 두고 천천히 돌담을 쌓을 요량이라면 근처 산이나 밭에서 돌을 채집해 크기별로 모아두면 편리하다. 생김새가 예쁘거나 곡선이 부드러운 돌을 모아 오랜 기간을 두고 쌓는 것도 좋은 방법이다. 그러나 이 경우 비용이 적게 들고 보람이 큰 장점이 있는 반면, 너무 오랜 기간이 소요되는 단점이 있다.

돌담의 두께는 35㎝로 중간은 콘크리트로 몰탈하고 큰 돌 사이에는 작은 돌을 끼워 맞추면서 쌓으면 된다. 높이는 120㎝ 이하로 설정하는데 최근에는 1m 이하까지 낮게 시공하는 추세이다.

돌담 시공시 주의사항

집을 지을 때 기초가 가장 중요하듯이 돌담 역시 기초에 충실해야 한다. 기초를 하지 않거나 부실하게 했을 경우에는 부분 침하나 크랙, 부서짐 등의 하자가 발생할 수 있다. 만약 100m의 담을 쌓으려면 그만큼의 땅을 파서 기초를 다져야 한다. 콘크리트 기초는 두께 20cm 이상으로 해 튼튼하게 세운다.

또 돌을 모을 때 염두에 두어야 할 점은 가능한 한 다양한 돌들을 확보하는 것이 좋다는 점이다. 크고 작은 돌, 얇고 두꺼운 돌, 각진 돌 등 여러 모양의 돌들이 있어야 각진 돌은 모퉁이에, 평평한 돌은 바닥에, 둥글고 예쁜 돌은 담 위에, 평범한 돌은 기초를 다질 때 고루 사용할 수 있다.

막돌담
수마석이라고도 불리며 인위적이지 않아 선호도가 높은 편이다. 그러나 자연스러운 만큼 적당한 돌을 구하고 짓는 데 품이 많이 들어 다소 비싼 편이다.

산석막쌓기
수마석보다는 구하기 쉬운 돌로 면이 반듯한 것이 특징이다. 돌을 가공하지 않고 모양과 모서리를 맞춰서 자연스러운 형태로 시공한다.

산석모양(다각형쌓기)
돌 틈 사이를 일정하게 맞춰 시공한다. 돌 윤곽을 살리는 동시에 모양을 가공한 후 시공하기 때문에 어느 정도 균일한 형태로 표현된다.

다듬쌓기
깨진 돌을 다듬어서 시공하기 때문에 돌담 분위기 보다는 성곽 분위기가 강하다. 주택의 외곽 부분이나 앉음벽 등에 주로 쓰인다. 균일한 모양으로 단단하게 시공되는 것이 특징이다.

산석켜쌓기
옆으로 쪼개지는 돌의 성질을 이용해 쌓은 돌담. 납작하고 긴 돌과 네모진 돌을 적절히 섞어 모양의 변화를 주면서 쌓는다.

꽃담
밑그림을 그려서 돌로 표현하는 방식의 돌담. 색을 칠하는 것이 아니라 자연석으로 표현하기 때문에 모양과 색의 변화가 없는 것이 특징이다. 이벤트나 장식용으로 사용하면 좋다.

Outdoor Space

동선을 만드는 바닥 디자인
진입로와 포장

대문에서 현관까지의 주동선과 화단, 정자, 연못 등을 연계해주는 길은 정원 설계에 매우 중요한 부분이다. 요즘은 조경시설에 대한 투자가 늘고 있어 공원이나 아파트단지 등에서 전문가들의 솜씨가 느껴지는 다양한 디자인의 포장로를 볼 수 있다. 그러나 일반적인 아담한 주택정원은 조경기술사가 시공하는 경우가 드물어 아직까지 기능적인 차원에서 단순하게 처리하는 것이 대부분이다. 그렇다고 요즘 세상에 2% 부족한 정원을 갖고 싶은 사람은 없을 것이다. 그렇다면 스스로 정원 포장의 설계 요령과 자재에 대해 공부해 보자.

좌 자연석으로 시공한 디딤돌. **우** 부드러운 곡선으로 나열한 침목.

쾌적하고 편리한 이동공간 제공이 포장설계의 관건

외부 공간 가운데 포장이 필요한 부분은 대문이나 현관, 휴게공간, 보행로, 계단 등이다. 설계를 하기 전에 무엇보다 정원의 여건을 파악하는 것이 중요한데 시설물, 지하매설물 등의 위치를 파악하고 지형의 높낮이 등을 조사해 도면을 그려가며 진행하는 것이 좋다. 포장의 목적은 쾌적하고 편리한 이동공간을 제공하는 것이므로 반드시 노약자나 어린이들의 이용을 고려해 안전하게 계획해야 한다. 또한 사람이 직접 밟은 곳으로 시선이 집중되고 감각이 전달되므로 재료의 질감과 패턴에 대해 신중히 고려할 필요가 있다.

상업적인 공간이나 넓은 공원의 시설물의 경우, 화려한 문양과 재료의 혼용이 이루어지지만 주택정원에는 2~3개가 넘지 않는 재료와 단순한 디자인이 좋다. 패턴을 결정할 때는 평면적인 디자인 도해보다 사람의 눈높이에서 동선의 흐름을 고려해 결정한다.

한 동선 안에서는 재질과 패턴의 변화는 지양하고, 용도와 동선이 바뀔 때만 변화를 주는 것이 좋다. 이 때는 변화지점에 표고차가 있거나 두 자재 이외의 자재로 분리점을 표시해주는 것이 좋다.

대문과 현관처럼 사용이 잦은 곳은 내구성이 좋은 판석이나 벽돌 등이 사용되며, 집의 첫인상을 주는 곳인 만큼 정갈한 느낌이 들도록 한다. 테라스 같이 외부 휴식시설에는 부드러운 느낌의 목재가 좋으며, 안정감을 줄 수 있도록 단순한 패턴으로 시공한다. 계단은 보폭에 변화가 없이 쉽게 오르고 내릴 수 있고 미끄럽지 않은 재질을 사용해야 한다. 단의 높이는 15cm, 디딤면은 30~35cm 정도가 적당하다.

시공 시 주의점

포장 공사는 배수처리가 잘되어야 하는데, 길목일 경우 물이 잘 빠지도록 미세한 경사를 주는 것이 필요하다. 안전을 고려해 겨울철 언 땅에 시공하거나 기층을 만들어서는 안 된다. 작업 중에 비가 오거나 작업이 다음날로 미뤄질 경우에는 비닐을 덮어 보호해 주어야 한다. 얼거나 서리를 맞은 재료나 혼합물은 사용하면 안 된다.

| 자재별 특징 및 시공요령 |

자연석

자연석은 비용이 높고 시공에도 많은 노동력이 들지만 가장 뛰어난 포장재료다. 자연평석은 윗면이 평평한 디딤돌로 다소 불편하고 위험성도 있지만 자연스런 미적 효과와 돌 위를 천천히 걸으며 정원을 감상하는 맛이 있다. 쉽게 마멸되지 않는 단단한 것으로 지름이 30~40cm 타원형에 두께 10~20cm 내외의 크기가 적당하다. 돌 자체의 무게로도 고정이 되며 성인의 보폭인 35~45cm의 길이를 중심 간격으로 잡아 시공한다.

대리석은 색과 무늬가 아름답고 결이 곱다. 광택이 있게 연마한 것은 햇볕을 받으면 화려하게 돋보인다. 슬레이트는 표면에 특특한 결이 있어 미끄럽지 않고 비를 맞으면 흙냄새가 난다. 이 두 자재는 가격이 제법 비싸 고급자재로 분류된다.

돌은 규격화된 것을 정형화된 패턴으로 배치할 수도 있지만 평석이나 대리석을 아무렇게나 쪼개어 비정형화된 패턴으로 자연스레 포장할 수도 있다.

콘크리트

콘크리트 포장은 거푸집을 만들고 콘크리트 모르타르를 타설하거나 콘크리트 슬래브를 이용하는 방법이 있다. 모르타르 타설은 석재나 벽돌 등에 비해 저렴하고 자유로운 형태의 포장이 용이하다. 내구성이 높고, 넓은 면을 신속하게 포장할 수 있으며 관리가 필요하지 않다.

그러나 지표면 복사열이 높고 물을 투과시키지 못하며 색채가 없는 단점이 있다. 그렇기 때문에 다른 석재나 벽돌 등을 혼합하여 활용하는 것이 좋다.

콘크리트 슬래브는 타설하는 것보다 약간 비싸지만 시공이 편하고 깨끗한 느낌을 준다. 요즘은 사각, 삼각, 원, 불규칙 등 다양한 크기와 형태가 나온다.

벽돌

벽돌은 따뜻하고 친근한 색상으로 종류가 많다. 단위 규격(5.7×9.5×20cm)이 정해져 생산되므로 다용도로 활용할 수 있다. 그림 맞추기처럼 전체적으로 완성되는 패턴기법에 따라 정원의 느낌이 달라진다.
다소 불규칙하게 놓은 뒤 그 사이에 잔디를 심으면 고풍스러운 분위기를 연출할 수 있다.

조약돌과 자갈

자갈과 조약돌은 비교적 저렴한 편으로 형태, 크기, 색채 등을 넓게 활용할 수 있다. 작은 단위의 포장재이므로 지표수를 투과시킬 수 있는 장점이 있지만 포장을 했을 때 걷기가 불편하고 표면 청소가 좋지 못하다. 다른 요소로 채워두거나 시멘트 모르타르를 깊숙이 발라 고정시키면 보다 안정감을 줄 수 있다. 주로 흥미로운 질감 효과나 다른 재료와 대조를 주어 이미지 연출로 이용한다.

맷돌

맷돌은 최근 디딤돌로 많이 이용되고 있다. 실제 고재는 구하기 힘든 만큼 가격이 비싸고, 중국산은 싸지만 크기가 커 야무진 맛이 떨어진다. 시중에는 아예 정원용으로 조형한 맷돌들도 선보이고 있다. 흙집이나 한옥 등 전통적인 느낌의 주택에 잘 어울리지만, 넓은 지면이나 주보행로를 포장하는 데는 다소 무리가 있다.

Outdoor Space

지형과 자재에 따른 계단 선택

정원 계단 디자인

계단은 한 지점에서 높낮이가 다른 지점으로 이동을 수월하게 하는 수단이다. 안전하고 효율적인 보행을 가능하게 하며 좁고 한정된 부지 내에서 공간을 적극적으로 활용하게 한다.

전원주택에서의 계단은 이런 기능적인 역할 외에도 자연과 지형에 어우러져 정원에 입체감을 주고 전체적인 분위기를 더욱 생동감 있게 표현해주는 요소가 된다. 또한 자연을 즐길 수 있는 산책공간이 되어준다. 운동 삼아 아침, 저녁으로 계단을 오르내리는 것도 정원에서 갖는 특별한 즐거움일 것이다. 이렇듯 멋스러운 정원 계단을 만들기 위해서는 무엇보다 '어떤 자재로 어떻게 디자인 하느냐'가 중요하다.

우선, 계단에 활용되는 재료로는 석재를 비롯해서 벽돌, 콘크리트, 목재, 침목 등이 있다. 이외에도 통나무를 이용해 장식효과를 더해주기도 하며, 기초공사 중에 배출된 자연석으로 석축을 쌓아 자연스런 돌계단을 만들기도 한다. 요즘에는 철도침목을 활용하는 사례도 많아지고 있는 추세다.

계단의 형태는 가공방법과 마감재료에 따라 다양하며, 이 때 주변공간에 사용된 재료와 유사한 자재로 시공하는 것이 바람직하다.

계단은 경사지에서의 안전한 보행을 확보하는 데 중요한 의미가 있으며 연결되는 다른 공간 및 보행로, 광장 등과 관련하여 동선과 경관상 중요한 역할을 한다. 따라서 설계와 시공에 있어 쾌적함과 안전성을 염두해 두어야 한다. 이를 위해 단과 디딤면의 길이, 폭, 미끄럼 방지, 난간, 계단참 등 다양한 조건들을 설계 상황에 따라 조화롭게 맞춰야 한다.

계단 설계와 시공을 위한 지침

- 무엇보다 보행자의 안전을 최우선으로 고려해야 하며 누구나 쉽게 지각할 수 있도록 해야 한다.
- 시작과 끝점 부근은 오목형이 되기 쉬우므로 넓게 수평 부분을 만드는 등 시공상 배려가 필요하다.
- 계단 상부나 하부에는 눈에 잘 들어올 수 있도록 질감 있는 단서를 제공해 안정성을 높인다.
- 계단의 시작과 끝나는 부근에 조명등을 설치한다.
- 계단 양측에는 흙막이, 난간 등을 설치해 안정성을 높인다.
- 계단 모서리는 눈에 잘 띄고 단이 선명해야 한다.
- 계단의 첫머리는 파손되기 쉬우므로 얇은 재료나 모난 재료를 피하고 원재나 모서리를 둥글둥글하게 모따기한 것을 사용한다.
- 전체 경사도는 최소 12.5~25.6%, 최대 17.5~31.2%, 계단구배 30~35%를 이루도록 한다.
- 원로 구배가 18%를 초과하면 계단을 만드는 편이 안전하다.
- 경사 60% 이상에서 계단을 설치하면 위험하므로 다른 방법을 고려한다.
- 너무 낮거나 불명확한 단차는 착각을 일으켜 발부리에 차이기가 쉬우므로 오히려 위험하다.
- 눈이 올 때를 대비해 안전성을 고려하여 가급적 완만한 처리를 하는 것이 바람직하다.

통나무계단

일정한 크기의 통나무를 규칙적인 간격으로 설치한다. 흙과 자갈층 등을 활용해 견고하면서 깔끔한 계단으로 조성하되, 통나무가 주는 고유 질감을 살려 정원의 운치를 더해준다.
크기가 큰 통나무일 경우 두 개나 네 개로 넓게 잘라 사용하기도 한다.

내손으로 직접 통나무계단 만들기

주택정원에 통나무 계단을 만들려면, 방부 처리된 통나무를 잘라서 사용한다. 통나무 계단은 평평하고 일정한 높이로 층판을 만드는 데 더욱 신경을 써야 한다. 그렇지 않으면 계단을 밟을 때 쾌적한 보행감을 얻을 수 없다.

하지만 언제나 일정한 크기의 통나무를 구할 수 없기 때문에 층판의 높이를 맞추기 위해 2개의 얇은 통나무로 잘라내어 만드는 방법이 있다. 대개 경사지에서는 흙을 쌓고 발판이 흘러내리지 않도록 흙을 채워 넣는다.

그림 1 첫 계단의 각 끝에 직경 75mm로 자른 말뚝을 박는다.
그림 2 아래를 조금 판 후, 통나무를 말뚝 뒤에 놓는다.
그림 3 계단의 발판을 만들기 위해 뒤를 채워 다진다. 계단의 맨 윗부분에 자갈층을 펴서 다져 마무리한다.
그림 4 만약 큰 통나무가 충분하지 못하다면, 2개나 3개의 얇은 통나무로 만들어 층판처럼 다져서 말뚝쪽으로 붙여 계단을 만든다.

[그림 1] 계단의 각 끝에 말뚝을 박는다.

[그림 2] 말뚝 뒤편에 통나무를 놓는다.

[그림 3] 말뚝 뒤에 흙을 채워 넣고 다진다.

[그림 4] 2개의 얇은 통나무로 층판을 만든다.

[그림 5] 통나무 계단이 완성된 모습.

돌계단

화강석과 같은 비교적 평평하고 넓은 돌을 이용해 계단을 만든다. 자연소재라 주변환경과 잘 어울리고 튼튼한데다 걷는 재미까지 더해준다. 돌계단 주변에 화사한 꽃이나 사철나무 등을 심어놓으면 더욱 멋스러운 정원경관을 얻을 수 있다.

침목계단

철도침목을 이용해 목가적인 분위기가 물씬 풍기는 정원계단이다. 짙은 밤색의 침목은 앤틱한 모습을 자아내기도 하며, 계단을 밟는 느낌에서 나무의 질감이 전해져 편안한 보행감을 느끼게 해준다.

Outdoor Space

정원에 생기를 주는 수공간

싱그러운 초록 연못

연못의 위치는 연못에서 기르려는 식물의 종류, 토양의 상태, 높이, 관수시설, 집에서 보는 전망 등을 고려해 선택한다.

연못을 설치하기 적당한 장소로는 지대가 높고 배수가 잘되는 곳이 좋다. 한낮에 내리쬐는 빛은 피하고, 오전과 늦은 오후의 빛을 8시간 이상 충분히 받을 수 있어야 한다. 이 같은 장소를 구하기가 쉽지 않다면 연못 주변에 나무를 심어 빛의 양을 조절하면 된다. 햇볕이 계속해서 드는 곳은 주로 야생식물을 식재한 Plant Pond가 적당하고, 해가 잘 들지 않는 곳은 Fish Pond로 만든다. 실내에서도 연못을 조망하려면 키가 큰 식물은 피해 심는다. 주변에 놓을 울타리와 벤치, 테이블도 미리 계획해 위치를 정한다.

연못을 설치하기 부적당한 장소는 정원에서 가장 낮은 곳으로, 비가 오면 범람할 수 있기 때문이다. 부득이하게 시공한다면 대지보다 높게 올라오는 연못을 만든다. 빗물을 통해 화학물질이나 유기물 찌꺼기가 흘러 유입될 수 있는 곳도 좋지 않고 건물과 가까운 장소는 가스나 전기, 수도관 등이 복잡하게 매설되어 있으므로 연못을 계획하지 않는다. 너무 큰 나무 밑은 건조한 계절이 되면 나무에서 땅의 습기를 모두 흡수해 연못이 기울게 되므로 피한다.

연못의 유형

연못은 전체적인 조경과 비슷한 느낌으로 시공하는 것이 좋다. 수목의 식재와 정원 소품 등이 자연스레 조성된 정원에는 연못의 모양도 정형화되지 않은 비대칭형으로 디자인한다. 주로 자연석이나 판석으로 장식하여 자연스러움을 강조해주는 것이 좋다.

도시적이고 현대적인 건물과 잘 다듬어진 조경수로 이루어진 정원에는 원이나 사각형, ㄷ자, ㄱ자 등 기하학적인 형태의 연못이 잘 어울린다. 이런 경우에는 벽돌이나 타일 블록 등으로 가장자리를 처리하고 식물의 식재도 서로 대칭을 이루도록 설계한다.

연못을 설계할 때는 융통성과 자신만의 감각이 필요하다. 정원에 왜 연못이 필요하고, 어떤 형태의 연못을 연출하고 싶은지 생각해보면 다양한 스타일이 결합된 독특한 디자인을 계획할 수 있다. 평평한 대지 한쪽에는 위로 솟은 연못을 만들고 그 옆에 땅을 파서 만드는 연못을 만든 뒤 연결하여 폭포를 만들 수도 있다. 경사지에는 위와 아래 각각 연못을 만들고 경사면을 따라 계단식 폭포를 만들어 봐도 좋다.

■ 자연스러운 형태의 연못

자연스러운 형태로 연못을 만들고자 한다면 중간에 낮은 턱이 없이 점차로 깊어지게 만든다. 이렇게 만든 연못은 주로 자연적으로 조성된 습지를 이용하거나 진흙을 사용해 만드는 연못에 적당하다. 여기에는 비단잉어나 금붕어보다는 주변 호수에서 쉽게 볼 수 있는 물고기류를 기르는 것이 자연스럽다.

■ 위로 솟은 연못

높여진 구조로 만들어진 연못으로 땅을 파야 하지만 여분의 깊이가 생기게 된다. 60cm 높이로 60cm 지면을 파면 1.2m 깊이의 연못이 된다. 위로 솟은 연못은 콘크리트, 라이너 등을 이용해 조성하는데 때에 따라 주변에서 흔히 구할 수 있는 커다란 통을 이용해서도 만들 수 있다.

■ 땅을 파서 만든 연못

위로 솟은 연못보다는 자연스러운 형태로 지면 높이에 맞게 물을 채울 수 있도록 땅을 완전히 파주어야 한다. 토양의 성질에 따라 흙을 파내는 작업이 매우 힘든 일이 될 수도 있다.

연못의 디자인

연못디자인은 단순히 보기 좋은 것이 아니라 관리하기 쉽고, 생태 내의 동식물의 건강까지 고려해 결정해야 한다. 또한 기존의 정원 조경과 자연스러운 조화를 이루도록 한다.

■ 크기

정원 크기에 맞춰 결정되는 부분이지만 기본적으로 일정 규모 이상이 되어야 연못의 기능을 제대로 수행할 수 있다. 연못이 너무 작으면 기온 변화에 민감하여 연못 내의 물고기나 수초들이 건강하게 자라지 못하게 된다. 그러므로 최소한의 표면 면적이 4.5m²(3m×1.5m의 직사각형, 지름 2.4m의 원형)는 되어야 한다.

■ 깊이

연못의 깊이는 전체적인 상태를 좌우하는 매우 중요한 요소로 60~90cm 정도가 적당하다. 아주 무더운 여름철에는 물고기 및 기타 생물들이 바닥 근처의 시원하고 산소가 풍부한 지역으로 이동하여 쉴 수 있도록 해주어야 한다.

최소한의 수심은 60cm가 되어야 하고, 물고기와 식물이 겨울에도 잘 살 수 있도록 75cm 정도 이상이 되어야 한다. 날씨가 추운 지방일수록 수심을 늘려 시공하는 것이 좋다.

방수제가 시공의 관건

연못은 시공에 앞서 자신이 직접 만들 것인지, 전문가에게 맡길 것인지를 결정하고 바닥의 재질을 선택해야 한다. 정원의 흙을 파내고 연못을 만들려면 물이 새지 않게 하는 자재가 필요하다. 이를 라이너(Liner)라고 하는데 연못 구성에 있어 가장 중요한 요소이다. 라이너로 사용되는 자재로는 PVC, 부틸(합성고무) 등으로 만들어진 방수시트와 플라스틱으로 만들어진 수조, 콘크리트블록 등이 있다. 라이너의 선택에 따라 시공과정과 비용이 달라지므로 전체적인 비용과 재질의 수명을 꼼꼼히 체크해야 한다.

연못에 생명을 불어넣는 기기들

필터

인공적으로 만들어진 연못은 자연형태의 연못보다 깊지 않기 때문에 물이 쉽게 데워지고 식기를 반복한다. 이 때문에 물속에 산소가 부족해져 썩게 되고 금새 녹조가 낀다. 또한 물속에는 여러 가지 유기물(비료, 낙엽, 물고기 배설물, 사료 찌꺼기)이 많이 포함되어 있어 인공적으로 물을 맑게 걸러줄 필요가 있다.

펌프

필터 안으로 물을 끌어 들이거나 내보내기 위해서는 반드시 펌프가 필요하다. 또한 펌프는 연못에 폭포를 만들 때도 활용된다. 연못의 필터링을 위한 펌프는 대부분 필터의 용량에 맞게 선정되어 나오므로 필터 구입 시 함께 구입하는 것이 좋다. 주물로 된 펌프는 녹물이 나와 연못에 악영향을 미치므로 되도록 피하고, 수중펌프를 구매하는 것이 가장 관리하기 쉽고 경제적이다.

조명

낮에만 연못을 볼 것이 아니라면 야간 연못에 있어 조명은 아주 중요한 요소다. 수중조명일 경우 감전의 위험이 없는 24V 이하의 제품을 구매해야 한다. 플로팅 라이트나 스톤라이트 또는 경관조명을 함께 설치함으로써 더욱 운치 있는 연못을 만들 수 있다.

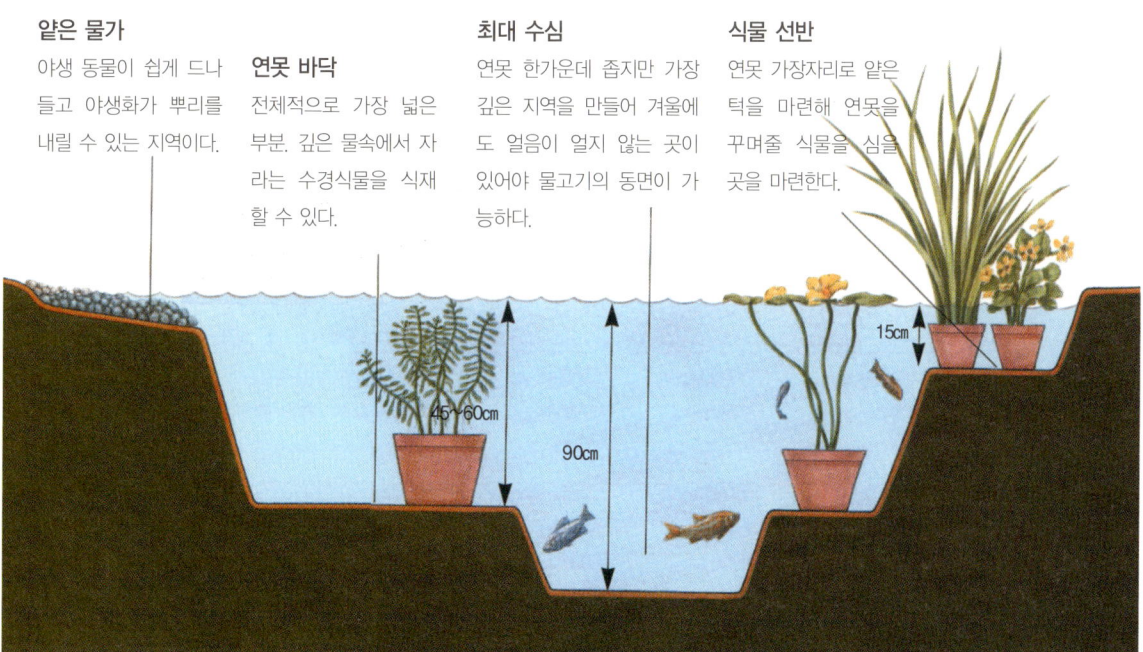

얕은 물가 야생 동물이 쉽게 드나들고 야생화가 뿌리를 내릴 수 있는 지역이다.

연못 바닥 전체적으로 가장 넓은 부분. 깊은 물속에서 자라는 수경식물을 식재할 수 있다.

최대 수심 연못 한가운데 좁지만 가장 깊은 지역을 만들어 겨울에도 얼음이 얼지 않는 곳이 있어야 물고기의 동면이 가능하다.

식물 선반 연못 가장자리로 얕은 턱을 마련해 연못을 꾸며줄 식물을 심을 곳을 마련한다.

초보자도 가능한 연못 시공법 1
PREFORMED POND LINER

❶ 연못의 외각선 표시하기
원하는 모양의 수조를 구입했다면 우선 그 치수를 측정한다. 설치하고자 하는 정원의 적당한 위치에 수조의 모양을 따라 호스나 스프레이 등을 이용해 표시를 한다.

❷ 흙 파기
수조 바닥면의 높이차에 따라 땅을 파낸다. 테두리보다 조금 넓게 땅을 파내야 수조가 쉽게 들어간다.

❸ 수평 맞추기
수평계를 이용하여 수조의 수평을 유지하면서 터파기를 해야 한다.

❹ 바닥 다지기
흙을 파낸 바닥은 딱딱한 돌이나 나무뿌리 등을 모두 골라낸다. 그 다음 모래와 진흙을 깔고 바닥을 단단하게 다져준다. 땅속에 수조를 넣기 전 급수나 배수관을 먼저 마무리해 놓는다.

❺ 수조 설치
수조가 손상되지 않도록 조심스레 터파기한 곳에 넣는다. 그 다음 수조 안에 물을 10cm 가량 넣는다. 물의 무게 때문에 통이 어느 정도 땅과 더 밀착되고, 안정감을 갖는다.

❻ 흙 채워 넣기
연못통과 지면 사이의 틈새에 흙과 모래를 채워 넣는다.

❼ 가장자리 흙 다져 넣기
마지막 가장자리에는 흙을 꼼꼼하게 채워 넣어야 수조가 흔들림 없이 단단히 고정된다.

❽ 수조 가장자리 장식하기
밖으로 드러나는 수조의 가장자리 부분을 흙으로 덮어주고 식물과 벽돌, 자연석 등으로 장식한다. 마지막으로 펌프와 필터를 연결하면 된다.

연못용 수조 구하기

수조는 생산 업체에 따라 그 모양과 재질이 조금씩 다르다. 아직까지 국내에서 생산되는 곳이 없지만 자재 수입상을 통해 구입할 수 있으므로 발품을 팔아 정원에 잘 어울리는 수조를 찾아내는 것이 중요하다.

땅 파는 요령

통 바닥의 굴곡 부위는 정확하게 맞춰 흙을 파낼 수 없으므로 수시로 통을 넣어가며 파내거나 흙을 채워주면서 바닥을 만들어야 한다.

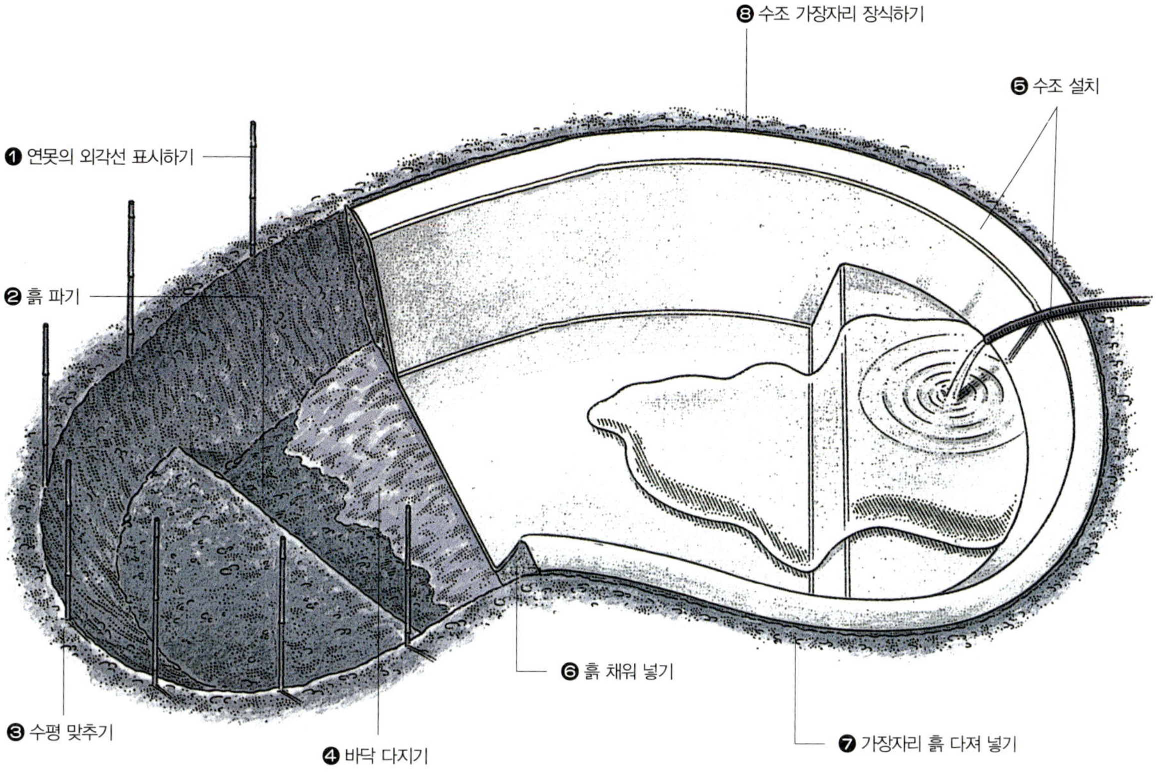

❶ 연못의 외각선 표시하기
❷ 흙 파기
❸ 수평 맞추기
❹ 바닥 다지기
❺ 수조 설치
❻ 흙 채워 넣기
❼ 가장자리 흙 다져 넣기
❽ 수조 가장자리 장식하기

연못통의 수평 맞추는 방법

모래와 진흙으로 다져진 지면에 통을 넣는다. 그리고는 통의 지름이 넘는 긴 막대기를 올려놓고 그 위에 수평계를 대어 전체적으로 수평이 맞는지 확인한다. 연못의 수평은 시공과정 중에 수시로 맞춰 봐야 한다.

연못통 사이즈 표시 요령

지면에 벽돌을 쌓아 수조를 올려놓고, 테두리를 둘러 촘촘히 대나무 막대를 꽂는다. 막대 주변에 모래나 노끈을 둘러 통의 모양을 따라 그린다.

초보자도 가능한 연못 시공법 2
FLEXIBLE POND LINER

❶ 자리 표시하기
자신이 원하는 디자인에 따라 지면에 표시를 해준다. 이때는 노끈이나 모래, 호스 등을 이용한다.

❷ 땅파기
지면은 바닥에서 20°의 경사각을 주면서 파내는데 이때 계단식으로 높낮이가 다른 면을 만들어 주어야 한다. 수변식물을 식재하거나 화분을 놓을 수 있는 얕은 부분과 물고기의 동면을 위한 깊은 자리를 나눠 만든다.

❸ 바닥고르기
바닥은 갈퀴질을 하여 나무뿌리나 돌을 없애주고 부드러운 흙만 남겨둔다.

❹ 벽면 다지기
이물질을 걷어낸 바닥과 벽면은 흙을 단단하게 하기 위해 삽으로 쳐가며 다져준다. 배관의 위치를 미리 정하고 시트를 깔기 전에 설치한다.

❺ 방수시트 보호막 깔기
방수시트를 이용한 연못의 수명을 늘리기 위해서는 푹신푹신한 보호막을 깔아주어야 한다.

❻ 방수시트 깔기
바닥의 굴곡에 맞춰 시트를 잘 깔아준다. 이때 배관과 시트 사이의 방수를 위해 플렌지를 사용한다. 배관을 사이에 두고 라이너의 앞과 뒤 양쪽면에서 잡아준다.

❼ 물 담기
시트를 깔고 나서는 연못의 가장 깊은 곳부터 물을 채워준다. 그 다음 가장자리부터 펴가며 위치를 잘 잡아주어야 한다. 이때 시트와 바닥면 사이에 빈공간이 없이 밀착시켜 준다.

❽ 방수시트 다듬기
방수시트의 남는 부분은 흙 속으로 파묻어 준다. 마무리 조경 작업을 하고 필터와 펌프를 연결한다.

연못통의 수평 맞추는 방법

방수시트는 자외선과 영하 30°C까지의 추위에도 견딜 수 있는 재질을 사용해야 한다. 그렇지 않으면 빠르게 부식되어 애써 시공한 연못을 오래 감상할 수가 없다. 또한 수초와 관상어에 해를 입히지 않는 것을 선택하는 것도 중요하다.
PVC는 일반적으로 가장 많이 사용되는 것으로 과거에 사용되던 폴리에스틸렌보다 내구성이 좋고 모양을 만드는 데도 효과적이다. 부틸과 EPDM은 PVC보다 탄력성이 좋다. 그래서 틈이나 접히는 부분이 많아도 모양을 잘 잡을 수 있다. 자외선에 강하고 추운 날씨에 설치할 때도 견고함을 유지할 수 있다. Formflex 라이너는 가장자리를 장식하는 용도로 사용된다.

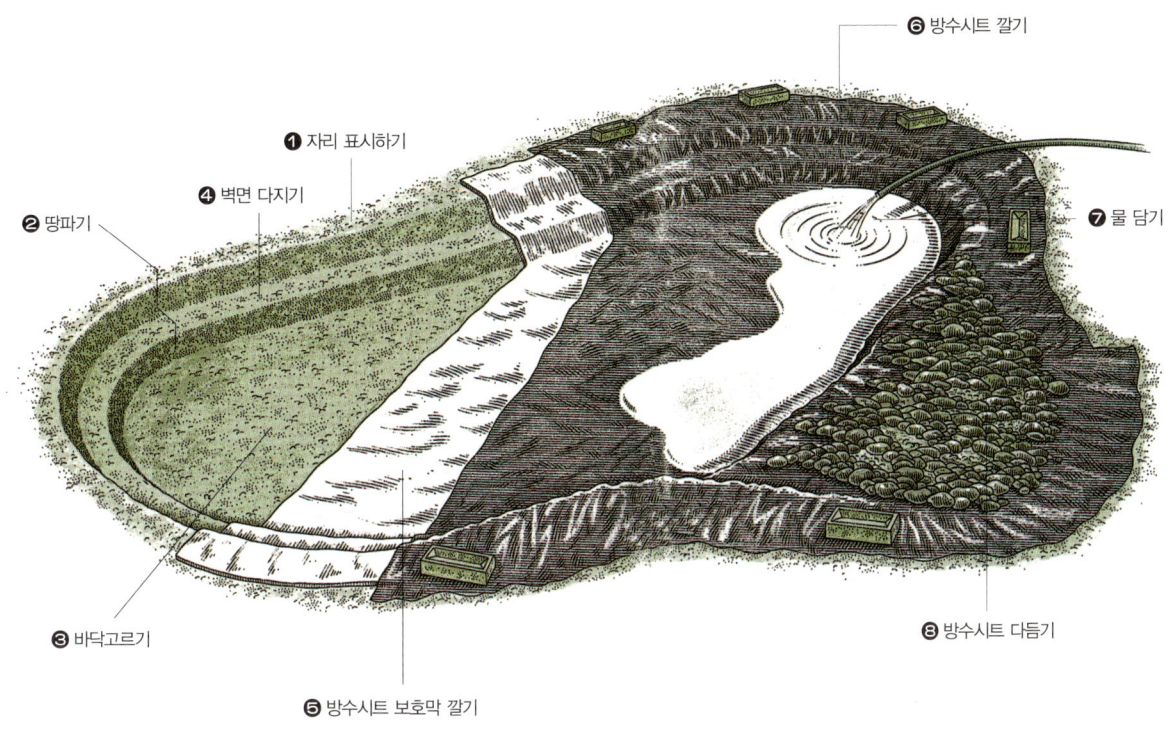

❶ 자리 표시하기
❷ 땅파기
❸ 바닥고르기
❹ 벽면 다지기
❺ 방수시트 보호막 깔기
❻ 방수시트 깔기
❼ 물 담기
❽ 방수시트 다듬기

방수시트 보호막 설치

1
연못 구덩이에 방수시트를 넣고 주변 테두리에 벽돌을 올려 고정시킨다. 구덩이 안으로 물을 넣으면 시트가 물의 압력을 받고 구석구석까지 자리를 잡게 된다.

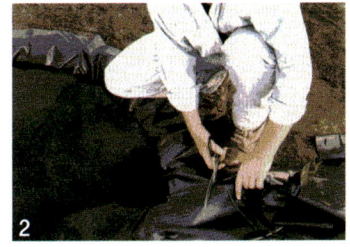

2
연못에 물이 차고 시트가 다 밀려 들어간 후의 여분은 테두리선에서 넉넉하게 남겨두고 잘라낸다.

전문가가 필요한 연못 시공법
CONCRETE POND

❶ 자리 표시하기
콘크리트 연못을 설계할 때에는 자신이 원하는 크기보다 조금 크게 땅을 파야 한다. 바닥에 사이즈를 표시할 때는 정확하게 하는 것이 중요하다. 말뚝을 박고 줄을 매달아 위치를 표시하는데 테두리의 꺾이는 부분은 정확히 90°가 되도록 건축용 자를 이용해 치수를 확인한다.

❷ 땅파기
지면은 직각을 유지하면서 파내려 간다. 콘크리트 연못의 벽면은 식물을 식재할 부분을 따로 마련하지 않고 평평하게 만들어 준다.

❸ 물 부어 바닥 다지기
일반적으로 전원주택의 정원은 성토를 해 대지를 조성한 곳이 많다. 이 경우 콘크리트 시공을 하고 나면 후에 바닥이 가라 앉으며 금이 생기는 경우가 많다. 그러므로 땅을 파내고 구덩이에 물을 채운 뒤 1주일 쯤 지나서 공사를 하는 것이 좋다

❹ 자갈 깔기
바닥은 나무뿌리나 이물질을 걷어내고 자갈을 10cm 정도 깔아준다. 전문가들은 주로 기계를 사용해 바닥을 단단하게 다져 준다.

❺ 콘크리트 모르타르 붓기
자갈 위에 와이어 매쉬를 한번 더 시공하기도 하는데, 그 위에 콘크리트 모르타르를 붓는다. 모르타르에는 반드시 방수제를 첨가하여 충분한 양을 부어준다. 콘크리트는 긴 막대를 이용해 바닥을 고르고 수평계로 수평을 맞춰준다. 하루에서 이틀 정도 양생한다. 콘크리트 벽면을 만들기 전에 배관계획에 따라 배관을 설치한다.

❻ 콘크리트 벽돌 쌓기
양생이 끝나고 나면 벽면을 둘러 콘크리트 벽돌을 쌓는다. 벽돌은 벽면의 내구성을 높이기 위해 이중으로 시공하기도 한다.

❼ 벽면과 벽돌 사이에 콘크리트 붓기
벽면과 벽돌 사이의 남는 공간에는 빈틈 없이 방수제를 첨가한 콘크리트 모르타르를 부어 준다

❽ 내벽과 바닥에 콘크리트 미장하기
벽돌을 다 쌓고 나면 콘크리트 미장을 한다. 이때 역시 방수제를 포함해 시공해야 하며 때에 따라서는 미장 위에 방수 페인트칠을 하기도 한다. 1주일 정도 양생한다.

❾ 물 붓기
연못 양생이 끝나면 석회 성분을 없애고 식물을 키우기 위해 물을 가득 채운 뒤 1주일 동안 둔다. 시멘트에서 석회 성분이 방출되는 것을 막으려면 액체방수가 아닌 에폭시방수를 하면 된다.

❿ 가장자리 장식하기
벽돌이나 자연석을 이용해 연못의 가장자리를 꾸며준다. 이때 콘크리트 모르타르를 이용해 단단히 붙여 주어야 하고 물속으로 떨어지지 않도록 한다.

시멘트 모르타르 만드는 방법

벽돌을 쌓는데 쓰는 모르타르는 일반적으로 굵은 모래와 시멘트를 3 : 1 비율로 섞어 만든다. 일반 미장을 위한 모르타르는 모래와 시멘트를 5 : 1로 섞는다. 그 밖에 타설을 위한 모르타르는 굵은 모래, 고운 모래, 시멘트를 2.5 : 3.5 : 1의 비율로 혼합한다. 모르타르는 각각의 성분을 모두 섞은 후 가운데에 물을 부어 배합한다. 물은 조금씩 부어 질척이지 않게 만드는 것이 좋다. 모르타르는 만든 후 최대한 빨리 사용하는 것이 좋다. 콘크리트 시공은 추운 날을 피해야 굳기 전에 갈라지는 것을 방지할 수 있다.

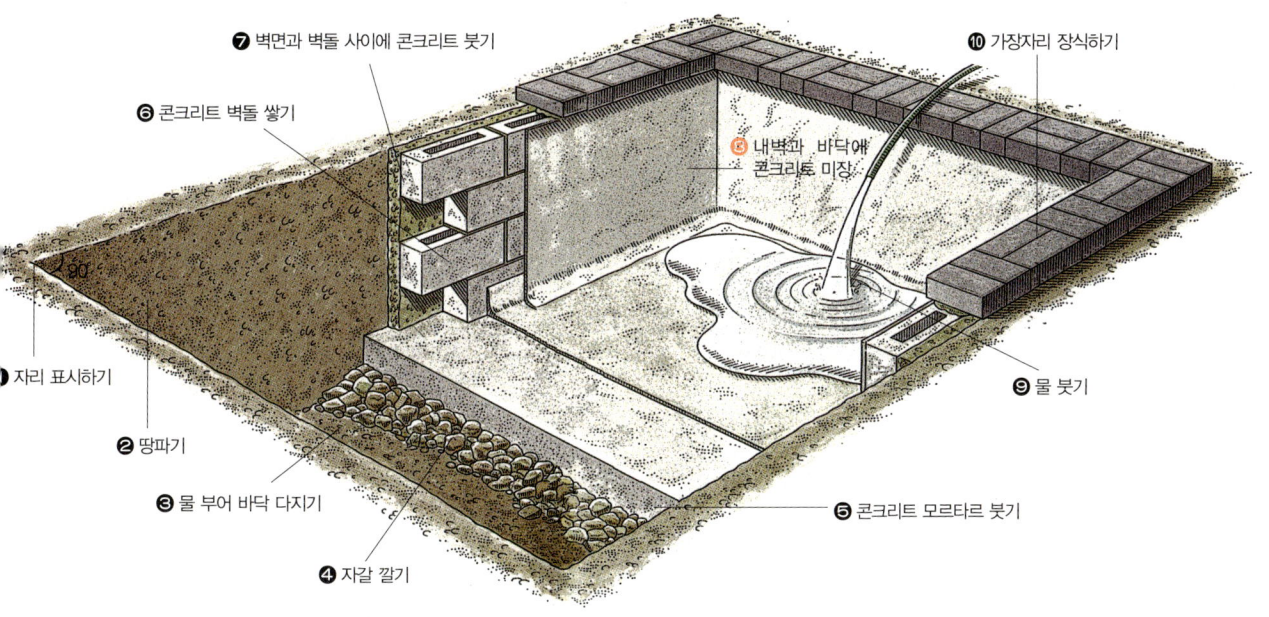

❼ 벽면과 벽돌 사이에 콘크리트 붓기
❻ 콘크리트 벽돌 쌓기
❿ 가장자리 장식하기
❽ 내벽과 바닥에 콘크리트 미장
❶ 자리 표시하기
❷ 땅파기
❸ 물 부어 바닥 다지기
❹ 자갈 깔기
❺ 콘크리트 모르타르 붓기
❾ 물 붓기

방수시트 보호막 설치

1. 모르타르를 바르고 그 위에 벽돌을 교차되게 쌓아간다. 벽돌에는 측면에만 모르타르를 바른다.

2. 돌을 올려놓은 뒤에는 단단하게 눌러주고 수평계로 수평을 맞춘다. 남은 반죽은 흙손을 이용해 긁어낸다.

Outdoor Space

그늘을 만들어 주는 외부요소

정원의 휴식처 정자

다양한 정자의 유형

1 2중 지붕의 톡특함
6각 지붕이 이중으로 올려져 독특하다. 지붕의 가로선, 입면의 격자무늬, 하부구조의 세로선이 짜임새 있는 정자를 만들어준다.

2 완벽한 전통정자
우리 옛 정자의 모습을 완벽히 구현해 냈다. 두 기둥은 연못 속에, 나머지 두 기둥은 땅을 디딘 채 하늘을 향하고 있다. 처마 끝이 地·水·天의 조화를 보여준다.

3 앤틱스타일 정자
서구풍의 정자로 깔끔한 흰색이 정원의 포인트가 될 만하다. 내부에는 테이블과 조명이 설치되어 있다.

4 지붕을 얹은 평상
정원 한 켠에 마련해 둔 단순한 느낌의 정자다. 원두막과 정자의 중간 형태로 보이기도 하고, 지붕을 가진 평상과도 같다.

5 고유의 팔각정자
한국 고유의 형태를 지닌 팔각정자다. 원주목을 이용해 지붕을 얹고 바닥 없이 기둥만을 두어 하부공간을 최대한 넓게 확보했다.

Outdoor Space

덩굴로 멋스럽게 꾸미는 그늘

파고라

식물이 뻗어 나갈 수 있도록 트인 틀(시렁)을 만들어 정원 산책로나 테라스에 지붕처럼 올린 구조물을 '파고라(pagola)'라 칭한다. 원래 그 목적은 식물덩굴이 틀을 타고 올라가 보기에 좋고 그늘도 즐길 수 있도록 하는 데 있다. 마당 한 켠에 그늘을 피해 작은 파고라를 설치하고 덩굴식물을 가꾸어보자.

파고라용 목자재

외부 시설물에 사용되는 목재의 경우, 비바람에 그대로 노출되어 있는 상태이기 때문에 구조재와 거의 동급의 목재를 사용하는 것이 좋고, 여기 방부처리가 되어 있는 제품으로 선택해야 한다.
구조재로 사용되는 수종은 크게 침엽수(Softwood), 활엽수(Hardwood)로 나누어진다. 주로 침엽수재는 구조용재로 활엽수재는 내외장재로 사용된다. 구조용재로 사용되는 침엽수는 소나무(Pine), 전나무(Fir), 솔송나무(Hemlock), 가문비나무(Spruce), 히말라야삼나무(Cedar), 편백나무(Cypress), 미국적삼나무(Redwood) 등이 있다. 소나무, 전나무, 가문비나무의 경우는 국내 생산이 가능하다. 또 내외장재 혹은 가구재로 주로 사용되는 활엽수는 물푸레나무(Ash), 자작나무(Birch), 벚나무(Cherry), 히코리(Hickory), 단풍나무(Maple), 마호가니(Mahogany), 참나무(Oak), 호두나무(Walnut) 등이 손꼽힌다.

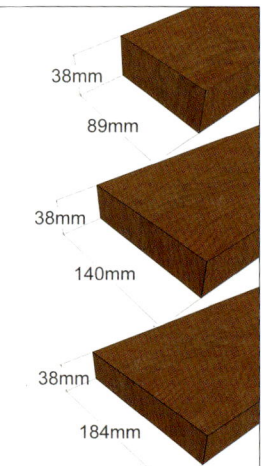

다양한 파고라의 유형

1 덩굴이 늘어진 목재 파고라
박덩굴이 파고라를 타고 올라 빈틈이 없다. 파고라 내부에 수풀을 심어 테이블에 앉아 감상하는 액자그림 같은 낭만을 준다.

2 거미줄 같은 철제 파고라
철재를 이용해 마당을 감싸는 대형 파고라를 만들었다. 덩굴식물로 뒤덮인 정원을 상상해보자.

3 데크 위 파고라
연못과 이어지는 데크 위에 파고라를 두었다. 똑같은 모양의 연이은 파고라는 많은 손님들의 회합 장소로도 손색이 없다.

4 화이트 계열로 통일성을 준 파고라
집과는 별도의 모습으로 떨어져 나와 있는 파고라. 울타리와 테이블을 같은 색으로 매치시켜 통일감을 준다.

5 집과 이어진 파고라
정면을 향해 이어지는 테라스에 모두 파고라를 설치했다. 주택과 이어진 파고라는 집을 더욱 크게 보이게 하며 햇빛도 가려주는 일석이조의 효과를 가진다.

Outdoor Space

일년 내내 물과 친해지는 정원

수영장과 노천탕

앞마당에 간이수영장 설치하기

체육시설이나 대규모 별장 등에 설치된 수영장은 'In Ground Pool'이라고 땅을 파서 설치하는 방식이다. 대지를 파고 콘크리트로 기초를 다진 후 방수처리를 한 다음, 타일로 마감해 만들어진다.

이 같은 수영장은 여과기를 포함, 설치비용도 최소 1억원이 들며 매해 보수 공사비용도 만만치 않다. 또한 수영장 넓이가 67㎡ 이상 되면 호화주택으로 분류되어 5배나 되는 세금을 내야 할 경우도 생길 수 있다. 물론 경제적으로 여유가 있어 충분한 공간에 관리인을 두고 사용한다면 이러한 고정식 수영장이 최상의 선택이 되겠지만, 그 정도 여력이 없는 일반인들에겐 아득히 먼 이야기로 들린다.

그 대안으로 미주와 유럽에서는 'Above Ground Pool'이라는 지면 위에 설치하는 수영장이 고안되어 많이 보편화된 상태다. 지면 위에 설치하는 수영장은 이동식 수영장(Portable Swimming Pool)으로도 불리며 가격도 고정식에 비해 1/10선인 데다 공간활용 면에서도 뛰어나다. 단, 고정식에 비해서는 수명이 짧을 수밖에 없고, 날카로운 물질로 파손될 수 있는 단점은 감수해야 한다.

단단한 지면, 쉽게 보이는 위치에

조립식 수영장을 두기 위해서는 설치할 땅의 지반이 단단하고 수평이 맞아야 한다. 프레임과 천이 무거운 데다가 물까지 담게 되면 톤 단위의 중량이 나가기 때문이다. 또, 주변 건물의 2층창이나 테라스에서 수영장 내부가 쉽게 바라다 보이는 위치가 좋다. 그래야만 아이들의 안전사고에 발빠르게 대처할 수 있다.

둘레에 데크 시공해 접근이 쉽도록

수영장은 원형과 사각형 두 종류가 있는데, 공간활용 면이나 데크 설치를 위해서는 사각형이 더 유용하다. 수영장 주위에 데크 시설은 수질관리 및 조경의 효과가 뛰어나며 접근이 쉬운 장점이 있다.
데크를 두르는 방법은 다양하다. 땅을 파서 수영장을 넣고 그 주변을 지면 높이에 맞춰 데크를 설치하는 매립식 방법, 지상에 수영장을 설치하고 계단을 타고 올라 데크를 밟을 수 있도록 하는 방법, 데크를 한 면이나 두세 면만 설치해 접근하도록 하는 방법들이 있다. 매립식 방법은 땅의 용도가 대지나 잡종지여야만 한다. 땅을 파고 콘크리트로 옹벽처리를 하는 등 시설공사가 필요하기 때문이다.

가까운 곳에서 물과 전기 공급이 필수

조립식 수영장은 뼈대와 천으로 구성되어 있다. 여기에 여과기와 청소기, 사다리 등 부대시설을 장착해 사용한다. 수영장은 원단의 재질에 따라 가격대가 정해지고, 그 차이도 매우 큰 편이다. 육안으로 좋은 제품을 구별하는 방법은 쉽지 않기 때문에, 사용 후기를 듣는 것이 좋은 제품을 고르는 최선이다.
수영장 안에 물을 공급할 때는 일반호스를 이용해 넣거나, 수영장 위로 물의 공급장치를 별도로 만들기도

한다. 공급보다 더 중요한 사항은 물의 배수로, 여과기 근처에 배수 장소가 반드시 필요하다. 또한 여과기 작동을 위해 전기를 사용해야 하는데 안전상 전선 처리에 주의를 기울여야 한다. 여과기는 순환식으로 쓴 물을 다시 쓸 수 있을 정도의 정화기능을 가지고 있어야 한다. 그래야 추후 오폐수관리 문제에서도 자유로울 수 있다.

관리와 보관은 이렇게

여과기와 청소기, 세정제는 수영장의 물을 가능한 깨끗한 상태로 오래 유지시키기 위한 장치들이다. 세정제로는 크게 정제차 염소산나트륨과 고분자 무기물 응집제를 많이 사용하는데, 이는 국내 공공수영장에서 사용하는 제품과 비슷하다. 수영장을 관리할 때 한 두 번 방심하면 수질이 급속도로 나빠져 물의 회복이 어렵기 때문에 여과기와 청소기, 약품처리 등에 늘 신경을 써야 한다. 물의 오염이 심해 물갈이를 할 때는 적당한 양의 물을 배수시키고 그만큼 다시 채워 넣는 것이 좋다.
여름철 사용이 끝나 철거하여 보관하기 위해서는 물을 모두 버린 후, 하루 정도 햇볕에 말린 다음 깨끗이 청소해 보관하면 된다. 매립식에 데크를 시공해 해체가 불가능한 경우는 물을 담은 상태에서 겨울철 그대로 얼려 유지한다.

노천탕 설치하기

데크와 연결해 설치하는 히노끼탕

히노끼탕은 일본말로 히노끼라고 불리는 조림수종으로 만들어졌다. 이 편백나무는 수령이 3백년 이상 된 나무들로 잡균이나 곰팡이가 번식하지 않는 귀한 수종이다. 혈액순환을 촉진하고 피부질환에 좋다는 소문이 퍼지면서, 도심 내 사우나나 온천단지 등에서도 인기를 끌고 있는 자재다. 히노끼 판재를 암컷, 수컷으로 제재하여 서로 맞물리게 만든 특수 공법으로 시공하기 때문에 물이 새지 않는다. 또 원목 자체가 습지에서 자라기 때문에 욕조로 사용해도 썩지 않고 반영구적으로 사용이 가능하다고 알려져 있다. 보통 탕 바닥에는 공기펌프로 물이 솟구치도록 해 마사지 기능을 더하고, 안 쪽으로는 몇 개의 단을 설치해 반신욕을 즐길 수 있도록 한다.

사진의 노천탕은 펜션의 두 동 사이에 연계된 데크에 위치해 각 객실에서 접근이 쉽고, 외부 시선의 차단을 위해 높게 설치하였다. 덕분에 생기는 지하 공간에 필요시설들을 두고, 작동 스위치는 외부에 따로 제작했다. 노천탕 자체에 많은 양의 온수를 공급해야 하므로 지하수를 이용한 전용물탱크와 급탕 보일러시설이 필요했다. 탕은 6~8명이 동시에 이용이 가능한 크기로 옆으로는 칸막이를 설치해 간단한 샤워시설까지 구비해 두었다.

히노끼 노천탕의 관리는 다소 까다로운 편이다. 사용 후 물을 가두어 두면 나무의 히노끼치올이 물속에서 계속 용해되기 때문에 욕조의 효능 지속기간이 단축될 수 있다. 그러므로 목욕 후에 물을 바로 배출하고 욕조에 묻은 물기도 모두 닦아주는 것이 좋다. 오염이 심한 부위는 알코올을 탈지면이나 마른 수건에 묻혀서 닦아주면 된다.

〈사진〉

마사지 효과를 더한 온천목욕 스파

스파(Spa)는 '스파우(Spau)'라는 벨지움의 리게 근처의 한 작은 마을 지명으로부터 나온 말로, 이 작은 광천수 마을에서 사람들이 질병을 고치기 시작하면서 유명세를 탔다. 이후 물을 이용해 심신을 치료하고 건강을 유지하는 요법을 통틀어 스파라고 부른다.

최근 가정집에 설치가 늘고 있는 월풀이 단지 물을 뿜어내는 정도라면, 스파는 공기방울을 같이 분사해 마사지 효과를 높여주며 자체 정화기능까지 갖고 있다. 또 스파 안의 여과시스템이 순환하는 물에서 이물질을 걸러내 주며 설정한 온도를 그대로 유지할 수 있다. 여기에 추가로 오디오 기능과 무드 조명 시설을 설치하기도 한다.

가정용 스파 시설은 일체형 위생 아크릴 소재로 제작된 것이 대부분인데 열성형과 유리 섬유로 삼중 라미네이트 코팅처리를 하게 된다. 1인용부터 7~8인용까지 크기와 종류가 다양하며 가격은 가장 많이 판매되는 4~5인용이 1천5백만~2천만원 정도 한다. 관련업체에 따르면 주문을 하면 유럽이나 미국 등지에서 소비자의 요구에 맞춰 제작된 후 50일 내외로 받아볼 수 있다고 한다.

스파를 설치할 때는 수도배관과 전기시설을 고려해 위치를 정해야 한다. 이왕이면 주택과 가까운 곳에 배치해 급수를 용이하게 하는 것이 좋으며, 반드시 전문가에게 의뢰해 전기사고로 인한 피해를 예방해야 한다.

모터와 센서 등의 장치는 한쪽면에 부착되어 있으므로 쉽게 열어볼 수 있도록 자리를 정해야 A/S가 수월하다.

한 겨울에는 물을 채워두고 덮개를 씌워서 관리하는데, 온도가 급격히 내려가면 배관이 터지는 사고가 자주 일어나니 유의한다. 물은 한 가족이 사용할 때는 여과장치 덕분에 4~5회 사용해도 별 문제가 없지만, 펜션 등에는 한 팀이 사용하고 나면 새로 바꿔주는 것이 안전하다. 취향에 맞게 허브나 과일향 등의 입욕제를 넣을 수 있고, 사용시간은 1회에 30분을 넘지 않는 것이 좋다.

차양과 가리개가 있는 가제보 스타일

외국에서는 지붕이 있는 스파시설을 흔히 볼 수 있다. 단지 데크와의 연계를 뛰어 넘어 파고라나 파빌리온, 가제보 등을 접목해 햇볕이나 눈, 비를 피할 수 있도록 한 야외 목욕공간이다. 홈바를 함께 연결해 목욕과 사교를 겸할 수 있게 만들거나, 아예 독립된 공간으로 천장 뿐 아니라 벽체와 출입문까지 달아 설치하기도 한다. 노출식 스파는 오르는 계단과 데크단을 이용해 보다 활용적인 공간을 만들 수 있어 유용하며, 쉽게 이동시킬 수 있다는 것도 장점이 될 수 있다.

CASE 2

수공간이 눈길을 끄는 정원
Water Garden

아기자기한 볼거리가 넘치는 정원	**106**
시원한 물줄기가 눈과 귀를 사로잡는 정원	**114**
단정함과 깔끔함의 극치를 보여주는 조경	**122**
전통 조경의 미학이 살아 있는 수공간	**132**

Water Garden 1

아기자기한 볼거리가 넘치는 정원

하얀색의 대문을 통해 들어서면 널찍한 침목과 앙증맞은 디딤돌, 두 가지의 어프로치가 조성되어 재미를 주는 집이다. 넓게 보면 중앙의 수공간을 중심으로 하는 주택조경 사례로 다양한 볼거리와 쉼터가 특징이다.

동그란 디딤석을 따라 주택 방향으로 들어가다 보면 시원스레 분수를 뿜어내는 너른 연못을 만나게 된다. 자연석을 이용해 조성하고, 둘레는 벽돌과 자갈로 깔끔하게 마감한 것이 눈여겨볼 만하다. 수공간의 중앙에는 섬처럼 돌을 쌓고 데크를 연결하였다. 건물과도 이어져 있으며 파라솔과 테이블을 두어 마치 호수 위에 떠있는 느낌이다. 주위에는 몇 그루의 소나무로 운치를 더하고 키 작은 영산홍과 주목을 골고루 식재했다. 수목으로 인해 그늘이 드리워진 곳에는 고인돌 형태의 자연석 벤치를 마련하고, 석등이나 석탑 등의 조경 소품들을 다양하게 매치시켰다.

반면 침목 어프로치를 따라 진입하면 또다른 분위기의 정원 깊숙이에 다다르게 된다. 각종 수목과 초화류들이 가득해 청량감을 만끽할 수 있도록 했으며, 먼발치에서 주택과 어우러진 분수를 바라보며 한적하게 여유를 즐기기 충분하다.

01
정원에는 많은 소나무들이 심겨져 있다. 고인돌 벤치, 석등이 한가로워 보인다.

CASE 2　Water Garden　107

02
시원스런 물줄기를 배경으로 주택과 연못이 한데 어우러져 보인다.

03
도로에서 본 모습. 흰색의 철제 대문을 지나 정원으로 진입한다.

04 디딤석은 주택으로 동선을 이끌며 유도조명이 있어 야간에도 이동이 편리하다.

05

06 중앙에는 섬처럼 데크를 연결하고 파라솔과 테이블을 두었다. 소나무에 둘러싸여 시원한 기운을 만끽할 수 있는 공간이다.

07

08

09

10

11
힘찬 물줄기가 시원스러워 보이는 연못 전경.
주택정원치고는 너른 연못이 조성되어 있다.

12
연못을 따라 둘레에는 일정한 너비의 자갈길을
조성하고 옆으로 영산홍과 주목을 식재했다.

Water Garden 2

시원한 물줄기가 눈과 귀를 사로잡는 정원

콸콸 쏟아지는 시원한 물줄기가 눈길을 끄는 전원주택 정원이다. 주택의 앞마당과 주변 전체에 잔디를 심어 잘 정돈하고 대지 경계선 부근으로는 소나무와 단풍나무 등을 풍성하게 심었다. 여느 주택의 조경과 달리 지형의 특성을 최대한 활용한 계곡과 자연석으로 꾸밈없이 계획된 정원이 특징이다.

주택의 현관 앞쪽으로는 얼기설기 겹쳐 있는 커다란 바위들 사이로 계곡이 흐르고 있는데, 맑은 계류의 흐름이 가슴 벅찰 만큼 시원스럽다. 거친 물줄기가 돌 틈을 치고받는 것을 보며 자연석과 물소리가 이루어내는 하모니에 귀를 기울이면 몸과 마음 속 모두 청량해지는 느낌이다.

단지 내 주택들과 마찬가지로 이 집 역시 바위가 많은 지역적 특성을 최대한 받아들여 정원을 조성하였다. 커다란 자연석은 웅장한 맛이 있을 뿐 아니라 거친 듯 생동감을 불어넣어 준다. 여기서는 암석을 그 자체로 계단처럼 이용하거나 현관 앞으로 넓고 편평한 바위면을 그대로 드러내어 일종의 바닥재처럼 사용하였다.

계곡과 정원 한쪽으로는 둥그스름하게 다듬어진 눈주목을 군데군데 식재했다. 눈주목은 나비가 높이의 두 배 정도로 옆으로 퍼지는데 관상용으로 심으면 늘 푸른 잎을 무수히 볼 수 있어 많이 선호된다. 이곳 정원에서는 외곽을 중심으로 적당한 자리에 배열하여 깔끔한 느낌으로 연출했다.

주택 뒤쪽의 눈에 잘 띄지 않는 공간까지도 조경 공간으로 꼼꼼하게 꾸민 점 또한 이 집의 특징이다. 앞마당과 마찬가지로 바닥에는 디딤석을 놓고 잔디를 폭넓게 식재했다. 그밖에 마당 곳곳에 조경등을 설치하여, 밤이면 운치 있는 모습을 감상할 수 있는 동시에 보행자의 안전성까지 고려하였다.

01
파란 하늘 아래 시원하게 뻗어 있는 상록수가 눈길을 끄는 주택. 자연지형 그대로를 활용해 꾸민 정원이 특징이다.

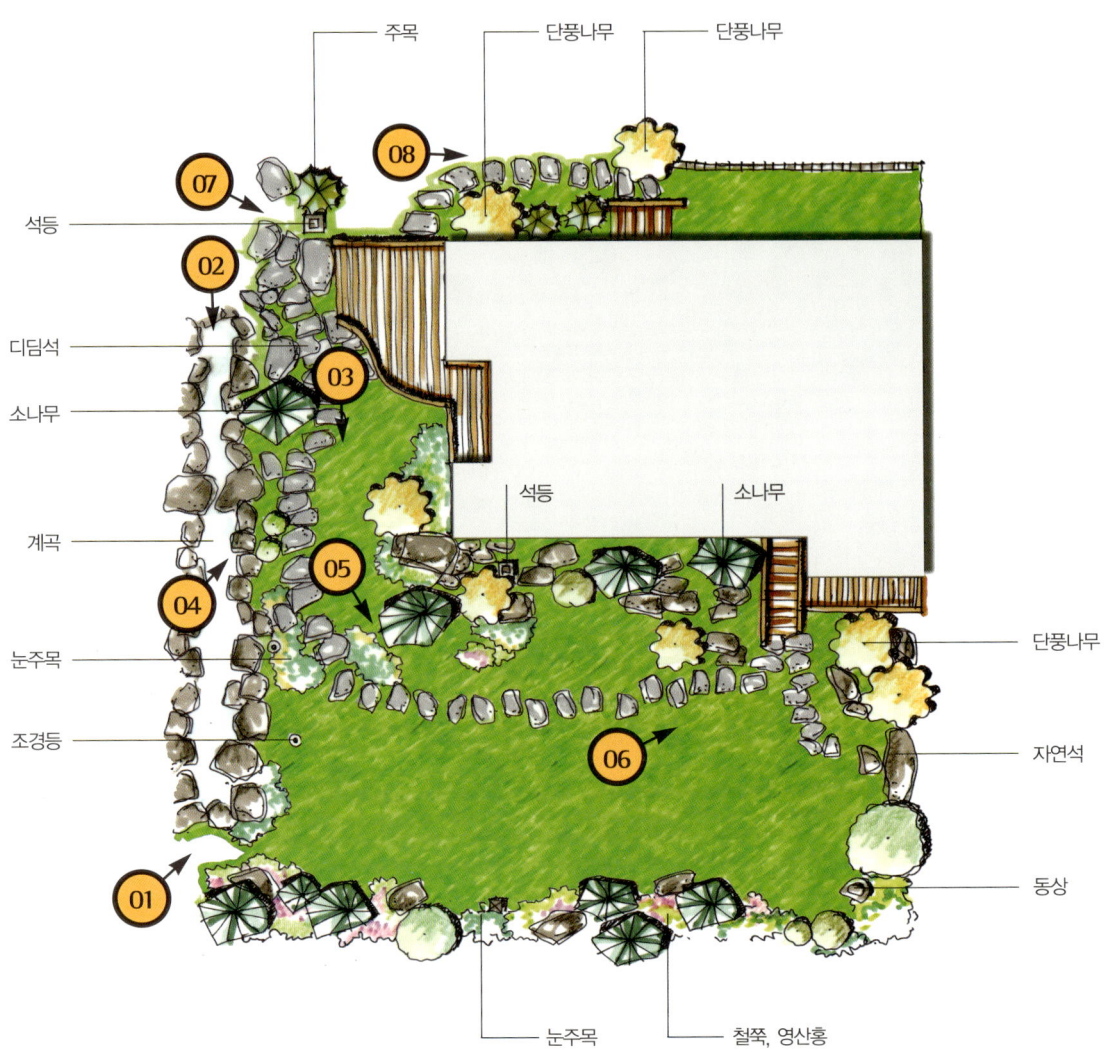

02
돌 틈을 치고받으며 거칠게 흐르는 계류가 시원스럽다. 일반적인 주택의 정원에서는 찾아보기 힘든 풍경이다.

03
돌이 많은 가파른 지형의 특성을 조경 요소로 적극 끌어들인 결과, 주택 주변의 바위들로부터 거칠면서도 힘이 있는, 특히 생생한 느낌이 그대로 전해져 온다.

04
자연 형태 그대로의 암석과 유량이 많은 계류가 어우러져 시원스러운 풍광을 보여주고 있다.

05
넓게 깔린 잔디와 정돈된 조경수의 배치로 깔끔하게 단장한 앞마당.

CASE 2 Water Garden 119

06
바위와 식물을 활용한 정원으로 쉽게 접근할 수 있으면서도 가장 편안한 조경 방법이다.

07
주택의 현관 앞. 울퉁불퉁한 자연석이 촘촘히 놓여 있는 모습이 인상적이다.

08
흔히 놓치기 쉬운 주택의 뒷마당까지도 잔디를 빽빽이 식재하고 곳곳에 다양한 종류의 수목을 심었다.

01
정원 끝에서 바라본 주택 전경. 모던한 주택의 이미지를
곧게 뻗은 석재마당과 수공간이 한층 더해주고 있다

Water Garden 3

단정함과 깔끔함의
극치를 보여주는 조경

많은 이들이 내집 마당에 수공간을 조성하고 싶어 한다. 수생식물이 들어찬 작거나 큰 연못, 혹은 맑은 물이 흐르는 계곡도 좋고 여름이면 아이들과 물놀이를 할 수 있는 수영장이나 작은 계류 등 선택의 폭은 넓다. 그러나 조성에 들이는 공사비나 시간, 물을 사용하는데 드는 유지비 등을 생각하면 만만치 않은 작업이다.

양평군에 자리한 모던한 주택에도 수공간이 계획되어 있는데 그 모양이 예사롭지 않다. 주택이 주는 단정하고 깔끔한 이미지가 마당에서도 한껏 뿜어져 나온다.

외부에서 바라본 주택은 시내 상업지구 내의 건물 중 하나라 해도 될 정도의 외관을 자랑한다. 사방을 둘러싸고 있는 네모반듯한 울타리와 철제 대문도 여느 전원주택들과는 궤를 달리 한다. 마당의 절반 가까이에는 석재를 길게 깔아두었는데 마치 미술관의 전시장 일부를 떠올리게 하는 모양새다. 바로 이 길의 좌우, 처음과 중간, 끝에 수공간이 길게 이어져 있다.

처음 시작은 수로의 이미지다. 주택의 데크 주변을 따라 ㄱ자 형태로 자리한 수공간은 잔잔함이 감돈다. 그리고 노출콘크리트 담을 따라 길게 이어진 수로에서는 물이 졸졸 흐른다. 이를 따라 걷다보면 야외테이블이 놓인 데크와 잔디가 깔린 마당 등 이 집의 정원을 천천히 경험하게 된다. 그리고 마지막에 다다르면 연못처럼 널찍한 수공간으로 마무리된다. 큰 바위들 사이로 띄워진 다리를 건너면 대지의 맨 끝, 현관에서 저 멀리 내다보이던 정자에 오르게 된다.

수로를 따라 심겨진 백색의 자작나무가 튼실하게 자라 풍성해질 즈음이면 정원도 자리를 잡아 더욱 많은 이들의 부러움을 사게 될 것이다. 어느 곳에서도 보기 힘든 유일무이한 정원 조성은 가히 성공적이다.

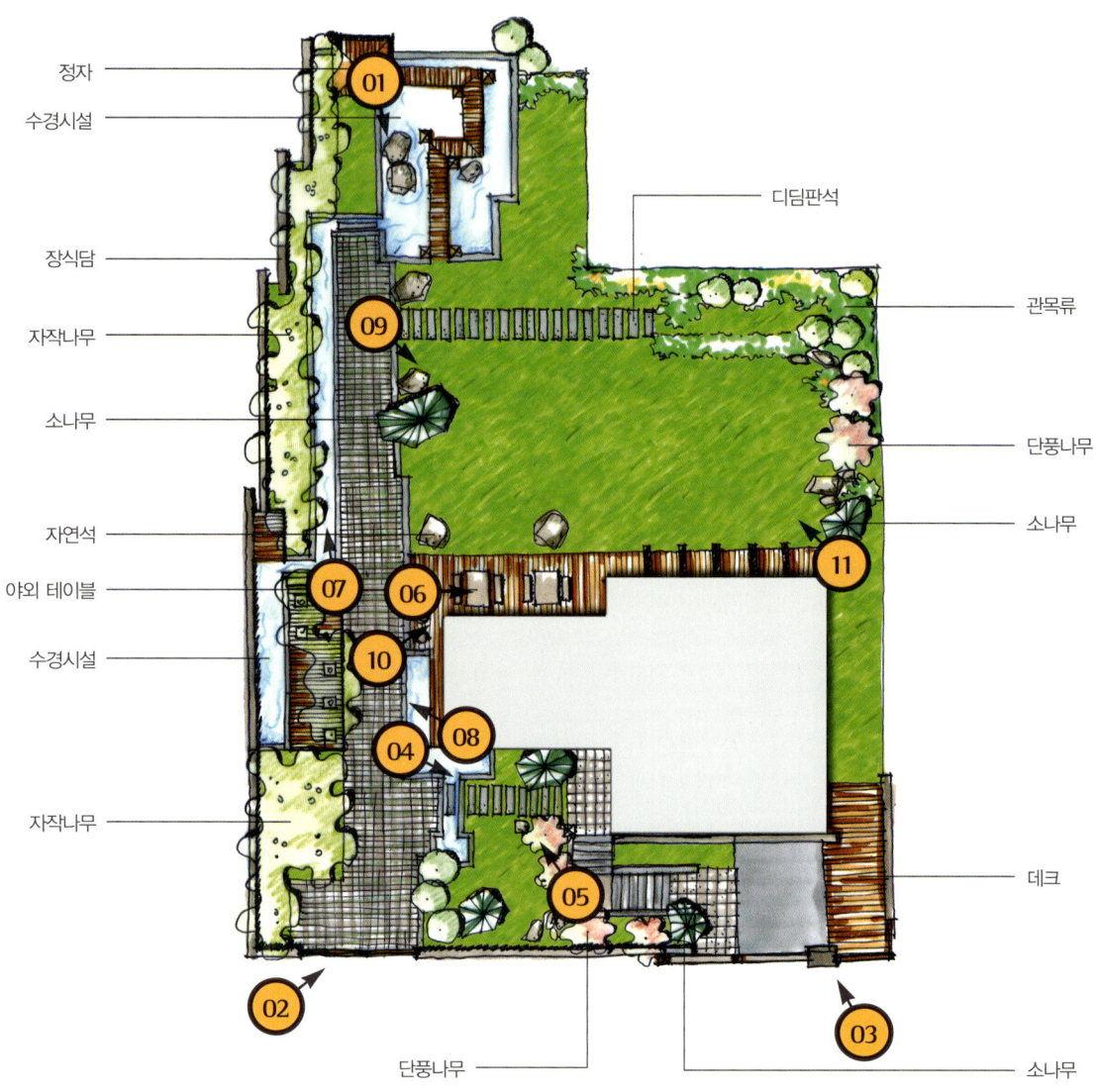

02
외부에서 바라본 모습. 마당이 도로에서 안쪽으로 자리하고 있고 담으로 외곽을 둘러 보다 개인적인 공간으로 활용이 가능하다.

03
건물로 바로 통하는 대문간 옆으로 남은 자투리 공간에도 화단을 구성하였다.

CASE 2 Water Garden

04
건물에 면한 곳에도 ㄱ자 형태의 수공간을 계획하고 군데군데 나무를 심었다.
직각으로 맞아 떨어지는 수공간과 데크, 벽돌담 등이 깔끔하다.

05

06
야외 테이블이 놓인 건물 앞 데크. 외부활동과 공간 활용도에 포인트를 맞춘 부분이다.

07

08
대문 쪽에서 정원 끝을 향해 바라본 모습. 곧게 뻗은 수로를 따라 백색의 자작나무를 일렬로 심었다. 멀리 시선의 끝에는 정자가 보인다.

09
마당의 중앙에는 넓게 잔디밭을 깔고 경관석 몇 개, 이동을 위한 산책로 조성 등 최소한의 조경 작업만을 진행하였다.

CASE 2 Water Garden **131**

Water Garden 4

전통 조경의 미학이 살아 있는 수공간

대지 안에 건물만 네 채가 들어서 있을 정도로 규모가 꽤 큰 정원이다. 그 중에서도 가장 눈길을 끄는 것은 한식으로 지어진 건물 앞에 마련된 연못이다. 갖가지 수생식물이 자라고 있고 그 가운데를 건널 수 있는 다리도 놓여 있다. 얼핏 후원을 만들어 연못을 꾸미는 우리 전통건축의 정원 양식 일부를 재현해 놓은 듯한 모습이다.

한국의 정원, 연못은 꾸미지 않은 자연스러움이 특징으로 자연풍경식 경향이 강하다. 주변의 풍광을 거스르지 않는 범위 안에서 조성되며, 도리어 주어진 환경을 또 다른 하나의 조경 요소로 끌어들이는 것이 전통 조경의 미학이다. 저 멀리 뒷산이 마치 집 바로 뒤에 있는 것만 같이 여겨지는 이 주택의 모습 역시 우리 정원 조성의 개념과 궤를 같이 한다.

연못 주위를 따라서는 키 작은 소나무와 스트로브잣나무를 비롯해 갖가지 관목과 초화류를 심어 두었다. 마당 안의 다른 공간과 마찬가지로 석재 조형물을 곳곳에 세워둔 것도 눈에 띈다.

수공간이 꾸며진 안쪽 뜰과 달리 마당의 진입부는 긴 통로의 개념이 강하다. 오래된 철도침목과 벽돌을 촘촘히 연결해 깔고 잔디를 보송하게 심은 후 관목을 양옆으로 길게 둘렀다. 여기에 거대한 해태상을 좌우로 세워 마주보도록 설치해 둔 모습이 일반적인 개인정원에서 흔히 볼 수 있는 풍광은 아니다. 언뜻 휑해 보일 정도로 너른 잔디밭도 인상적이지만 그렇게 조금만 안쪽으로 들어오면 풍성하게 꾸며진 연못을 만나게 된다. 하나의 정원 안에서 상반된 이미지의 공간을 경험하게 해주는 조경 사례이다.

01
연못을 가득 메우고 있는 수생식물과 건물을 감싸는 짙푸른 녹음이 인상적인 정원이다. 저 멀리 산등성이의 우거진 숲이 병풍처럼 정원을 감싸고 있다.

02 하나의 마당 안에 서로 다른 양식으로 지어진 건물들이 혼재한다. 그러나 곳곳의 아름드리 수목을 비롯한 조경이 매개가 되어 크게 어색하지 않은 모습이다.

03 공간 주위로는 자연석을 이용한 디딤석과 석등, 맷돌 같은 다양한 점경물들이 놓여 조경에 풍성함을 더해주고 있다.

CASE 2 Water Garden

04
정원에 화사함을 더하기 위해서는 원색의 초화류를 빼놓을 수 없다. 잔디밭 한가운데이지만 화단처럼 꾸며 간결하게 처리했다.

05
정면에 보이는 한식 건물에 걸맞게 자연친화적으로 꾸민 연못은 우리 전통 정원의 그것을 떠올리게 한다.

06 연못 주위로는 산책로를 마련해 정원을 둘러보며 사색할 수 있는 기회를 제공한다.

07
연못 너머로 보이는 회색빛 건물 또한 정원과 잘 어우러지고 있다

08

09 잔디밭에서 바라보면 나무들에 연못이 가려져 확연히 다른 풍광을 보여준다. 화단은 마운드를 만들어 곳곳에 조성하고 기와조각이나 작은 바윗돌로 테두리를 둘러 한결 정돈된 분위기를 풍긴다.

10
진입부에서 바라본 모습. 넓게 펼쳐진 잔디밭 너머로 또 다른 모습의 정원들이 숨겨진 셈이다.
크고 작은 기암괴석과 해태상, 두꺼비 모양의 석상 등이 눈길을 사로잡는다.

11
길게 뻗은 진입로가 인상적이다. 철도침목과 벽돌, 잔디를 주 재료로
한 길 좌우에는 한 쌍의 해태상을 세워 경건함마저 든다.

12

13

울창한 수목을 배경으로 다양한 시도를 한 만큼, 하나의 정원이지만 보는 방향에 따라 여러 공간을 경험하게 해주는 사례다.

PART 3

Green Place

정원수 선별 및 구입 노하우   144
건강한 묘목 선택 방법

취향별 정원수 고르기   146
상록수 – 화목류 – 유실수

사계절 건강한 나무 관리법   152
정원수 식재하기
정원수의 겨울나기
수목 관리법 10

소나무의 이식과 관리방법   158

생나무 울타리에 대한 모든 것   162
쓰임새에 따라 적합한 수목의 종류
울타리용 나무 고르기
사철나무 울타리 만들기

잔디 선택 및 시공에서 관리까지   166
어떤 잔디를 심을 것인가
내 손으로 잔디 깔기
사계절 파릇한 잔디 유지 관리
효과적인 잡초 제거 방법
정원관리용 기기 선택
잔디 관리법 13

Green Place

건강한 묘목 선택하기

정원수 선별 및 구입 노하우

건강한 묘목을 선택하기 위해서는 묘목의 규격도 중요하지만 뿌리의 발달 정도, 수형, 병해충, 가식기간 정도의 순으로 검토해야 한다. 구입 방법으로는 농장에서의 직구매와 묘목상회를 통해 구입하는 방법이 있다.

묘목 굴취 과정에서 식재까지의 기간이 짧을수록 실패율이 적기 때문에 구입 시 묘목구입자가 직접 나서서 선정하는 것이 이상적이다. 가급적이면 묘목을 굴취 운반하여 가식 과정을 거치지 말고 다음날 식재하는 것이 바람직하다. 이 과정을 확인하지 못하면 언제 어떻게 묘목을 굴취하여 얼마간 가식되어 있던 묘목인지를 몰라 그 활력 정도를 예측할 수 없기 때문이다.

꽃나무의 경우 꽃봉오리가 굵으면서 봉오리수가 적게 달린 것이 병충해에 강하고 꽃도 잘 핀다. 밤나무, 호두나무 등의 유실수는 품종계통이 확실한 것을 고른다. 상록수의 경우는 잎이 짙푸른 것이 영양 상태가 좋은 것이며, 너무 웃자라거나 덜 자란 것보다는 적당한 크기에 매끈하게 자란 것이 건강한 묘목이다. 또한 가지에 흠집이 있는 것은 병충해의 피해를 입은 것이므로 피하는 것이 좋다.

묘목	굴취 후 장기간 보관하지 않은 것 잔뿌리(수염)가 많은 것 묘목의 가지는 사방으로 고루 뻗고 정아(눈)가 큰 것 병충의 피해가 없고 묘목에 상처가 없는 것 묘목의 크기에 비례하여 뿌리가 균형 있게 발육한 것 유실수(밤나무, 호도나무 등)는 품종 계통이 확실한 것
성목	굴취 후 장기간 보관하지 않은 것 미적 가치가 있는 나무 수목의 고유한 특성을 갖춘 것 발육이 양호하고 수형이 정돈되며 병충해를 받지 않은 것 이식이 가능한 나무 뿌리의 확장이 좋고 잔뿌리가 많은 것 적응성이 큰 나무 토성, 수분, 기상환경, 병충해에 강한 것

정원수 고르기 전 Check!

정원수는 이식이 가능하고 그 토양·기후에 잘 맞으며, 온도 변화, 병충해 등에 강하고 보기에 아름다워야 한다. 과실수와 같이 관상용과 실용을 겸한 것도 좋다. 특히 정원수는 단순히 녹음만을 목적으로 하지 않기 때문에 잎의 색깔, 가지 모양, 열매의 색·모양 등을 고려하여 선택한다. 나무마다 생육시기를 따져 철따라 독특한 아름다움을 즐길 수 있도록 한다.

정원수를 고를 때는 크기가 너무 커서 다른 나무의 생장을 방해하는 나무는 피하는 것이 좋으며, 좁은 현관이나 정원 한쪽 구석 등에는 낮게 자라는 나무가 적당하다. 나무 모양은 키가 크게 자라는 것, 중간 정도로 자라는 것, 낮게 자라는 것을 골고루 심고 나뭇가지는 경사형 또는 우산형을 심는 것이 보기에 아름답다.

음지식물로는 이끼류나 주목, 진달래, 사철나무, 맥문동 등이 있으며 황금편백, 황금향나무 등 밝은색 계통 나무와 함께 식재하는 것이 좋다. 햇빛이 6시간 이상 드는 곳은 화목류를 심거나 화단을 조성해 햇빛에서 잘 자라는 배롱나무, 매화나무, 단풍나무류, 소나무 등을 심는 것이 좋다.

Green Place

철마다 아름다운 정원수 선택 노하우

취향별 정원수 고르기

나무는 계절별로 꽃이 피고 지는 시기, 열매를 맺고 낙엽이 지는 시기 등이 다르다. 따라서 사계절 내내 다양한 표정의 정원을 가꾸기 위해서는 철마다 변화는 나무의 특성에 대해 알아야 할 필요가 있다. 겨울을 제외한 계절에는 화사한 꽃과 열매를 볼 수 있도록 개화 시기가 다른 나무들을 혼식하고, 상록수와 낙엽수를 변화 있게 식재하여야 사계절 다양한 표정의 정원을 유지할 수 있다.

봄을 알리는 대표적인 정원수는 3월에 꽃망울을 터트리는 산수유, 매화나무, 풍년화, 히어리나무 등이며 뒤를 이어 벚나무, 목련, 진달래, 개나리, 철쭉 등이 꽃을 피운다.

여름에는 산딸나무, 나무수국 등이 좋으며 산딸나무의 열매를 먹이로 삼아 새를 유도할 수도 있다.

가을은 역시 잎의 단풍, 열매 등이 주된 관상 포인트다. 적합한 수종으로는 단풍나무, 화살나무, 작살나무, 느티나무, 산딸나무, 복자기 등이 있다.

겨울철 대부분의 낙엽성 관목류들은 잎이 다 떨어져 앙상한 가지만 남아 있기 때문에 상록성인 구상나무, 소나무, 주목, 향나무류 등으로 대비할 필요가 있다.

알레르기를 피하는 정원 계획

생태학적으로 안전한 정원일지라도 알레르기에 유독 약한 이들에겐 위험을 줄 수 있다. 모든 정원은 일년 내내 먼지, 꽃가루, 포자의 형태로 천식과 피부발진 등의 알레르기 증상을 일으킬 소지가 있다. 그렇다고 예방을 위해 삭막한 정원을 만들 수는 없는 노릇. 다행히 정원내 공기를 자주 정화하고 알레르기성 물질을 뿜는 몇몇 식물을 피해 배치하면 해결이 가능하다.

음이온은 공기 중의 오염원에 달라붙어 가장 가까운 지표면에 떨어뜨린다. 그러므로 공기에 음이온 함량을 증가시키면 먼지, 꽃가루, 연기를 정화하고, 오염도를 줄일 수 있다. 정원에 음이온을 높이기 위해서는 움직이는 물을 사용하는 것이 가장 효과적이다. 분수나 인공폭포는 공기를 정화할 뿐 아니라 습도까지 높이는 이중의 역할을 한다. 또 음이온을 많이 만들어내는 양치류, 상록수, 야자수, 아이비 등을 심는 것도 도움이 된다. 공기가 통하지 않는 방풍벽을 설치하거나 식물을 지나치게 밀집하게 심어 공기를 정체시키는 일도 없어야 한다.

1. 가급적 생울타리보다는 목재울타리를 설치한다.
2. 곤충의 침에 알레르기가 있다면 과수를 심지 말아야 한다. 썩은 과일이 말벌과 꿀벌을 유인한다.
3. 잡초가 꽃을 피우고 씨앗을 떨구지 않게 자주 잔디를 깎아줘야 한다. 손질이 어려운 경우는 잔디를 까는 대신 자갈로 멀칭을 하고 지피식물을 심어준다. 돼지풀, 쑥꽃 등 키가 작은 잡초의 꽃가루는 위험하므로 신경써서 손질한다.
4. 침엽수는 되도록 몸이 잘 닿지 않는 곳에 심어준다. 휘저으면 먼지구름이 생길 수 있다.
5. 알레르기 유발 식물은 자작나무, 참나무, 개암나무, 오리나무 등이다. 소나무 꽃가루(송화가루)와 버드나무 꽃가루 등은 입자가 커서 알레르기에 별 영향을 주지 않는다.

수목에 따른 지피식물 궁합 맞추기

상록수 아래 식재 : 비비추, 일월비비추, 주걱비비추, 벌개미취, 붓꽃, 맥문동

낙엽활엽수 아래 식재 : 앵초, 금낭화, 은방울꽃, 꽃무릇, 상사화, 백양꽃, 천남성, 제비꽃

화단조성 식재 : 벌개미취, 구절초, 민들레, 감국, 패랭이꽃, 붓꽃, 원추리, 장구채, 용머리, 꽃창포, 금낭화

늪지대 및 연못의 식재 : 부들, 꽃창포, 택사, 골풀, 수련, 물달개비, 어리연꽃, 개구리밥

경관석 및 정원석 사이의 식재 : 층층꽃, 기린초, 매발톱, 돌단풍, 앵초, 할미꽃, 하늘나리, 땅나리, 비비추, 감국, 민들레

수목 활용 100%, 고유 특성에 따라 선택하기

- **수형이 아름다운 나무** : 주목, 향나무, 소나무, 반송, 섬잣나무, 느티나무
- **그늘이 좋은 나무** : 느티나무, 목련, 벚나무류, 은행나무, 회화나무, 계수나무, 칠엽수, 팽나무
- **단풍이 아름다운 나무** : 은행나무, 단풍나무류, 복자기, 마가목, 감나무, 느티나무
- **꽃이 아름다운 나무** : 매화나무, 산수유, 이팝나무, 살구나무, 영산홍, 산딸나무, 벚나무, 자귀나무, 귀룽나무, 배롱나무, 해당화, 노각나무, 백당나무, 수국류, 명자나무, 매죽나무, 황근꽃나무
- **울타리로 적당한 나무** : 쥐똥나무, 사철나무, 회양목, 탱자나무, 향나무, 측백나무, 주목, 개나리, 철쭉류, 명자나무, 조팝나무, 화살나무
- **주택가 정원 수종** : 느티나무, 팽나무, 오동나무, 배롱나무, 밤나무, 백목련, 벚나무류, 서어나무, 칠엽수, 회화나무, 감나무, 때죽나무, 층층나무, 자두나무, 매화나무, 박태기나무, 자목련, 소나무, 배롱나무, 모과나무

choice1
푸른빛의 아름다운 수형 상록수

소나무(반송)
정원에 독립수로 식재하며 주로 연못가에 심어 관상한다. 높이는 2~5m이고 상록성으로 2~5개의 바늘 같은 잎(솔잎)이 짧은 가지 끝에 달리는데 길이 8~14cm, 폭은 5mm 정도이다. 열매는 난형이며 종자는 타원형으로, 각 실편에 2개씩 있는데 검은 갈색이다. 줄기 밑부분에서 많은 줄기가 갈라져 우산 모양으로 자란다. 충분한 광선을 필요로 하지만, 음지에서도 견디는 중내음성 식물이다. 노지에서 월동하며 배수가 잘되는 사질토에서 잘 자란다.

주목
국내에만 자생하는 상록침엽수로 열매는 식용한다. 잎과 가지는 약용으로 목재는 가구재, 건축재 등으로 다양하게 이용할 수 있다. 높은 산에서 잘 자라므로 고온건조한 양지보다는 적습비옥한 반음지가 식재하기에 알맞다.
높이는 10~17m로 가지가 퍼지고 큰 가지와 줄기가 적갈색이다. 잎의 표면은 짙은 녹색이나 뒷면은 엷은 황록색이고 2~3년만에 떨어진다. 꽃은 4월에 피며 열매는 길이 5mm 정도의 둥근 달걀모양으로 8~9월에 익고, 빨간 껍질 안에 종자가 들어 있다.

향나무
햇볕이 드는 양지에서 잘 자라고 반사열에 강하므로 건물 주변에 주로 식재한다. 높이는 10~23m에 달하며 상하로 향하는 가지가 빽빽이 나서 원뿔 모양을 이룬다. 7~8년생부터 대부분이 비늘잎이 생기지만 바늘모양 잎도 있다. 바늘잎은 돌려나거나 마주나며, 잎차례는 4~6줄로 배열되고 짙은 녹색이다. 비늘잎은 마름모꼴로 끝이 둥글며 가장자리가 흰색이다. 4월경 짧은 가지 끝에 꽃이 피고, 이른 가을에 자갈색 띠를 두른 둥근 열매가 맺힌다. 어릴 때 성장은 느리나 10년생쯤부터는 빨라진다.

회양목
수형이 아름다워 정원이나 조경, 공원 등에 여러 용도로 식재한다. 중생식물로 음지와 양지 모두에서 잘 자란다. 습기가 있는 곳이나 건조한 토양에서도 생장이 양호하고 추위와 공해에 견디는 힘이 강하다. 높이 6~7m로 묵은 줄기는 회흑색이고 새로 난 가지는 가늘고 녹색이며 모가 져 있다. 잎은 어긋나며 가죽질이고 타원형으로 길이 12~17mm다. 표면은 연한 녹색이고 뒷면은 황백록색을 띤다. 꽃은 연한 노란색으로 4월에 가지 끝이나 잎겨드랑이에 핀다. 열매는 달걀 모양이고 길이 10mm로 7~8월에 갈색으로 익는다.

choice2
정원에 퍼지는 꽃의 향기 화목류

개나리
봄을 알리는 화목류로 정원용 또는 울타리용으로 많이 식재한다. 높이는 2m 내외로 나무껍질은 회갈색이며 가지는 사각에 가까운데 땅에 닿으면 뿌리가 내린다는 것이 특징이다. 잎은 마주나고 긴 타원형으로 양끝이 뾰족하다. 꽃은 4월에 1~3송이씩 잎보다 먼저 피는데 꽃부리는 종 모양이고, 4조각으로 깊게 갈라지며 황색이다. 암수 딴꽃으로 수꽃은 줄 모양이 긴 타원형이고 암꽃은 넓은 타원형이다. 토질은 가리지 않으나 배수가 잘되는 사질토양이 좋다.

산딸나무
화려하고 청초하게 피는 꽃과 가을에 먹음직스럽게 익는 빨간 딸기 모양의 열매가 아름다워 정원수로 많이 쓰인다. 높이 15m 정도로 자라며 가지는 층을 지어 수평으로 퍼진다. 잎은 마주나고, 타원형으로 가을에 붉게 물든다. 6~7월에 긴 꽃자루 끝에 25~35개의 담황색 작은 꽃이 둥글게 모여 핀다. 열매는 둥글며 10월에 적색으로 익고 단맛이 난다. 백색의 꽃은 十자 모양을 이루고 있어 성스러운 나무로 취급되고 특히 기독교인들의 사랑을 받고 있다.

무궁화
5개의 붉고 하얀 꽃잎과 자방으로부터 흘러나오는 정열적인 붉은색이 인상적이다. 가지가 옆으로 뻗지 않고 위로만 자라 면적을 차지하지 않으므로 어떤 양식의 정원에도 잘 조화된다. 높이는 2~3m 정도로 7~9월에 지름 6~10cm의 꽃이 핀다. 새벽에 꽃이 피었다가 오후에는 오므라들기 시작하고 해질 무렵에는 꽃이 떨어진다. 보통 작은 나무는 하루에 20여 송이, 큰 나무는 50여 송이의 꽃이 피며 매일 새로운 꽃이 연속적으로 피는 것이 특징이다.

매화나무
매실나무라고도 불리며 우산 모양의 수형과 꽃의 관상가치가 높아 오래 전부터 정원수로 사랑 받아 왔다. 높이는 5m로 자라며 나무껍질은 황백, 녹백색, 홍색 등이 있다. 잎은 달걀 모양으로 어긋나고 끝이 뾰족하다. 매실 열매는 보통 꽃이 진 다음에 열리는데, 생김새가 둥글고 지름 2~3cm로 처음에는 녹색이지만 7월에 황색으로 익으며 신 맛이 난다. 관상용으로 정원에 심는 것 이외에 분재·꽃꽂이 등에 쓰이고 열매는 식용한다.

choice3
나무가 주는 성찬 유실수

감나무

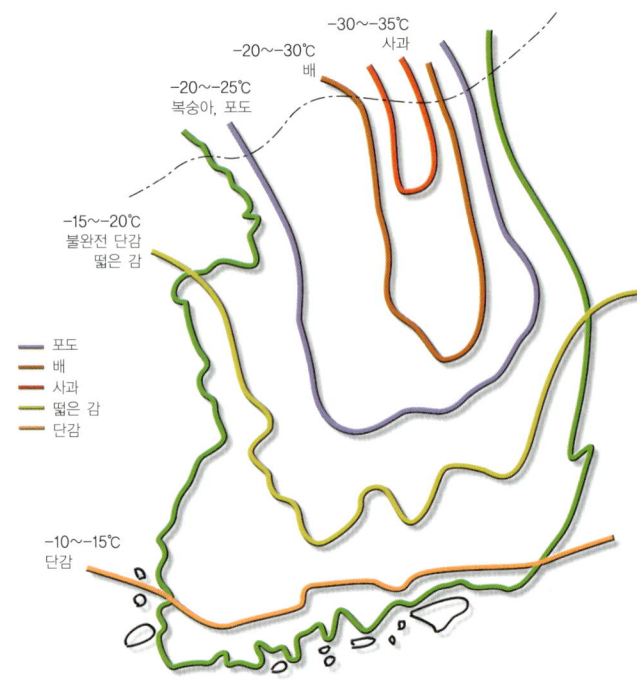

- -30~-35℃ 사과
- -20~-30℃ 배
- -20~-25℃ 복숭아, 포도
- -15~-20℃ 불완전 단감 떫은 감
- -10~-15℃ 단감

범례: 포도, 배, 사과, 떫은 감, 단감

기후 우리나라의 감 분포는 서해안은 평안남도의 진남포, 용강의 해안까지이며 내륙지방은 경기도 가평, 충청북도 제천, 경상북도 봉화 북쪽, 동해안은 함경남도의 원산을 기점으로 북청해안을 잇는 이남지역이다. 그러나 중부이북 지역은 거의 떫은감이고 단감은 비교적 내한성이 약하기 때문에 연평균기온 12℃ 등온대 이하 지역에 분포한다.

유의점 감나무는 본래 가뭄에 약하며, 특히 유목기에는 가뭄 피해를 받기 쉽다. 그러나 감은 심근성이기 때문에 점차 뿌리가 깊이 뻗게 되므로 성목기에는 가뭄에 견디는 힘이 강하다. 수확기에 강우량이 많으면 각종 생리장애가 발생하기 쉬우니 강우량이 많은 남부지역에서는 관수와 배수관리를 철저히 해야 한다. 시비량을 조절하고 병해방제 횟수를 늘리며, 재식 거리도 고려해야 한다.

배나무

기후 우리나라는 한국배 재배에 기후상으로 천혜의 조건을 가지고 있어 북부내륙 및 중남부 산간 고지대의 한냉지를 제외하고는 한반도 전역에서 재배가 가능하다. 배의 주산지는 연평균 기온은 12~15℃ 범위에 있으며, 연평균 기온 11~16℃인 지역이 적지이다.
충남이북 지방은 조중생종 재배는 적합하나 만생종은 생육기간 중의 적산온도가 부족하여 불리하다. 남부지방에서는 조생종~만생종 모두 품질이 우수하여 기온상으로 재배적지라고 할 수 있다. 배나무는 1일 평균 기온 10℃ 이상의 일수가 215~240일인 지역이 적지이다. 연평균 강우량은 900mm 이상이 좋다.

유의점 배나무는 일조의 부족에 매우 민감한 과수이다. 그늘진 곳보다는 햇볕이 잘 드는 곳에 심는 게 적합하다. 또한 생육이 왕성한 7~8월의 고온기에 수분공급이 원활하지 않을 경우 병충해가 유발되니 초생관리와 관수 및 배수에 특별히 신경써야 한다.

참다래

기후 참다래(키위)는 동남아시아 원산의 덩굴성 낙엽 과수로 연평균 기온이 14℃ 이상인 지역에서 안정적인 재배가 가능하며 감귤류 (온주밀감, 유자 등) 재배지역과 비슷한 기온에서 잘 자란다. 휴면기에는 -12℃에서도 동해를 받지 않으나 생육시기에는 -5℃에서 피해를 받는다. 일조 부족이나 저온에 약하나 토양은 가리지 않는다.

유의점 과실 크기가 작아 가정 정원용으로 알맞다. 유목기에는 내한성이 약하므로 짚으로 싸주어야 하며 특히 바람에 약하므로 방풍림 조성이나 방풍망을 설치해야 한다. 참다래의 잎은 매우 크고 뿌리는 천근성이므로 가뭄에 매우 약하다. 또한 급격한 기상이나 토양 조건의 변화를 싫어하는 등 수분관리에 의한 영향을 크게 받기 때문에 항상 적절한 수분 상태를 유지하는 것이 중요하다. 배수가 불량하여 뿌리가 담수상태가 되면 잎의 광합성 작용이 서서히 저하되고 증산작용도 2~3일은 증가되나 이후에는 생육이 현저히 불량하여 말라 죽는 경우가 많다.

살구

기후 살구 재배 적지는 온대 북부의 비교적 한랭한 지역으로 사과 재배 적지와 거의 일치하며, 감귤 재배 지역은 겨울이 따뜻하여 기온이 높기 때문에 성숙도가 늦어져 재배가 어렵다. 기후적으로 볼 때 중북 내륙지방인 충북 일부 지역과 강원 산간지역에서는 겨울철 저온 때문에 살구 재배가 타격을 받는 경우가 많다. 살구나무는 겨울철 재배 한계저온이 영하 20~25℃이므로 그 이상으로 기온이 내려가지 않는 곳이어야 안전재배가 가능하다.

유의점 살구나무는 내습성이 약하므로 장마철에는 물이 고이지 않도록 유의해야 한다. 일반적으로 살구 재배에는 배수가 양호한 사양토가 적합하지만 배수조건이 좋다면 중점(진흙이 많이 섞인)토양에서도 좋은 과실을 생산할 수 있다.

양앵두

기후 겨울철에 지나치게 추운 지방이나 상습적으로 늦서리가 많은 지방에서는 재배하지 않는 것이 좋다. 기온이 −20℃ 이하로 내려가는 지방에서는 가지에 한해(寒害)를 받기 쉬우며 개화시에 −2℃의 저온상태로 4시간 이상 계속되면 꽃이 모두 죽는 경우가 있다. 그러므로 적지 선정 시 가장 유의해야 할 점은 이러한 저온의 피해가 없는 곳이어야 하며 개화기인 4월 중순~4월 하순에 강우나 저온이 계속되면 결실이 불안정하게 된다.

유의점 배수와 통기성이 좋은 사양토(砂壤土)이면서도 경사가 15°이내의 그다지 급하지 않은 곳이 좋으며 늦서리의 상습지대라면 동쪽의 경사는 서리 피해를 받기 쉬우므로 되도록 다른 방향을 선택하는 것이 안전하다.

복숭아

기후 복숭아는 비교적 온난한 기후를 좋아하므로 여름철의 저온과 겨울철의 극저온에 영향을 많이 받는다. 우리나라의 경우는 겨울철에 기온이 너무 내려가는 북한 지방을 제외한 모든 지방에서 재배가 가능하지만, 재배적지는 대부분 중남부지방이라 할 수 있다. 일부 중부 내륙지방에서는 겨울철 저온으로 인하여 꽃눈이 동해를 받아 수량이 감소하거나 수확을 거의 못하는 경우가 간혹 발생한다.

유의점 다습 상태에서는 병해 발생도 심한데, 생육 초기 비가 많으면 잎오갈병, 5~6월에 강우가 많으면 검은별 무늬병과 세균성 구멍병, 탄저병 등이, 수확 전에는 회성병과 부패병 등이 많이 발생한다. 따라서 복숭아는 원래 내한성이 강한 과수이므로 비가 적게 오는 지방에서 재배하는 것이 유리하다.

매실

기후 매실은 원산지가 아시아 동부의 온난한 지방인 관계로 단감, 참다래 등의 과수와 비슷한, 따뜻한 기후조건에서 잘 자란다. 우리나라 매실 주산지는 중남부 이남 지역으로 제한되어 있는데, 핵과류 중에서도 개화기가 빠르고, 서리 및 동해에 약한 매실의 특성 때문이다. 우리나라의 매실 안전 지배 지역은 서산, 대전, 김제, 임실, 남원, 거창, 김천, 울진, 강릉을 잇는 선으로 연평균 기온이 12℃ 이상이 되는 지역이다.

유의점 매실나무는 가뭄에 약하다. 우리나라의 강우 특성은 장마철과 여름철에는 연강수량의 절반 이상이 집중되는데 반해 5월부터 장마가 시작되기 전까지와 9~10월에는 강우량보다 증발량이 많아 가뭄의 피해가 나타나기 쉽다. 때문에 강우량이 적어 가뭄이 계속되는 봄철과 가을철에는 적절한 관수에 신경써야 한다.

Green Place

정원수 이식에서 관리까지
사계절 건강한 나무 관리법

Guide1
정원수 식재하기

정원수의 이식 시기는 일반적으로 상록·활엽수는 3월 중순~4월 중순, 9월 하순~11월 상순, 낙엽수는 3월 상순~4월 상순, 9월 하순~11월 상순, 침엽수는 3월 상순~4월 상순, 9월 하순~10월 하순이 좋다. 이식할 때는 두엄을 밑에 충분히 넣고 물을 듬뿍 뿌린 다음 움직이지 않게 버팀목을 대주어야 한다.

심기 전 주의 사항

뿌리가 마르지 않도록 빨리 심는 것이 좋은데 그렇지 못할 경우에는 뿌리를 흙에 묻어 가식하고 젖은 거적 등으로 뿌리를 덮어 건조해지지 않도록 한 후 운반 식재한다.

정원수를 파낼 당시에 뿌리가 끊어지는 경우, 뿌리가 잘려진 자리는 새로운 뿌리가 발생하는 부분이므로 잘라진 자리를 칼로 깨끗이 깎아내고 다듬어 썩는 일이 없도록 한다. 뿌리를 파냈을 때 어느 정도의 흙이 붙어서 거적이나 짚으로 싸놓거나 새끼로 감아 두거나 하는데 이를 분(盆)이라고 한다. 분의 크기는 나무줄기 밑 둥 직경의 4~6배 크기로 한다. 이것은 운반할 때 뿌리를 싸는 흙이 떨어져 털뿌리가 끊어지는 것을 막기 위한 것이다.

정원수 식재환경 조건과 방법

나무는 흐리고 바람이 없는 날의 아침이나 저녁에 심는 것이 좋으며 공중 습도가 높다면 더욱 이상적이다. 건조하거나 바람이 강한 곳에서는 약간 깊게 심는 것이 안전하다. 수종과 지역에 따라 차이가 있지만, 대체로 이른 봄 얼었던 땅이 풀렸을 때 나무의 눈이 트기 전에 심는 것이 좋다.

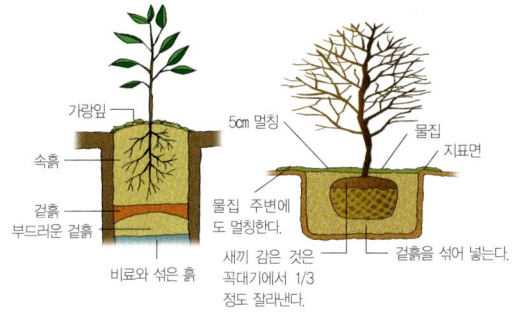

나무 심는 방법

정원수는 주로 관상이 목적이기 때문에 충분한 생육거리를 두고 심는다. 나무를 심을 때는 미리 구덩이를 파서 흙을 햇볕에 말려주면 살균되어 병충해 예방에 도움이 된다. 병충해가 심한 곳이라면 구덩이를 살균제와 살충제로 소독하는 것이 안전하다. 나무를 넣을 때는 원래 심었던 높이보다 약간 깊게 심고 이식 전 장소에서 향하던 방향에 맞추는 것이 좋다. 그 다음 나무를 약간 위로 잡아당기듯 하여 잘 밟아주고 물을 충분히 준 다음 나머지 흙을 채우고 수분증발을 막기 위하여 짚이나 나뭇잎을 덮어 준다.

큰 나무를 심을 때 구덩이는 심을 나무 분의 크기보다 크고 깊게 파야 한다. 척박한 토양의 경우는 비토를 넣고 배수가 불량한 경우 모래와 자갈을 넣고 심는다.

식재 방법

① 구덩이를 나무뿌리 직경의 1.5배 이상으로 판 후에 밑에 퇴비나 인조비료를 넣고 그 위에 다시 흙을 넣어 10cm쯤 덮어 준다.
② 묘목의 뿌리를 잘 펴고 줄기를 구덩이 안에 바로 세워 부드러운 흙으로 채워주는데, 60% 가량 구덩이를 흙으로 채우고 나면 물을 흠뻑 주어 흙과 뿌리 사이에 공기층을 없앤다.
③ 흙으로 구덩이를 채워준다. 얕게 심어도 안 되지만 너무 깊게 심을 경우 뿌리 발육은 물론 가지도 잘 뻗지 못하므로 주의한다.
※ 습한 땅에 심을 때에는 흙을 모아 약간 높게 심어 준다.
※ 심은 후, 흙을 모아 묘목 둘레에 둥글고 낮은 두둑을 만들어준다.

심은 후 관리

물주기는 뿌리와 흙과의 공기층이 없도록 하기 위해 바닥층까지 포화상태에 이르도록 흠뻑 주는 것이 나무의 활착에 좋다. 또한 건조하거나 바람이 강한 곳에서는 약간 깊게 심는 것이 안전하다. 심은 후, 큰나무는 지주목을 설치해주면 좋고 앵두, 살구, 감나무 등 유실수 묘목의 경우 지상에서 30~50cm 정도 남기고 가지를 잘라주어 햇볕을 충분히 받을 수 있도록 해주면 수형 및 결실이 좋아진다.

수형관리와 양분공급을 위한 가지치기

가지치기를 하는 이유는 크게 두 가지로 나뉜다. 먼저 정원수의 수형을 잡아주기 위해서다. 정원수의 경우 수형이 제대로 갖춰지지 않으면 실내에서 바라보는 경관도 좋지 못할 뿐만 아니라 시야를 가리게 되어 나무를 심는 것이 오히려 역효과를 가져올 수 있다.

두 번째는 잔가지로 인한 수분 및 양분의 손실을 막기 위해서다. 잔가지가 너무 많으면 뿌리에서 양분을 흡수한다 하더라도 충분한 양이 공급되지 못해 가지 끝이나 잎이 말라버리게 된다. 이때 가지치기를 해주면 나무 전체가 골고루 햇빛을 받을 수 있다. 보통 주지를 중심으로 원가지가 있고, 그 원가지를 중심으로 잔가지가 생기는데 바로 이 원가지와 잔가지들이 잘 어우러지도록 하는 것이 가지치기의 기본이다. 또 부지에서 나온 가지가 겹쳐지면 외관상 지저분해 보이므로 가지가 갈라지는 방향을 기준으로 겹쳐지는 쪽, 수세가 약한 쪽은 가지 끝부분에 붙도록 바짝 잘라내 준다.

지웅부가 없는 경우 줄기 가까이에서 가지치기

지웅부가 있는 경우 지웅부 가까이에서 가지치기

으뜸 가지 아래에 있는 것만 가지치기

Guide2
정원수의 겨울나기

11월 무렵이 되면 곧 찾아올 매서운 추위를 대비해 정원의 나무들은 본격적으로 겨울나기에 들어간다. 내년 봄, 더욱 풍성하고 아름다운 모습을 위한 겨울철 안전한 수목 관리, 병충해 예방법 등을 자세히 살펴보자.

겨울이 되면 정원의 나무 중에서 특히 추위에 약한 품종이 동해를 입지 않도록 대비해야 한다. 서울을 중심으로 한 중부지방을 보면 목백일홍(배롱나무), 목련, 장미, 모란, 가이즈카향나무, 영산홍, 히말라야시다 등이 추위에 비교적 약한 나무들이다. 특히 그 해에 새로 심은 모과나무는 방한을 해 주어야 하며 바람막이를 만들어주는 것도 좋은 방법이다. 수목 뿌리 주변은 톱밥, 왕겨, 낙엽 등으로 덮어준다.

보온 작업 | 보온 작업이 반드시 필요한 정원수로는 백일홍, 감나무, 석류, 능소화 등이 있다. 정원에 심은 동백나무와 관엽 등은 가급적이면 10월경 화분에 심어 실내로 들여놓는 것이 좋다. 요즘은 마당에 허브를 심는 경우도 많이 있는데, 얇은 짚이라도 덮어주면 허브의 뿌리 부분을 보호해주는 데 매우 좋다.

잠복소(벌레집) 설치 | 일정한 높이에 볏짚을 둘러주는 작업을 말한다. 대부분의 사람들은 겨울철이 춥기 때문에 해충들이 죽는 것으로 알고 있지만 사실은 죽지 않는다.

해충퇴치를 위해 잠복소라는 것을 해두는데, 나무를 새끼줄이나 이엉으로 감싸주는 것을 말한다. 이는 나뭇잎을 갉아먹던 유충들이 겨울을 나기 위해 아래로 내려오는 습성을 이용한 것이다.

유충들은 아래로 내려오다가 잠복소에 월동처를 마련하고 번데기가 되어 겨울을 나게 된다. 그러면 이듬해 봄에 잠복소를 거두어서 그 안에 있던 해충까지 함께 태워버리면 된다. 또 눈으로 보이는 것은 인위적으로 잡아주거나 미리 방제한다. 잠복소는 소나무, 단풍나무, 모과나무 등에 주로 한다.

비료 주기 | 비료 주는 시기는 11월 말에서 1월이 좋으며 2월에는 그 효과가 떨어진다. 특히 겨울철 비료 주기 효과는 낙엽수가 제일 좋으며 유실수도 이 시기에 비료를 주면 과실의 생육이 눈에 띄게 좋아진다.

비료는 반드시 유기질 비료를 주고 땅이 얼지 않은 날을 선택하여 나무 주위에 얕게 묻어 주도록 한다. 다음해 겨울에는 그 위치를 조금씩 옮겨가면서 비료를 주면 좋다.

동해에 걸린 수목 관리

수목이 동해에 걸리면 잎이 농갈색을 띠고 내부로는 피층부와 목질부가 쉽게 분리되며, 표피를 벗겨보면 목질부에 농갈색의 흔적이 나타난다. 동해의 피해를 받아 잎이 갈색으로 변하고 낙엽이 되었어도 소생 가망이 있는 수종은 제거하지 말고 잘 관리하면 2~3년 후에 원수관 모양으로 회복시킬 수 있다. 소생 가망이 있는 수종은 다른 장소로 옮긴 후 관리를 잘해 원상태로 회복시켜 다시 본 위치로 식재하면 조경수로서의 가치를 충분히 발휘할 수 있다.

겨울철 수목 응급 처치

첫서리 피해가 생겼을 때 가지치기를 한다

첫서리 피해는 늦가을에 식물의 생육이 완전히 휴면기가 되기 전 서리가 일찍 내려 가지나 잎이 피해를 받는 것을 말한다. 이는 수종을 고사시키지는 않으나 수형을 망가뜨린다.

첫서리의 피해를 받았다면 다음해 새 가지의 발생 방향을 고려한 후 가지치기해 수형을 유지한다. 상록수는 첫서리의 피해를 받으면 잎의 일부 또는 전부가 회갈색으로 변해 마치 고사된 것 같은 현상이 나타난다. 하지만 수간이나 굵은 가지에는 피해가 없으므로 이듬해 봄에 새순이 나오기를 기다려 토양시비, 엽면시비, 수간주사 등을 해주면 원래의 수형으로 유지할 수 있다.

늦서리 피해가 생겼을 때 외과수술을 한다

늦서리 피해는 초봄이나 늦봄에 늦서리가 와서 식물에 피해를 주는 것을 말한다. 피해를 받은 부위가 점차 갈색 또는 흑갈색으로 변하고 심하면 수피가 갈라진다.

그대로 방치하면 동고병, 지고병, 목재썩음 병균이 침입하여 피해가 확산된다. 수피가 떨어지고 목질부가 노출되어 부패되고 수형이 파괴되며 심한 경우에는 7, 8월경 고사하는 경우도 있다. 이 경우는 즉시 수피치료(외과수술)를 해야 한다. 피해를 방지하기 위해 수간 부위에 설치한 방한대(보온대)를 가급적 늦게 풀어주는 것이 좋다.

설해 예방하려면 나무에 쌓인 눈을 털어낸다

설해라 함은 눈이 내려 나무가지에 쌓여 설압, 설절, 설도 등의 피해가 나타나는 현상이다. 설해를 예방하려면 장대나 막대기로 눈을 가끔씩 털어내거나 나무를 흔들어 눈이 쌓이는 것을 막아 주면 효과적이다. 수목이 기울어져 있는 경우에는 지주목을 설치했다가 제거하는 것도 하나의 방법이다. 폴리우레탄 고무를 사용하여 탄력성과 굴절 강도를 높여 가지가 부러지는 피해를 예방할 수도 있다.

10월 말~11월 중순
월동시기 안전한 겨울나기를 위한 방법

1. 사계 장미와 같이 월동에 약한 관목류는 지상으로부터 약 30~50cm 높이로 흙을 덮어준다. 해토가 됨과 동시에 흙을 헤쳐 주어야 한다.
2. 낙엽이나 왕겨, 짚 등을 20~30cm 두께로 덮어준다.
3. 서울 지방에서 석류나무나 장미류는 뿌리 전체를 파낸 후, 60cm 정도 땅을 파내고 그 안에 식물을 묻어 월동시킨다. 봄이 되면 꺼내 심고 충분히 관수 해주는 것이 중요하다.
4. 내한성이 약한 낙엽화목류는 포장을 해준다.
5. 어린 상록수목은 나무 주위에 대나무나 철사로 지주를 세우고 비닐이나 짚으로 찬바람이나 눈이 나무에 닿지 않도록 막아서 월동시킨다. 또 찬바람이 부는 북서쪽으로는 삼피나 담으로 방풍벽을 만들기도 한다.
6. 서리가 내렸을 때 아침 일찍 관수(물뿌리기)해주면, 서리를 녹여 피해를 방지할 수 있다.

이럴 때 이렇게
수목 관리법

소나무에 주사를 놓았는데, 안들어가요
소나무에 영양제 등을 투여할 때, 시기를 정하는 것이 중요합니다. 소나무는 3월만 되면 송진이 나오기 시작하기 때문에, 그 전에 수관주사를 놓아야 하죠. 그렇지 않으면 송곳이나 드릴로 아무리 구멍을 뚫어도 송진이 나와 구멍을 막게 됩니다.

01

새로 심은 묘목에 물을 꾸준히 줬는데 죽었나 봐요.
흡수력이 약한 묘목에 물을 많이 주면 죽는 경우도 있습니다. 줄기를 살짝 손톱으로 벗겨보면 살았는지 알 수가 있는데, 줄기만 죽고 뿌리는 살았다면 땅위로 나오는 새로운 줄기가 모양이 좋지 않을 수 있습니다. 묘목을 심을 땐 물을 많이 주기보다 마르지 않을 정도로만 관수하는 것이 좋습니다.

02

잎의 일부만 시드는데 어떤 경우죠?
빛이나 온도 등의 급격한 환경 변화가 생긴 경우입니다. 물을 많이 주면 과습으로 뿌리가 상하는 수가 있고, 비료를 과다하게 주어도 잎이 시들 수 있습니다. 이 외에도 장시간 너무 뜨거운 햇볕에 노출되면 잎이 타는 수도 있으며, 겨울철 장기간 바람을 맞거나 동해에 걸려도 일부만 시들게 됩니다.

03

잎의 색이 진한 녹색에서 갑자기 연두색으로 변하고 있어요.
십중팔구 영양분이 부족할 때 나타나는 현상입니다. 충분히 비료를 주었는데 왜 그럴까 생각하지만 거름성분이 한 성분으로 편중되거나, 거름이 골고루 퍼지지 못하면 잎색이 변하게 됩니다. 또 갑자기 빛이 너무 강해지는 때도 잎색이 연해질 수 있습니다.

04

나무 밑둥치가 무르기 시작하는 것 같은데 어쩌죠?
애초에 나무를 너무 깊게 심으면 발생하는 현상이며, 혹은 물을 너무 자주 주면 뿌리가 무르기도 합니다. 배양토 자체가 너무 습하면 곰팡이나 박테리아가 번성하기 쉽습니다. 건조한 것보다 물을 많이 주는 것이 더 위험할 수 있습니다.

05

유실수에는 톱밥을 넣고 발효시킨 계분을 주면 죽는다는데 정말인가요?
유실수에는 원예용 퇴비를 주는 것이 좋습니다. 시중에 판매하는 계분은 찐 것인지 자연발효시킨 것인지 확인을 해야 합니다. 발효되지 않은 것은 가스가 차서 뿌리에 닿을 경우 죽게 될 수 있습니다. 퇴비나 계분은 시간이 오래 걸리더라도 뿌리에 직접 닿지 않도록 60~70cm 떨어지게 약간 흙을 파서 묻어 줍니다.

06

07
마당이 어두워 정원등을 설치하려 합니다. 태양열이 좋을까요? 전력제품이 좋을까요?

태양열 정원등은 밝기를 확인하고 설치해야 합니다. 대개 그리 밝지 않아서 가든파티 등을 위해 주위를 밝히는 데는 역부족입니다. 태양열 등은 조도가 낮은 장식용이 적합하고, 적극적인 야외활동을 위해서는 전기를 끌어다가 등을 만들어야 합니다.

08
봄에 감나무와 대추나무 묘목을 심으려고 하는데 구덩이에 퇴비를 넣어야 좋을까요 아니면 그냥 심고 위에 퇴비를 뿌려야 좋을까요?

묘목 1년차의 뿌리 활착과정에서는 윗거름이나 아랫거름을 하지 않는 것이 차라리 나을 수 있습니다. 구덩이에 완전발효된 퇴비를 넣고 흙으로 한번 덮고 그 위에 묘목을 심으면 안전하지만, 다른 화학비료 등을 넣으면 묘목이 죽기 쉽습니다.

09
겨울철에는 음식물쓰레기가 발효가 잘 안 되는데, 방법이 없을까요?

겨울철에는 미생물의 움직임이 좋지 않아서 발효가 쉽지 않습니다. 덕분에 냄새도 덜 나기는 하죠. 가까운 종묘상에 가면 발효제를 쉽게 구할 수 있습니다. 이를 첨가하거나 집에서 첫쌀뜨물에 우유를 넣어 직접 발효제를 만들 수 있습니다. 겨울엔 마당에 작은 비닐하우스를 하나 만들고 그 안에서 발효시키면 좋습니다.

10
허브를 시험 삼아 키우려고 하는데. 씨앗부터 시작하기는 어려운가요?

허브는 발아기간이 보통 한달 정도 필요해, 차라리 잘 자란 허브를 사서 꺾꽂이하는 것이 훨씬 빠릅니다. 허브는 생명력이 강해서 꼽아만 놔도 잘 자라는 편입니다. 굳이 파종을 하시려면 200공 포트에 상토를 반죽해 포트에 넣고 파종하면 됩니다.

Green Place

신비로운 선을 가진 인기 조경수
소나무 이식과 관리방법

마당에 소나무 한 그루 없는 집은 없을 것이다. 아름다운 꽃과 열매를 맺는 유실수보다 유독 소나무가 인기인 것은 바로 나무기둥의 자연미 때문이다. 휘어지는 듯 하늘로 향하는 신비로운 선은 정원에 유려한 멋을 주기 충분하고, 게다가 사계절 변함없는 푸르름은 그 어떤 나무도 따라올 수 없는 매력이다. 심신의 피로를 씻어주는 녹색의 정원은 소나무가 있어야 완성되는 것이다.

그러나 소나무는 병해충에 민감한 편이다. 특히 몇 년 전에는 솔잎혹파리로 인한 해충에 소나무에이즈라 불리는 재선충까지 덮치면서 그 피해는 최고조를 이루고 있다.

일본의 경우 재선충으로 소나무가 거의 소멸된 충격적인 선례가 있었기 때문에, 우리도 각 가정의 소나무 한 그루 한 그루를 유심히 살피고 관리하지 않으면 안 될 것이다. 소나무의 관리방법을 익히기 위해서는 먼저 소나무의 기본적인 특성을 알아야겠다.

다양한 소나무 종류 이렇게 구분하세요

- **육송** : 정원수로 가장 많이 사용되는 종류로 수피가 적색을 띠고 있어 적송이라고도 불린다.
- **반송** : 육송의 변종으로 지표면 가까이부터 나무 줄기가 여러 방향으로 나뉘어 쟁반같은 형태를 갖는다. 천지송, 만지송, 조선다행송 등으로 불리기도 한다.
- **금강송** : 산지는 금강산부터 강원도를 거쳐 경북의 조령으로 이어지는 곳에 분포하며 땅이 비옥한 곳에서 자란다. 줄기가 붉고 곧아 적송이라 불리기도 한다.
- **해송** : 해안가를 중심으로 넓게 분포되어 있는데, 육송에 비해 수세가 좋아 곰솔이라고 하며 수피가 흑색에 가까워 흑송이라고도 불린다. 염분에 강하며 줄기가 곧고 수관이 좁으며 나이테 폭도 균등한 특징이 있다.
- **리기다 소나무** : 잎이 세 갈래이며 다리에 털이 나듯 줄기에 잎이 듬성듬성 나 있다. 외래종으로 우리 소나무에 비해 멋이 없고 지저분한 모습이다.

소나무는 우리나라와 일본, 중국이 원산지이다. 특히 우리나라의 경우, 역사적으로 소나무숲도 많고 지역마다 그 종류도 다양해 원조격이라 할 수 있다. 주로 사계절이 있는 온대기후 지역의 고원, 산의 경사면에서 잘 자라고 우리나라 중부지방에서는 5월초부터 쑥쑥 자라기 시작해 8월초까지 성장을 계속하다 겨울이 되면 휴면기를 맞는다. 다 자란 우리나라 소나무는 침엽의 길이가 3~13cm 정도다. 길이는 토양의 조건과 기후, 나무의 나이, 병충해 등에 따라 차이가 있는데, 대개 땅힘이 좋으면 침엽의 길이가 길어지는 현상이 나타난다.

소나무는 다른 나무와 가지가 겹쳐져 응달이 되면, 그 부분의 가지가 시들고 만다. 특히 중심부가 잔가지들로 혼잡해지면, 볕을 받는 가지 끝에만 잔가지가 남게 되어 나무 전체의 모습이 흐트러지게 된다. 또 뿌리는 깊게 뻗어 건조에는 강하지만 습기에는 약하기 때문에, 괸 물이나 샘물 곁은 피하는 것이 좋다. 대기오염이나 염해에도 약하지만, 해안가에서는 해풍에 강한 곰솔류는 견딘다.

| 옮겨심기 |

기본적인 이식 방법은 다른 나무와 같지만, 특히 유의해야 할 몇 가지가 있다. 시기는 지역별로 남부지방 2월 하순~3월 하순, 중부지방 3월 초순~3월 하순, 북부지방 3월 하순~4월 중순이 적합하다. 이른 봄 얼었던 땅이 녹기 시작하는 대로 가급적 일찍 나무를 심는 것이 좋으며 늦어도 나무의 싹이 트기 전이어야 한다. 어린 묘목을 사다 키울 때는 손이 많이 가지만, 키우는 맛을 제대로 느낄 수 있다.

나무 높이 6m 정도의 정원수를 옮겨심기 할 경우는 1~2년 전에 뿌리돌리기(뿌리 밑동을 둥글게 깊이 파, 잔뿌리를 많이 나게 해서 새 땅에서 뿌리내리기 쉽게 하는 것)를 한다. 대개 정원수 판매상들이 작업이 끝난 정원수를 판매하는 경우가 많다.

나무를 옮기려면 일단 분을 떠야 한다. 분의 크기는 직경(밑동)의 5~6배로 크게 뜨는 것이 좋다. 원래 자라던 뿌리 주변의 흙은 소나무의 생존을 결정하는 중요한 요소다. 분을 뜰 때 새끼 등으로 잘 묶어줘서 분이 깨지거나 흐트러지지 않도록 한다. 분을 깊게 심지 말고 높여 심어야 하는데, 이 때 채워주는 흙 또한 배수가 잘 되는 마사토를 쓰는 것이 좋다. 되도록 흙을 수북하게 쌓아서 높이 심기 한다.

옮겨 심은 땅에는 영양공급을 위해 퇴비 등을 섞어 주고, 식재 후 움직이지 않도록 지주목으로 고정시키고 물을 준다. 미리 물집을 만들어 물이 넘치기 전까지 흠뻑 주어 분과 식재한 곳에 공극 없이 흙이 다 채워지도록 한다. 이 후 반드시 소나무좀벌레 살충제로 방제해 준다.

| 유지 관리 |

우선 봄에는 덥수룩하게 묵은 잎을 솎아주고 햇순을 자른다. 순은 4월 하순에서 5월 중순경에 나오는데, 보통 강한 순은 3/4, 중간 순은 1/2, 약한 순은 1/3 정도 따내고, 아주 약한 순은 그냥 두어 전체 모양을 균형 있게 만든다.

가지치기

아직 나무 모양이 정해지지 않은 어린나무는 큰가지를 솎아내고 으뜸가지가 되는 것만 몇 개 남기면 된다. 또 지나치게 길게 자란 잔가지도 잘라내고 죽거나 병든 가지, 너무 빽빽해 볕을 못 보는 가지도 다 제거해 준다.

멋진 소나무의 수형을 만드는 데는 가지치기만큼 중요한 것이 없다. 형태가 잘 잡힌 소나무를 볼 기회가 있으면 좌우정면의 사진을 찍으면서 안목을 키우는 것도 좋다. 가지치기 후에도 소나무 살충제 정도로 반드시 소독을 해 주어야 좋다.

병해충 관리

소나무 병해충 관리는 평소에 관심 있게 관찰하다가 이상한 증상이 나타나면 즉시 적절한 방제를 하는 것이 중요하다. 그리고 무엇보다도 중요한 것은 소나무의 특성을 잘 파악하고 스트레스를 받지 않도록 관리하는 것이다. 인간도 평소에 골고루 먹고 적당히 운동하고 스트레스를 받지 않으면 별 탈 없이 잘 살듯이, 나무도 살아 있는 생명체이므로 같은 경향을 지닌다.

	병해충명 / 발생부위 / 간이진단 포인트	방제법
	소나무재선충병 / 전신 / 여름 이후 침엽이 급격히 마르고 나무에 상처를 주었을 때 송진이 거의 흘러나오지 않음 (전문기관의 확인 필요)	1~3월에 아바멕틴 유제 등을 주사해 예방 / 피해목은 잘라서 훈증
	리지나뿌리썩음병 / 뿌리 / 무리지어 죽으며 땅 가에는 해파리 형태의 자갈색 버섯 발생	소나무 근처에서 불 사용금지
	갈색무늬병 / 잎 / 적갈색의 반점이 나타나고 잎 끝부분이 갈색으로 죽음. 침엽 표피를 뚫고 검은색의 넓적한 돌기가 생김	낙엽 제거 / 6월부터 살균제 1~2회 뿌림
	솔잎혹파리 / 잎 / 침엽의 기부에 혹이 형성되고, 피해 잎은 생장이 중지하여 절반 정도 생장함	나무 세력을 강건하게 유지관리 / 6월 중에 이미다클로프리드, 포스팜 액제 나무주사
	그을음잎마름병 / 잎 / 새잎의 끝부분이 마르고 기공을 따라 검은색의 작은 돌기가 생김	낙엽 제거 / 6월부터 살균제 1~2회 뿌림
	응애 (전나무잎응애) / 잎 / 침엽에 퇴색, 갈색의 작은 반점이 생기고 심한 경우에는 거미줄과 같은 것이 발생	응애전문약제를 교대로 뿌림
	가지끝마름병 / 잎 / 가지 / 새순이 적갈색으로 죽고 검은 돌기가 수피(樹皮)를 뚫고 돌출	낙엽 및 죽은 가지 제거 / 6월 중순부터 살균제 수회 뿌림
	가루깍지벌레 / 잎 / 새가지나 2년생 가지의 침엽 사이에 흰색가루 형태 발생	발생 초기에 피해가지 제거 / 메치온 유제 등을 2회 정도 뿌림
	피목가지마름병 / 가지 / 줄기 / 초봄에 가지 및 줄기가 죽고 수피 밑에 검은색의 돌기가 형성되며, 5월 중순 이후에는 돌기가 모여서 수피를 뚫고 나옴	6월 이전까지 병든 가지 제거 / 나무 세력을 강건하게 유지관리
	소나무거품벌레 / 잎 / 새가지에 거품이 끼어 있음	밀도가 적을 때는 큰 피해 없음 / 메프 유제 등을 뿌림

Green Place

생울타리 조성 및 DIY

생나무 울타리에 대한 모든 것

생나무 울타리는 흙집, 벽돌집, 나무집 등 어떤 유형의 집에도 잘 어우러진다. 서해안의 경우는 주로 백일홍나무를 촘촘히 심어 울타리로 사용하며, 남쪽지방에서는 동백나무나 탱자나무가 주를 이룬다. 울타리 나무로는 쥐똥나무, 사철나무, 측백나무 등이 인기 수종이며, 개나리와 무궁화, 앵두나무는 잘 다듬어 관리하면 화사한 꽃과 열매로 인해 계절에 따라 새로운 분위기가 연출된다. 생나무 울타리를 만들 때에는 둔덕을 만들어 안과 밖의 빗물 흐름을 차단해 주도록 하고 마당의 빗물이 울타리 쪽으로 흘러 자연스럽게 배수되도록 신경써야 한다.

쓰임새에 따라 적합한 수목의 종류

바깥 울타리
정원과 길의 경계나 이웃집과의 사이에 만들어지는 울타리로 높이는 보통 1.5~2m 정도이다. 사철나무, 측백나무, 탱자나무, 향나무, 쥐똥나무, 무궁화, 개나리, 스트로브잣나무, 개비자나무, 호랑가시나무, 주목, 꽝꽝나무, 개비자나무 등이 재료로 쓰인다.

꽃 울타리
경계를 삼는 동시에 꽃을 즐기기 위해서 만들어진다. 동백나무, 애기동백, 치자나무, 서향, 철쭉류, 차나무, 개나리, 무궁화, 박태기나무, 조팝나무, 명자꽃 등이 있다.

섞은 울타리
여러가지 수종을 적당히 혼식하여 만든 울타리로 상록수와 낙엽수를 섞어 심으면 아름다운 울타리를 만들 수 있다. 사철나무, 눈주목, 향나무, 비자나무, 개비자나무, 주목, 화백, 노간주나무, 삼나무, 측백나무 등의 침엽수와 동백, 감탕나무, 은목서, 금목서, 회양목, 아왜나무, 서향, 치자나무, 차나무, 꽝꽝나무, 광나무 등의 상록활엽수가 있다. 낙엽활엽수로는 철쭉, 진달래, 보리수나무, 단풍나무, 병자나무, 무궁화, 개나리, 매자나무, 조팝나무 등이 쓰인다.

개나리
예로부터 담 대신 개나리를 이용해 울타리를 만들곤 했다. 가격이 싸고 생명력이 강해 아무 곳에 꽂기만 해도 뿌리를 내린다. 볕이 잘 드는 산기슭에 주로 서식하지만, 울타리용으로도 널리 심어지고 있다.

조팝나무
봄에 꽃을 피우고 여름에 푸르름을 자랑해 조경용 울타리로 제격이다. 봄이 되면 가지마다 잎보다 먼저 하얀 꽃송이가 가득 달리며 가느다란 줄기는 늘어지거나 자유롭게 가지를 내뻗는다.

화살나무
사철나무와 같은 과에 속하지만 사철나무는 상록성인데 비해 화살나무는 낙엽성이다. 줄기에 두 줄에서 네 줄까지 달린 코르크질의 날개 잎이 마치 화살에 붙이는 날개 모양과 비슷해 화살나무라 불린다.

쥐똥나무
우리나라의 산야에서 어렵지 않게 볼 수 있는 낙엽성 관목이다. 생장이 빠르고 내조성, 내한성, 내공해성이 강하며 맹아력도 좋은 편. 또 토질을 가리지 않으며 이식이 용이하다.

회양목
둥글게 잘 전정된 회양목은 화단의 가장자리나 길 양쪽에 필수적으로 심어지곤 한다. 잔디밭에 철책이 없는 곳이라면 으레 사용되며, 큰 도시의 진입로에는 회양목으로 환영하는 글자를 만들어 심기도 한다.

주목
고산지대에 자생하는 상록침엽교목이지만 지금은 울타리용으로 많이 식재하고 있다. 주목은 줄기의 심재가 유난히 붉은 것이 특징이다.

울타리용 나무 고르기

밑 부분까지 잎이 붙어 있는 것
사철나무는 자라기에 충분한 공간을 확보해주지 않으면 줄기와 잎이 떨어지게 된다. 이런 나무의 경우, 밑 부분에 눈이 다시 나오지 않아 보기에 좋지 않다.

나뭇잎의 색이 좋은 것
유기물이 풍부한 비옥한 토양에서 자란 나무는 깨끗하고 잎이 진한 녹색으로 윤기가 흐르지만 척박한 토양에서 자란 나무는 잎에 누런 색이 감돌며 윤기가 없다.

수폭이 좋은 것
색이 좋지 않고 수폭이 좋은 나무와 수폭이 조금 좋지 않고 색이 좋은 나무 중에 하나를 선택해야 한다면, 색 좋고 수폭이 조금 안 좋은 나무를 선택하는 것이 낫다.
색이 좋지 않은 나무는 거름기가 없는 토양에서 자란 나무로 이식 후에도 성장이 시원치 않고 활력이 없다. 반면 수폭이 조금 안 좋은 나무는 활착 후 관리만 잘해주면 수폭이 미흡한 부분이 성장하면서 곁가지가 나오게 된다. 그러나 곁가지가 없는 외대가 20~30% 이상이라면 구입하지 않는 것이 좋다.

생기있는 울타리 관리 방법

토양이 척박한 경우 나무의 성장이 더디고 잎에 윤기가 떨어지기 마련이다. 이럴 때에는 비료를 사용해 토양을 윤택하게 만드는 것이 가장 효과적이다.
① 건조 돈분. 40kg 한포를 10m 거리의 뿌리 위에 뿌려주면 비가 오면서 유기물이 뿌리에 스며들어 나무가 윤택하게 자라게 된다.
② 양질의 유기질 비료를 구입하여 나무 상태에 따라서 5~7m에 한포(20kg)를 뿌리 위 양쪽으로 뿌려준다.
③ 웃거름 주기가 여의치 않다면 화학복합비료를 준다. 복합비료에는 질소, 인산, 칼리 성분이 들어 있어 나무의 뿌리 발육을 촉진시키고 줄기도 튼튼해져 나무가 건강하게 자라게 해준다.

사철나무 울타리 만들기

시기 식재는 7, 8월과 1, 2월을 제외하고는 연중 가능하나 3, 4월과 9월 하순에서 11월 중순까지가 적기이다.

거리 용도와 수폭에 따라 다르지만 일반적으로 20cm 간격으로 두 줄로 식재한다.

1. 지면이 울퉁불퉁하지 않도록 땅 고르기를 한 후, 울타리를 만들고자 하는 곳에 줄을 띄워 놓는다.
2. 삽으로 흙을 파서 줄의 좌우에서 한 삽씩 흙을 올려놓으며 구덩이를 판다.
3. 거름주기. 일반적인 경우 밑거름을 넣지 않고 식재하지만, 잘 발효된 양질의 퇴비를 넣고 식재하면 나뭇잎에 윤기가 흐르고 세력이 왕성하게 잘 자란다. 사진에 보이는 거름은 건조된 돈분이며, 화학비료를 사용해서는 안 된다.
4. 밑거름에 뿌리가 직접 닿지 않도록 퇴비 위에 흙을 적당히 뿌려준다.
5. 구덩이에 사철나무를 넣고 좌우에 올려진 흙으로 구덩이를 메워가며 지그재그나 대각선으로 식재한다.
6. 식재된 사철나무.
7. 원하는 높이에 줄을 띄우고 줄 위로 올라온 가지를 전지가위로 잘라 준다. 차폐용 생울타리를 제외하고는 보통 1~1.2m로 잘라낸다. 자른 후에는 뿌리 부분에 물을 충분히 준다. 가능하면 잎까지 뿌려주도록 한다. 1~2일 후 심하게 기울어져 있는 나무는 발로 지그시 기울어진 반대쪽으로 밟아준다.

웃자란 사철나무 울타리 수형 손질하기

사철나무는 식재 후 1년에 1~2회 전지를 해주어야 보기에 좋다. 전원주택의 생울타리 경우에는 나무가 너무 높게 자라면 키가 크면서 수폭도 넓어져 관리가 어려워지므로 1~1.2m 정도에서 관리를 해주어야 한다.

- 관리를 하지 않아 2~3m까지 자란 사철나무는 나무의 큰 줄기를 60~80cm 높이에서 톱으로 잘라 준다.
- 사철나무는 맹아력이 뛰어나, 가지를 잘라도 20~30일이 지나면 굵은 줄기에서 연한 새순이 돋아난다. 일단 새순이 나와 자라기 시작하면 뿌리에서 많은 양분이 올라와 매우 빠른 속도로 가지들이 자라기 시작한다.
- 묵은 가지를 잘라주는 시기는 이른 봄이 제일 좋고 장마철 이후에는 자르지 않되, 장마철 이전에만 잘라주면 가을 즈음에는 모양이 자리 잡히게 된다.

Green Place

잔디의 종류와 잔디깎기 DIY

잔디 선택 및 시공에서 관리까지

1. 선택 노하우
어떤 잔디를 심을 것인가?

한국잔디 vs 서양잔디

잔디가꾸기에 도전하면서 가장 먼저 당면하는 문제는 '어떤 잔디를 어떻게 심어야 하는가?' 하는 것이다. 잔디의 종류는 우리가 상상하는 것보다 훨씬 많다. 하지만 정원에 흔히 사용되는 잔디는 그렇게 많지 않으므로 몇가지 사항을 검토한 후에 선정하는 것이 좋다.

정원의 잔디는 관상이나 휴식, 간단한 운동을 주목적으로 하는 만큼 집중적인 관리가 필요하지 않은 잔디를 선정하는 것이 좋다. 따라서 중지(중엽형한국잔디)와 야지(광엽형한국잔디), 질감이 고운 잔디인 건희, 통상 사계절 잔디로 불리는 켄터키블루그래스 중에서 선택하는 것이 가장 무난하다. 특히 음지에서 한국잔디는 생육이 좋지 않기 때문에 켄터키블루그래스를 심는 것이 좋다. 경사가 있는 지반일 경우에는 중지나 위핑러브그래스, 크리핑레드훼스큐 등을 사용하면 된다.

	한국잔디(난지형잔디)	서양잔디(한지형잔디)
자라는 온도	25~35℃	15~25℃
장점	여름철에 잘 자란다. 건조한 날씨에 잘 견딘다. 압력에도 잘 견딘다. 조성과 유지관리에 비용이 적게 든다.	겨울철에도 내내 녹색을 유지한다. 질감이 부드럽고 색감이 짙다. 회복력이 좋다.
단점	저온에 성장이 멈추고 누렇게 변한다. 연간 5~6개월 휴면한다. 조성속도, 회복력이 느리다.	여름철에 질병이 발생하기 쉽고 특히 장마철에는 생육이 불량해 누렇게 변하는 경우가 있다.
파종시기	봄	초봄, 초가을
잔디종류	야지(들잔디), 중지	켄터키블루그래스, 페레니얼라이그래스

한국들잔디(야지) · 금잔디(중지) · 건희

켄터키블루그래스 · 페레니얼라이그래스

우리집에 맞는 잔디 선택법

첫째, 용도를 결정해야 한다. 관상을 위한 것인지 이용을 위한 것인지 결정을 해야 한다. 감상을 위해서는 서양잔디를, 집에 아이가 있는 경우는 자주 밟아도 지장이 없는 한국잔디가 좋다.

둘째, 투자비용을 고려해야 한다. 무리하게 값비싼 잔디를 심을 필요는 없다. 켄터키블루그래스의 경우 재료비가 한국잔디에 비해 4~5배 정도 비싸고 조성비용도 많이 든다. 하지만 한국잔디는 재료비가 저렴할 뿐만 아니라, 배수만 어느 정도 잘 되는 토양이라면 부담 없이 식재가 가능하다. 물론 모래와 토양개량제를 사용한다면 더욱 좋은 품질을 유지할 수 있다.

셋째, 잔디관리에 투자할 수 있는 시간이 얼마나 되는지 고려해야 한다. 서양잔디는 한국잔디에 비해 3~4배 정도로 신경을 써야 한다. 따라서 관리를 위한 시간 투자에 자신이 없다면 한국잔디로 하는 것이 유리하다.

넷째, 어떤 방법으로 시공할 것인지 고려해야 한다. 종자로 할 것인가 뗏장이나 롤을 이용할 것인가를 결정해야 한다.

잔디에 관한 상식

1. 잔디는 무엇으로 번식할까?

잔디는 가지도 있고 줄기도 있는 보통식물이다. 계절이 되면 꽃이 피고 열매도 열린다. 그러나 종자로 번식되는 경우가 적고, 대부분 지하 또는 지표면을 덮듯이 자라는 포복경으로 번식한다.

2. 잔디를 그늘 밑에 두어도 괜찮을까?

잔디는 하루에 4~5시간의 햇빛이 필요하므로 조경 계획단계에서 구조물이나 큰 나무 아래는 되도록이면 피해 까는 것이 좋다. 그렇지 않다면 켄터키블루그래스와 같이 그늘에서 잘 견디는 품종을 따로 심어 관리한다.

3. 잔디밭에 마구 들어가도 괜찮다?

잔디가 퍼져 땅을 모두 뒤덮기 전에는 통제하는 것이 좋다. 잔디밭이 되기 전, 사람이 들어가 밟게 되면 잔디의 피복 속도가 느려질 뿐 아니라 나오고 있던 잔디도 죽을 가능성이 있다.

4. 잔디에 씨앗이 맺혀 자꾸 떨어지는데?

잔디는 씨앗이 맺히면 노화가 빨리 온다. 따라서 씨앗이 맺히기 전에 깎기를 해주어야 한다. 또 자연히 떨어진 씨앗은 발아가 잘 안되기 때문에 씨앗이 떨어진다고 해서 잘 번지는 것은 아니다. 시중에서 판매되는 씨앗은 발아가 잘 되도록 발아촉진처리를 한 것이다.

5. 애완동물의 똥오줌은 괜찮을까?

개가 잔디 위에 오줌을 누면 오줌의 열로 인해 잔디가 1차적으로 피해를 받고 오줌의 성분이 너무 독하다 보니 2차적으로 피해를 입어 잔디가 고사하고 만다. 이에 대한 내성이 강한 잔디는 현재 없는 실정이라 개가 잔디 위에 오줌을 누지 않도록 하는 것이 최선의 방법이다.

2 DIY 내 손으로 잔디깔기

시중에 유통되고 있는 잔디는 규격에 따라 뗏장과 롤잔디로 구분된다. 뗏장은 주로 한국잔디가 생산되는 형태이며 롤잔디는 한국잔디와 켄터키블루그래스가 생산, 유통되고 있다. 가장 흔하게 유통되는 기본형 뗏장은 규격이 18cm×18cm인데 1㎡에 30장의 뗏장이 소요된다. 이 외에도 20cm×20cm, 30cm×30cm 등으로도 생산되는데 이러한 규격들은 잔디 전문회사에 미리 주문해야 구매할 수 있다. 롤잔디는 말 그대로 롤형태로 생산되는 것으로 켄터키블루그래스의 경우 65cm×154cm로 생산되는데 이 롤잔디 1장이 1㎡이다. 한국잔디는 40cm×100cm의 규격으로 생산되는데 1㎡에 2.5장이 소요된다. 이런 롤잔디들은 주문을 받아 생산된다.

롤잔디는 뗏장에 비해 재료비가 다소 비싸지만 품질이 좋고 시공이 간편하기 때문에 인건비가 적게 드는 장점이 있다. 또한 잔디밭이 빠른 시간 내에 완성되어 이용할 수 있기 때문에 이용이 꾸준히 증가하는 추세다.

| 배수층 및 토양층 |

배수층이나 토양층은 잔디의 종류에 따라 달라진다. 한국잔디로 조성할 경우 배수층이나 토양층은 크게 제약을 받지 않는다. 배수가 잘되는 토양일 경우 표면배수만 고려하여 시공하면 되는데 요철 부분을 평탄하게 만들고 표면구배(보통 2%)를 준 다음 바로 시공에 들어가면 된다.

하지만 배수가 불량하거나 켄터키블루그래스로 조성할 경우에는 배수가 원활하도록 암거배수로를 넣어주어야 한다. 암거배수로는 갈비대 모양으로 20~30cm 정도의 도랑을 파고 유공관(구멍이 뚫린 관)을 2% 정도의 경사를 주어 설치하고 부직포로 감싼 다음 자갈을 채워 완성한다. 유공관의 최종 배수구에는 맨홀을 설치하여 모인 물이 원활히 밖으로 빠져 나가도록 한다.

토양층은 배수가 원활한 토양을 사용하는 것이 좋은데 한국잔디의 경우 마사에 토양개량제를 혼합하여 조성하면 된다. 켄터키블루그래스는 특히 배수가 잘 이루어져야 하므로 입자가 고운 모래를 토양개량제와 혼합하여 15~20cm 정도의 상토층을 만들어 주어야 배수불량으로 인한 잔디의 손상을 방지할 수 있다.

| 잔디깔기 |

배수층과 토양층이 완성되면 잔디깔기를 시작한다. 잔디의 종류와 시공방법이 정해졌다면 선정한 잔디를 잔디전문회사에 주문해 시공 전에 도착할 수 있도록 조치를 취해 두어야 한다.

흔히 '잔디는 띄어서 심어야 한다'고 인식하고 있는 사람들이 많은데 이는 잘못된 생각이다. 잔디를 띄어서 심게 되면 재료비가 적게 소요되는 대신 완전한 잔디밭이 되기까지 오랜 시간이 걸려 그동안 이용할 수 없을 뿐만 아니라 관리에도 적잖게 신경을 써주어야 하므로 결과적으로는 오히려 손해다. 따라서 잔디는 될 수 있으면 90% 이상 피복할 수 있도록 시공하는 것이 여러모로 합리적인 방법이라 할 수 있다.

| 롤잔디 시공 DIY |

1. 기존 지반의 경우 우선 큰돌, 벽돌, 나무, 쓰레기 등 불필요한 물건을 제거한 후 표토를 10~15cm 깊이로 갈아주고 지면을 골라준다.

2. 롤잔디는 잔디규격과 지반면적을 잘 계산해 적당량을 주문해 놓고 잔디용 비료도 준비한다.

3. 약간의 구배를 주어 물이 흘러 내려가도록 하고 어떤 경우에도 물이 고이는 곳이 없도록 각별히 관심을 기울여 준다.

4. 지반 조성 후 상토에 잔디비료를 뿌려 준다.

5. 비료가 골고루 퍼지지 않으면 잔디색이 부분부분 틀릴 수 있으므로 각별히 주의한다.

6. 잔디뿌리가 쉽게 내릴 수 있도록 충분히 물을 뿌려준다.

7. 이음새가 벌어지지 않도록 하고 겹치지 않게 롤잔디를 깔아 준다. 가장자리, 수목식재 부분, 조경석 인접 부분 등은 그 모양대로 칼로 재단하여 식재한다.

8. 자투리 잔디도 붙여서 식재하면 모두 사용할 수 있다. 경사가 있는 곳은 롤잔디 상부의 두세 곳을 나무젓가락이나 유사한 도구로 고정시켜 준다.

9. 잔디 뿌리면과 상토면이 확실히 밀착되도록 가벼운 롤러로 눌러 주거나 판재를 잔디면에 펴 놓고 가볍게 밟아준다.

10. 정지가 끝나면 식재면 전면에 고르게 관수한다. 물은 비료가 잘 녹고 토양층과 뗏장 사이에 충분히 들어가도록 표토 깊이 10~15cm 정도까지 흠뻑 젖도록 준다.

3 Know-How
사계절 파릇한 잔디 유지 관리

잔디 관리에서 가장 중요한 부분은 잔디깎기로 아름다운 잔디를 유지하는데 꼭 필요한 작업이다. 잔디를 제때에 깎지 않으면 잔디가 너무 웃자라 관리가 어려워진다. 잔디깎기를 시행하면 잔디의 잎수를 증가시켜 밀도가 높아지고 잔디의 생장을 조절할 수 있으며 잡초의 침입을 감소시킬 수 있다.

잔디깎기

잔디가 4~5cm가 되면 잔디깎기를 시행하는데 한국잔디는 보통 5~6월과 9~10월에는 월 1~2회, 7~8월에는 월 2~4회가 적당하다. 켄터키블루그래스는 3~11월에 월 4~5회 정도 시행하는 것이 좋다. 높이는 한국잔디 2.5~3cm, 켄터키블루그래스 3cm 정도로 해주는 것이 이상적이다. 깎는 높이를 너무 낮게 하면 잔디의 생육이 불량해지고 잡초의 발생이 빈번해질 수 있기 때문에 너무 낮게 깎지 않도록 주의한다. 잔디깎기 기구는 마당이 20평 이내면 수동도 가능하지만 그 이상은 충전식이나 전기식으로 하는 것이 좋다. 칼날은 잘 갈아서 사용하고 풀통을 장착하여 깎은 잔디를 수거해야 잔디가 건강하고 발병률이 적다.

시비

잔디는 토양 속에 있는 영양분을 흡수해서 생장하므로 좋은 잔디를 만들기 위해서는 시비를 잘 해주어야 한다. 한국잔디의 시비는 5~8월에 질소분 10% 정도의 복합비료(잔디비료)를 월 1회, 1m²당 30g 정도 시비한다. 맹아가 발생하는 4월에는 1m²당 20g 정도 준다. 9월 이후에 비료를 주면 잡초의 발생에 도움을 주므로 시비하지 않는다. 복합비료와 같이 알갱이 비료를 주었을 때는 반드시 관수를 충분히 해서 알갱이 비료를 녹여 주어야 한다. 서양 잔디는 장마가 오기 전에 질소질 비료를 너무 많이 시비하면 병충해의 위험이 높아지므로 장마 전에는 가능한 시비하지 않는다.

관수

잔디는 생체 중의 약 75~80%가 수분이므로 관수가 매우 중요하다. 최적시점은 잎이 마르기 직전으로 잔디밭을 걸었을 때 발자국이 회복되지 않고 남는가로 구분한다. 수분이 충분할 때는 곧바로 원상복구되지만 마르기 직전의 잔디잎은 발자국이 남게 되는 것이다. 관수의 최적시간은 이른 아침으로 해뜨기 전이나 해 뜬 직후가 가장 좋다. 이 때 관수를 하면 증발산으로 인한 수분의 유실을 막을 수 있고 물이 잎 표면에 젖어 있는 시간을 최소화할 수 있어 발병률을 줄일 수 있기 때문이다. 또한 바람이 적어 전면적으로 고른 관수가 용이한 이점도 있다.

정원에서의 관수는 물호스나 스프링클러를 이용하면 된다. 관수할 때는 물이 토양 15~20cm의 깊숙한 곳까지 스며들도록 해야 한다. 이렇게 충분히 관수를 해야 뿌리가 깊이 자라 잔디의 생육이 좋아지고 건조에도 강해진다. 잔디가 10~12시간 이상 젖어 있으면 병충해가 발생하기 쉬우므로 그 이전에 마를 수 있도록 관수시간을 조절해야 한다.

배토

잔디밭이 평탄하지 않거나 맹아의 발달을 촉진하기 위해서 흙 또는 모래를 뿌리는 작업을 배토라 한다. 배토는 태치의 분해를 촉진하고 표토층을 고르게 해준다. 또한 잔디의 포복경을 덮어주어 잔디의 생육을 촉진시키며 건조 및 동해의 위험을 줄여주는 효과도 있다. 배토 시기는 4~5월, 9월 연 2회 2~5mm 두께로 시행하며 가는 모래를 사용하는 것이 좋다. 배토량을 두껍게 하면 잔디의 생육에 지장을 주고 잔디가 죽을 수도 있으므로 조금씩 여러 차례에 걸쳐 시행한다.

통기

잔디밭은 사람이 이용하게 되면 흙이 굳어져 잔디 뿌리에 물과 공기의 공급이 단절된다. 때문에 토양에 구멍을 뚫어 공기나 물이 잘 통하도록 해주어야 한다. 통기작업은 포크나 쇠스랑으로 구멍을 내주거나 나무판에 못을 박아 신발에 부착하여 걸으면서 구멍을 내주는 방법이 있다. 작업시기는 한국잔디는 5월~7월, 서양잔디는 3월~6월(봄)과 9월~10월(가을) 두 번 시행한다. 연간 3~4회 정도가 좋다.

잡초 방제

잡초는 잔디밭이 좁은 경우 손이나 제초기, 호미 등을 이용하여 바로 제거해 주는 것이 좋은데 토끼풀과 같이 뿌리가 조금만 남아 있어도 재생되는 잡초는 뿌리까지 완전히 제거해야 한다. 잔디밭이 넓은 경우는 수 작업이 힘들기 때문에 제초제를 사용한다. 잡초가 발생하기 전에 뿌리는 발아 전 처리제로 먼저 예방을 하면 잡초의 발생을 많이 줄일 수 있다. 이렇게 사전에 예방을 하더라도 잡초가 발생하는데 이 때에는 발생한 잡초에 따라 제초제를 선택해서 뿌린다. 제초제는 잡초발생 초기에 사용하는 것이 효과적이다.

월별 잔디관리표

월	한국잔디(난지형잔디)	서양잔디(한지형잔디)
1	물이나 비료가 필요없다. 단, 겨울 동안은 잡초도 어리기 때문에 이 때 제거해두면 좋다.	추위로 녹색이 희미해지면 야간에 부직포나 차광재료로 보온 커버를 해 서리를 예방하면 좋다.
2	월동하는 잡초를 제거하고 잔디가 자라기 전, 건물과 화단 등의 경계선 부분을 정리해준다.	건조가 1달쯤 계속되면 월 2~3회 물을 준다. 야간보온커버는 계속 이용한다.
3	잔디심기의 최적기. 새로운 잔디를 깔거나 훼손된 곳을 보식하기에도 좋은 때다.	질소 순함량 10% 정도의 화학비료를 1m²당 20g 비율로 시비한 후 물을 충분히 준다.
4	아직 물은 주지 않고 희미하게 잎에 색이 들기 시작하면 서양잔디와 같은 비율로 시비한다.	생육이 왕성한 시기. 1m²당 30g 비율로 시비하고 월 3회 25mm 정도로 깎아준다.
5	잔디 지하부의 활동이 활발해진다. 20mm 높이로 월 1~2회 깎아준다. 짙은 녹색을 원한다면 시비 가능.	가장 녹색이 짙은 시기. 1m²당 30g 비율로 시비하고 월 4회 정도 25mm 높이로 깎아준다.
6	10일 이상 비가 안 올 경우를 제외하고 물을 주지 않는게 원칙. 월 1~2회 깎아주고 원한다면 시비 가능.	병에 잘 걸리는 계절. 건조한 기미가 보이면 물을 주고 높이 25mm 정도로 월 3회 깎기 실시.
7	하루에 2mm씩 성장. 장마가 끝나면 1주에 1번 충분히 물을 주고 20mm 높이로 월 2~3회 깎는다. 잡초는 눈에 띄는 대로 제거한다.	장마가 끝난 후 가뭄이 계속되면 2일마다 물을 주고 비료는 1m²당 40g 정도 준다. 25mm 높이로 월 2회 깎기.
8	생육의 클라이막스. 1주에 1회 이상 물을 주고 월 2~3회 깎아준다.	매일 오전 물주기. 비료는 1m²당 10g 미만으로, 병충해 피해를 대비해 살충제 살포. 25mm 높이로 월 1회 깎기
9	잡초 발생이 많아지므로 물과 비료를 주지 않는다. 월 1~2회 깎아준다.	건조한 듯하면 3일에 한번 물을 준다. 비료는 1m²당 20g 정도, 월 2회 깎아준다.
10	생육이 쇠퇴하는 시기. 물과 비료는 필요 없고 중순에 한번, 한 해의 마지막 잔디깎기를 한다.	20~30mm로 자랄 때까지 매일 물을 준다. 1m²당 30g의 비료. 월 3회 깎아준다.
11	생육이 정지되는 시기. 겨울잡초의 제초에만 신경쓰면 된다.	맑은 날이 계속되면 주 1~2회 물을 주고 월 2회 잔디깎기 한다.
12	겨울 휴면상태. 간간이 잡초만 제거해준다.	건조가 계속되면 월 3~4회 물을 준다. 생육은 정지해 있지만 시비하면 잎색이 좋아진다.

4 잡초와의 소리없는 전쟁
효과적인 잡초 제거 방법

잡초는 잔디의 생육을 억제하고 주위 환경을 어지럽히며 병해충의 서식처를 제공하여 전원생활에 커다란 장애를 주는 원인이 되기도 한다. 쾌적하고 풍요로운 전원생활을 위해 효과적인 잡초 방제 방법에 대해 알아보자.

정원이나 텃밭에 주로 발생되는 잡초

전원생활을 하면서 알게 모르게 무수히 많은 잡초들을 대하게 된다. 일부에서는 산야초, 야생초, 야생식물로 취급하기도 하지만 인간생활에 불편을 주는 식물을 일반적으로 잡초로 본다.

정원이나 잔디밭에 발생하는 잡초는 40여 종에 이르고 있다. 이들 중에 문제되는 잡초는 꽃다지, 망초, 바랭이, 토끼풀, 방동사니 등이다. 꽃다지와 망초는 주로 봄에 생기고 바랭이와 방동사니류는 주로 여름에, 토끼풀은 4월부터 10월까지 서리가 내리기 전까지 줄곧 자란다. 그 밖에도 별꽃, 서양민들레, 쑥 등은 주로 봄에 많이 생긴다. 텃밭의 잡초는 봄이나 초여름에 발생하여 여름에 최고 생장을 한 후, 가을에 결실을 맺는 특성을 가지고 있다. 이러한 잡초들의 종자는 겨울을 지나면서 자연적으로 휴면기를 가지게 된다. 주로 발생하는 잡초로는 바랭이, 쇠비름, 명아주, 강아지풀 등이며 여러해살이 잡초로는 메꽃, 쑥 등을 꼽을 수 있다.

정원에서 주로 발생하는 잡초 / 텃밭에서 주로 발생하는 잡초
방동사니 / 개비름
쇠뜨기 / 명아주
개망초 / 깨풀
애기수영 / 쇠비름

효과적인 잡초 방제

예방하기
예방은 잡초 제거의 기본이다. 잡초는 종자나 포자 등의 다양한 번식원을 통하여 번식하며, 이들은 토양 속에 다량으로 존재하므로 번식원을 줄여주면 이듬해 발생을 억제할 수 있다. 그러기 위해서는 농경지나 집 주변을 깨끗이 유지하여 발생원을 최대한 줄여 주어야 한다.

기계 사용하기
기계를 사용하여 잡초를 방제하는 것을 의미하며 손과 호미도 엄밀한 의미로는 기계적 방제법에 포함된다고 볼 수 있다.

손과 호미의 이용 | 손이나 호미를 이용하여 제초하는 방법은 인류가 가장 오래 사용해 온 방법으로 정원의 면적이 좁을 경우 해당된다. 하지만 한해살이 잡초는 손으로 쉽게 제거할 수 있으나, 여러해살이 잡초는 뿌리 부분이 길어서 손으로 뽑아내기가 쉽지 않다.
경운기 사용하기 | 경운기, 트랙터 등 여러 가지 농기계를 사용하여 농경지를 갈아엎어 잡초를 흙속에 묻어 버리거나 토양으로부터 뿌리를 잘라서 말라죽게 하는 방법이다.
풀베기 | 잡초의 줄기를 잘라내어 생장 부위를 제거하는 방법이다. 줄기를 없앨 경우 뿌리 부위는 지상으로부터 영양공급을 받지 못하므로 영양결핍에 걸려 죽게 된다. 결과적으로 종자생산을 못하게 되므로 한해살이 잡초 발생원을 억제하여 이듬해에 발생을 크게 줄일 수 있다. 꽃이 피기 전후로 잡초가 작물과 영양분을 놓고 경쟁하기 이전에 베어주는 것이 가장 효율적이다.

물리적인 방제
기계를 사용하지 않는 방제법을 말한다.

태우기 | 잡초를 태워서 방제하는 것으로 늦가을이나 이른 봄에 태우면 잡초방제는 물론 병해충의 서식처를 방제할 수 있는 이중의 효과가 있다.
덮어주기(피복) | 피복에는 두 가지가 있다. 첫째는 햇빛을 차단해서 잡초가 생육을 제대로 할 수 없게 만드는 방법으로 초기생육이 빠르면서도 잎이 넓고 키가 큰 작물을 재배한다.
두번째로는 밭작물의 경우에 이랑이나 두둑에 왕겨, 나무껍질, 짚 등을 덮어두어서 보온과 잡초발생 억제를 꾀하는 방법이다.

제초제 사용하기
제초제를 이용하여 잡초를 제거하는 방법이다. 살초 작용이 빠르고 일정한 지역에 손쉽게 처리할 수 있는 장점이 있으나 재배할 때마다 처리해야 하는 단점도 있다.
잡초를 경작지에서 완전히 박멸시키는 것이 아니라 작물의 수확량에 영향을 미치지 않는 수준까지 유지하는 것을 염두에 두어야 한다.

토양 처리 | 잡초발아 전 처리로 작물과 잡초가 모두 나타나기 전에 처리하는 것을 의미한다. 대부분의 논밭 제초제가 여기에 속한다. 논의 경우 이앙 초기부터 이앙 후 12일까지 처리하고 밭의 경우는 작물의 파종, 재식 후 5일 이내로 처리한다.
경엽 처리 | 작물이 발아하거나 이식한 후 잡초가 발생된 상태에서 처리하는 것을 말한다.

제초제 사용하지 않고 잡초 제거하는 법

정원(잔디밭) | 잔디를 주기적으로 베어주는 것은 잡초의 발생을 줄이는 데 매우 효과적이다. 또한 월동 전후로 1회 정도 지상부를 태우는 것도 이듬해의 잔디 생육을 좋게 하는 것은 물론 잡초종자를 제거할 수 있어서 좋다. 무엇보다 손으로 풀을 뽑는 방법은 시간과 노력이 많이 필요하지만 가장 안전하고 친환경적인 방법이다.
텃밭 | 손이나 호미를 이용해서 직접 제거하거나 볏짚, 부직포 등으로 토양을 덮어 잡초가 발생하지 않도록 하는 방법이 가장 현실적이다. 부직포를 밭의 헛골에 깔면 잡초 발생을 억제할 뿐만 아니라 농작업도 수월하게 진행할 수 있어 여러모로 효율적이다.

5 제대로 알고 선택하자
정원관리용 기기 선택

푸른 잔디와 먹음직스러운 과일들이 익어가는 풍요로운 우리집 정원. 그렇지만 잠시만 방치하면 어느새 정글처럼 되고 만다. 이럴 땐 정원을 좀더 손쉽게 관리할 수 있는 공구가 절실하다.

정원을 관리하는데 있어 가장 큰 골치덩어리는 하루가 다르게 자라나는 잔디다. 잔디를 깎아 주지 않고 자연 상태로 방치하면 잔디 잎이 햇빛의 투광과 공기의 통과를 막아 하부가 연백색으로 변하며 쇠약해 진다. 결국 잡초가 침입하게 되고 잔디는 사라져 잡초밭이 되어버린다. 따라서 적당한 기계를 구입해 자주 관리해 주는 것이 중요하다. 잔디깎기는 크게 특성별로 수동, 승용, 엔진 잔디깎기로 구분된다.

수동잔디깎기 모터가 없는 제품으로 사람이 직접 기계를 밀어가며 작동하는 것이다. 깨끗하게 잘리지만 힘이 많이 들기 때문에 20~30평 내외의 제한된 공간에서 사용된다.

엔진잔디깎기 일반적으로 가장 널리 사용되는 형태로 엔진이 장착되어 기름을 넣고 시동을 걸어 사용한다. 날이 저절로 돌아가기 때문에 잔디를 보다 편리하게 깎을 수 있다. 바퀴가 스스로 구동할 수 있는가에 따라 자주식과 비자주식으로 나뉜다. 자주식은 사람이 기계를 밀지 않아도 스스로 앞으로 굴러가게 하는 레버가 장착되어 있다. 비자주식은 구동기가 없어 사람이 힘을 들여 밀어주어야 한다.

승용잔디깎기 잔디깎기 자동차로 휘발유를 넣고, 키를 꽂아 시동을 걸어 운행한다. 1천~1천5백평 이상의 규모에 사용되며, 1천만원에서 3천~4천만원까지 호가한다. 로터리식과 릴식으로 나뉘는데 릴식은 가위질 하듯 잔디가 깎이게 되며, 로터리식은 하나의 칼날이 매우 빠른 속도로 회전하며 잔디를 쳐내게 된다. 릴식은 로터리식에 비해 가격이 비싸지만 매우 깨끗하게 잘려 축구경기장처럼 줄을 만들 수 있으며, 양잔디가 깔린 골프장 등에서 사용된다. 그러나 풀이 많이 자랐을 때는 사용할 수 없어 자주 깎아야 하는 불편함이 있다. 로터리식은 한국잔디가 심어진 곳에 주로 사용되며 풀이 길어도 하단을 쳐낼 수 있는 장점이 있다.

전기잔디깎기 전기잔디깎기는 엔진이 아니라 전기모터로 돌아가는 것이다. 시동을 걸어주지 않아도 되므로 매우 간편하여 노인이나 여성들에게 적합하다. 엔진식에 비해서는 힘이 약하고 전기선을 연결해야 하므로 거리에 제한이 있다. 또한 전선이 길어질수록 전기의 저항이 높아져 힘이 약해지기도 한다. 공간의 제약을 줄이기 위한 충전식도 있다.

choice1
잔디깎기 선택 방법

정원의 규모가 20평 이상 되면 잔디깎기 기계를 이용해 관리를 해주어야 한다. 그러나 적당한 도구와 기계를 구입하는 것이 생각만큼 쉽지가 않다. 수입품이 대부분이고 종류도 다양한 데다 가격은 고가이기 때문. 잔디깎기는 주로 미국이나 유럽에서 수입되므로 고장 발생 시 손쉽게 A/S를 받을 수 있고 부품을 손쉽게 구할 수 있는 제품을 선택한다. 충분한 출력을 내는 기계가 작업하기 좋고, 낙엽과 잘라낸 나뭇가지들을 담을 수 있는 바구니 부속장치를 장착할 수 있는 것이 좋다.

choice2
예초기 선택방법

예초기는 주로 무성하게 자란 잡초나 잔 나뭇가지를 제거하기 위해 사용하는 기기로 잔디깎기와는 차이가 있다. 예초기는 엔진의 구동방식에 따라 2행정식과 4행정식으로 나뉜다. 보편적으로 널리 사용되고 있는 2행정식은 휘발유와 엔진용 오일(오토바이용 오일)을 25(휘발유) : 1(오일)의 비율로 섞어 주입해 사용한다. 깎이는 힘이 강하고 내부구조가 간단해 A/S를 받기가 좋지만 연료를 혼합하여 지속적으로 주입해야 하는 불편함이 있다. 또한 오토바이처럼 소음이 큰 것도 단점이다. 4행정식은 2행정식의 단점을 보완한 것으로 자동차 엔진처럼 휘발유와 오일을 각각 주입하도록 만든 제품이다. 그러나 내부 구조가 복잡하고 무거운 데다 A/S 시 수리비가 많이 드는 단점이 있다. 최근에는 사용의 편리를 위해 부탄가스를 사용하는 가스예초기나 전기예초기 등이 등장하고 있는 추세다.

이럴 때 이렇게
잔디 관리법

잔디를 깔려고 하는데 오래도록 파란 잔디를 볼 수 있는 종류를 알려주세요.
우리나라에서 난지형 잔디의 녹색기간은 4월 중순에서 10월 중순까지로 6개월 정도 녹색기간을 유지하고 한지형 잔디는 3월 중순에서 12월 중순까지 약 10개월간 녹색을 유지합니다. 그러나 난지형 잔디가 한지형 잔디보다 거칠고, 잔디 관리는 난지형 잔디가 쉬우며 그중에서도 한국잔디가 편리한 편입니다.
01

잔디를 저렴하게 까는 방법은 없을까요?
가장 저렴하게 잔디를 깔고 싶을 때는 한국 잔디를 줄떼로 깔거나, 한지형 잔디는 종자 파종을 하는 것이 좋습니다. 또한 잔디 관리가 귀찮게 느껴질 때라면, 한국 잔디 선택이 유용합니다. 고품질 잔디로는 한지형 잔디나 한국잔디 '건희'를 선택하는 것이 좋으며, 빠른 잔디 조성으로는 한국잔디나 한지형 잔디의 롤형을 구입해 식재하면 유용합니다.
02

건강한 잔디 구입에는 시기를 맞춰야 한다는데 언제가 좋습니까?
잔디 주문은 늦어도 식재 3일 전에 해야 합니다. 매장에 있는 잔디는 쌓아 놓은 기간에 따라 잔디가 손상되고 잔디 식재 후 활착하는데 오랜 시간이 걸리게 되므로 농장에서 직접 생산해 배달되는 것이 좋습니다. 주문 후 전국적으로 비가 오거나 겨울에 땅이 얼 경우, 잔디 수확이 어려우니 이를 미리 염두에 두는 것이 좋습니다.
03

잔디의 판매 규격이 어떻게 되나요?
판매되고 있는 잔디의 크기는 한국잔디류의 경우 가로 18cm×세로 18cm, 40cm×40cm와 40cm×100cm이며, 한지형 잔디의 경우 50cm×100cm와 65cm×154cm입니다. 잔디의 두께는 보통 2cm 내외로 가격은 잔디의 크기가 클수록 비싸며, 이는 생산기간이 길기 때문입니다.
04

잔디를 깎았는데 누렇게 변했습니다. 무슨 문제가 있는 걸까요?
잔디를 한번에 2/3 이상 깎으면 잔디가 황갈색으로 변하고 스트레스를 많이 받으므로 한번에 1/3 정도 깎는 것이 좋습니다. 깎기 후 잔디가 노랗게 변하는 경우가 있는데 이는 일시적인 스트레스 현상으로 4주 정도가 지나면 원상태로 회복 됩니다. 잔디의 높이는 2~3cm가 좋으며 4~5cm 이상 자라면 깎기 작업을 실시하는 것이 좋습니다.
05

크로바가 잔디에 급속히 증가하고 있습니다. 뿌리 뽑는 방법을 알고 싶어요.
한지형 잔디에 자란 크로바를 제거하기 위해서는 소금이나 소금물을 이용하면 100% 효과를 볼 수 있습니다. 그러나 한국잔디에 소금을 이용하면, 효과가 없거나 오히려 잔디에 피해를 입을 수도 있습니다. 우선, 크로바를 낮게 자른 후 1~2일 후 엠시피피 농약을 구입하여 사용하면 크로바의 생육을 정지시키거나 일부 죽여 한국잔디에 가장 효과적입니다.
06

잔디가 항상 젖어 있는 듯합니다. 그래도 물을 줘야 합니까?
잔디밭이 항상 젖어 있다면, 병균의 발병과 잡포 발생의 원인이 되므로 일주일 이상 물주기를 쉬는 것이 좋습니다. 잔디밭을 건조시키고 물이 부족한 부분만 주는 것이 잔디 생육에는 더욱 효과적입니다. 잔디에는 수돗물과 식용 지하수를 사용하는 것이 좋으며, 염분이 많은 지하수나, 중금속이 많이 함유된 중수도(재활용한 물)는 절대로 사용해서는 안 됩니다.
07

잔디에 물을 줄 때마다 땅이 파헤쳐 집니다. 방법이 없을까요?
물을 줄 때 땅이 파헤쳐진다면, 검정색 차광막이나 볏짚으로 파종면을 덮고 물주기를 합니다. 이렇게 하면 발아력이 훨씬 좋아지는데, 덮개는 파종 4주 후에 제거하면 됩니다. 물이 모자란다고 느껴질 경우라면, 밤에 물을 주면 됩니다. 증발되는 양보다 잔디가 이용하는 양이 많아져 훨씬 효과적으로 잔디를 관리할 수 있습니다.
08

여름철 한지형 잔디인데 부분적으로 뻣뻣하게 말라가고 있습니다. 이유가 뭘까요?

잔디 상태를 봐야 알겠지만, 아마도 브라운패치에 걸린 듯 합니다. 7~9월에 질소비료를 과잉 사용했을 때나 과습한 잔디에 주로 발생하는 병입니다. 가능한한 들어내고 잔디를 새로 심는 방법이 가장 좋습니다. 예방책으로는 6, 7월 장마기에 월 2회 정도의 예방시약, 여름철 과한 질소 비료의 자제, 태치 제거, 습기 조절 등이 필요합니다.

09

잔디깎기 기계에서 흰 연기가 나는데 왜 그런 걸까요?

기계에 오일이 부족하게 되면 연기가 나게 됩니다. 이 때는 오일을 정량으로 채우면 간단히 해결됩니다. 가끔 잔디를 깎을 때 날에 잔디가 걸려 작동이 되지 않을 경우가 있는데, 이때는 시동을 끄는 건 물론, 코드를 뽑아 안전할 경우에 손을 넣어 빼도록 합니다. 기계 작동 시 두꺼운 장갑은 오히려 모터에 손이 빨려 들어갈 수 있으니 사용하지 않는 것이 좋습니다.

10

깎기 기계 운전이 깨끗하게 잘 되지 않습니다.

잔디깎기를 이용해 깎았는데도 잔디가 뜯겨진 것처럼 지저분할 경우에는 잔디깎기의 날을 새로 갈아주면 대다수 해결이 됩니다. 또한, 기계를 사용 시 잔디가 깨끗이 깎이지 않고 운전이 원활하지 않다면, 태치가 많은 경우입니다. 이 때는 갈퀴로 태치를 먼저 제거한 후에 재시도를 합니다.

11

18cm×18cm 규격의 잔디는 붙여 심는 것이 좋다고 하는데 자세히 알려주세요.

잔디는 띄엄띄엄 심는 것보다 붙여서 심는 것이 좋지만, 1cm 정도 띄우고 식재 후 모래로 떼밥하는 것이 바람직합니다. 떼밥작업을 하는 이유는 잔디사이 공극이 발생하지 않도록 하기 위해서이며, 잔디 식재 시 세토를 채운 뒤에는 떼밥을 1~2cm 두께로 전면에 골고루 살포합니다.

12

기계와 잔디 둘다 아무 이상이 없는데 잔디가 잘 깎이지 않는 이유가 뭘까요?

잔디깎기에 한번에 정량 이상의 잔디가 들어가게 되면 이런 현상이 발생합니다. 이럴 때는 기계 앞부분을 살짝 들어 올려 깎이는 잔디의 양을 조절해주면 쉽게 해결됩니다. 또한 잔디 길이가 길면 기계에 자주 끼게 되므로 항상 4cm 가량이 되면 잔디를 깎아주는 것이 좋습니다.

13

CASE 3

녹음이 돋보이는 정원
Green Garden

짙푸른 녹음이 선사하는 청량감	180
아늑하고 풍성한 녹음을 즐길 수 있는 정원	188
주인의 정성이 담뿍 담긴 뜨락	196
빈틈없이 정돈된 집과 정원	206
가꾸는 만큼 푸르름을 안겨주는 마당	214
일상에 지친 이들에게 휴식이 되는 정원	222
알뜰하고 이상적인 전원 속 정원	232

Green Garden 1

짙푸른 녹음이 선사하는 청량감

계절마다 정원은 그 색을 달리한다. 화사하고 상큼한 느낌의 정원이라면 봄을 꼽을 수 있겠고 짙푸른 녹음이 가득 느껴지는 건 누가 뭐래도 여름이다. 새파란 잔디 위에 나뭇가지가 휘어질 정도로 무겁게 달린 푸른 잎은 따가운 여름의 햇살과 더위를 막아주는 안식처가 된다. 더운 기운만을 내뿜는 콘크리트 건물은 비교도 되지 않을 만큼 시원스러운 공기를 선사해주는 녹음이 바로 우리가 꿈꾸는 정원의 모습이다.

마포 성산동에 위치한 이 주택 또한 여름이면 시원한 녹색 공간을 선사해주는 정원이 자랑거리다. 미묘하게 다른 푸른 잎들, 제각각의 형태를 지닌 나무들이 서로서로 엉키고 부딪히며 누가 질세라 우겨져 있다. 비정형의 정원 외곽을 나무들이 가득 메워 주변 건물이 보이지 않을 정도다. 한 가운데 서서 바라보면 이곳이 서울 도심인지 시골 외곽인지 알 수 없을 터이다. 온전한 나만의 정원, 외부와 단절된 공간을 여실히 보여준다. 그리고 그 한가운데를 잘 다듬어진 잔디가 촘촘히 메우고 있다.

벽돌과 석재를 외부마감재로 사용한 건물에 걸맞게 잔디밭의 한쪽 바닥 포장에는 잘 다듬어진 석재를 주로 사용했다. 대문부터 이어지는 돌계단과 곳곳에 사용된 판석에서 무게감과 품격이 느껴진다.

푸른 잔디와 빽빽이 늘어선 나무를 보자면 한두 해 된 정원이 아님을 쉽게 알 수 있다. 아늑하고 포근한 나만의 정원을 기대하는 이들에게 본보기가 될 만한 사례다.

01

마당 한쪽으로는 판석으로 포장한 아늑한 장소를 조성해 야외 테이블을 두어 마당의 정취를 한껏 누릴 수 있도록 했다.

녹음이 가득한 주택의 정원이다. 넓게 깔린 잔디밭과 건물 높이만큼 자란 나무들이 인상적이다.

02

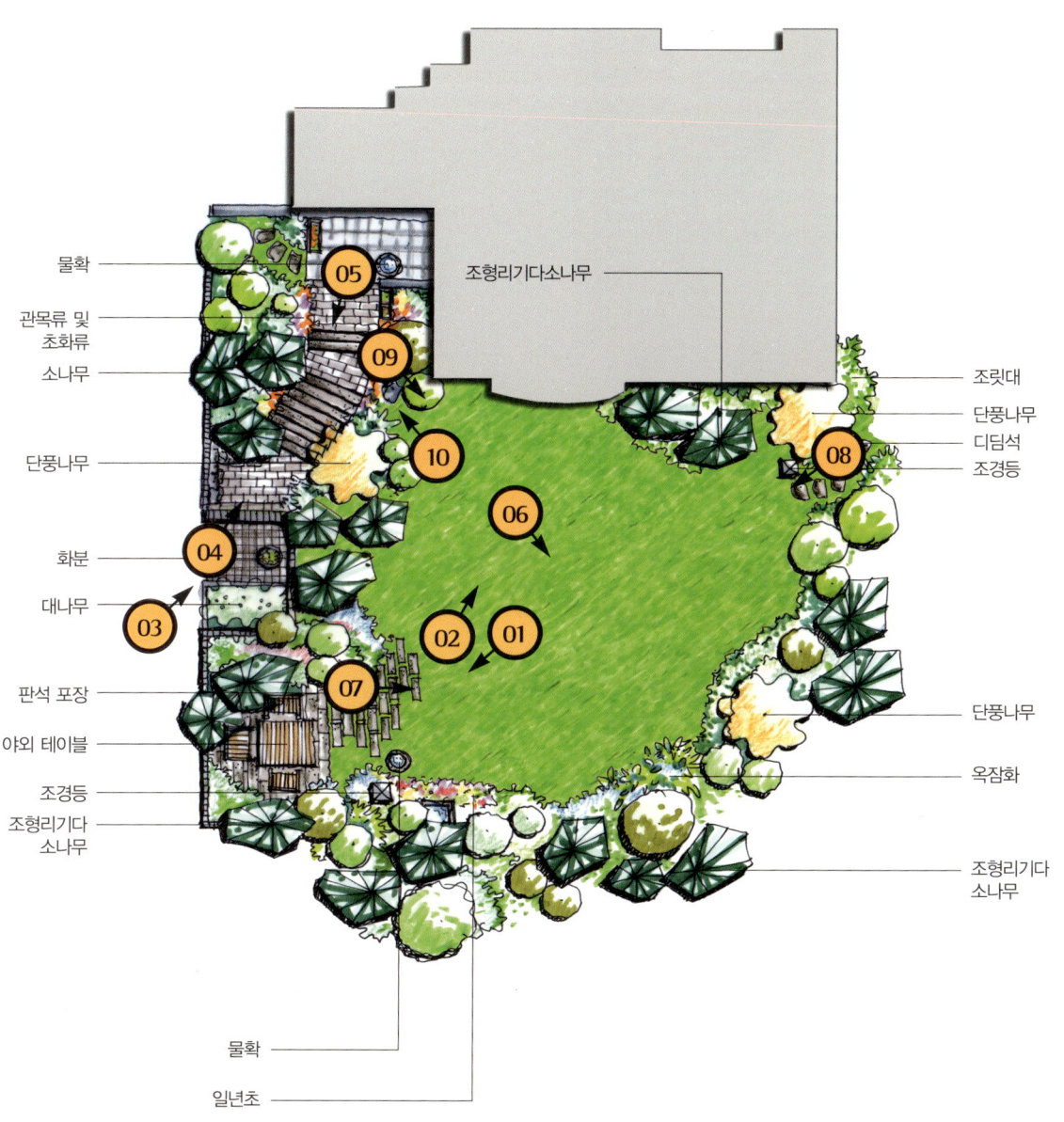

CASE 3 Green Garden

높다란 담장과 대문 안쪽으로 키 큰 나무들이 가득하다. 대문 바깥쪽에도 대나무 정원을 꾸미고 꽃이 핀 화분을 두는 등 작은 부분도 놓치지 않고 신경 쓴 것을 알 수 있다.

03

현관에서 대문까지 이어진 통로에도 늘씬한 단풍나무와 소나무, 푸른 잎을 자랑하는 식물들을 풍성하게 심었다.

04

05

06
울창한 나무로 둘러싸인 정원 한가운데 서면 이곳이 숲 속의 전원주택인지
도심지의 단독주택인지 가늠하기 어려울 정도이다.

07 녹색의 잔디마당과 나뭇숲 한쪽으로는 색색의 초화류를 심어 단조로움을 피했다.

08 자연스럽게 펼쳐진 나뭇가지들이 인위적이지 않은 모양새를 서로 뽐내는 모습이다.

09
울창한 나뭇가지 사이로 보이는 정원의 모습.

10
붉은 단풍나무와 길게 뻗은 소나무, 갖가지 관목들이 벽돌을 외장재로 마감한 주택의 외관과도 잘 어울린다.

Green Garden 2

아늑하고 풍성한 녹음을 즐길 수 있는 정원

멋진 집을 완성시키는 가장 마지막 요소가 바로 조경 작업이다. 건물을 아무리 공들여 만들고 비싼 외장재를 선택한다 하더라도 정원이 받쳐주지 못한다면 집은 가치를 잃고 만다.
고급주택을 표방하고 있는 이곳, 용인의 노블힐스 역시 주택 건축만큼이나 정원에도 각별히 신경을 썼다. 풍성하게 깔린 짙푸른 잔디와 마당을 두르고 있는 크고 작은 나무들이 3층 규모의 주택을 더욱 웅장하게 만들어 준다.
비탈진 언덕에 위치한 만큼 앞쪽으로는 축대를 쌓아 마당이 들어 올려진 형상인데, 가운데쯤 키가 큰 소나무로 무게를 잡아주고 양 옆으로는 울타리를 조금씩 넘어선 나무를 주로 심어 주어진 마당공간을 오롯이 잡아주고 있다. 따뜻한 황토빛 외장재와 초록의 녹음이 잘 어우러지는 것은 물론이다.
선큰 형식으로 정원과 연결되는 지하 1층에는 작은 수공간도 마련되어 있는데, 이 앞으로 가지가 가늘고 잎이 적은 나무를 심어 시야를 확보함과 동시에 밑둥에는 키작은 초화류를 심어 디테일을 살렸다. 수공간에도 멋들어진 석부작을 놓고 좌우로 화분을 세우는 등 세심하게 신경 쓴 것을 알 수 있다. 건물의 바로 앞으로는 큰 나무를 심지 않으면서도 전체적으로 풍성한 녹음을 즐길 수 있도록 배치하여 아늑함을 극대화한 주택 조경이라 하겠다.

CASE 3 Green Garden

01
둥그런 형태의 수공간 안쪽으로는 석부작을 두고 좌우로 화분을 세워 고급스럽게 꾸몄다.

CASE 3 Green Garden **191**

03
정면에서 바라본 주택 외관. 중앙의 큰 소나무를 기준으로 울타리를 감싸 안은 나무들이 풍성하다.

02
마당 가득 빽빽히 자란 잔디가 정원에 짙푸름을 더한다. 뒷산의 수목까지 주택의 마당으로 끌어들이는 듯한 풍광이다.

04
반지하 형식으로 내려 계획한 아래층 쪽으로는 작은 수공간을 마련했는데, 그 경계에도 작은 초화류를 심었다.

05
건물 바로 앞쪽으로는 나무를 최소화하여 실내에서의 시야를 넓히는 동시에 주택의 외관을 뽐낼 수 있도록 했다.

Green Garden 3

주인의 정성이 담뿍 담긴 뜨락

그 크기가 크든 작든 정원을 가꾸는 것이 쉽지만은 않다는 사실을 한번이라도 정원을 꾸며본 이들은 잘 알 것이다. 정원의 중심이 되는 나무를 고르는 것부터 계단 아래 심을 작은 초화류를 고민하는 것까지 무엇 하나 간단한 것이 없으니 말이다. 게다가 날 좋은 여름이면 하룻밤만 자고 일어나도 무성하게 자라는 풀들 때문에 웬만큼 부지런하지 않고서는 보기 좋은 정원을 유지하는 것은 불가능하다.

양평의 한적한 전원주택 단지에 자리 잡고 있는 이 집은 주인이 얼마나 부지런한지 혀를 내두르게 하는 모양새를 보여주고 있다. 침목과 초화류, 자연석을 이용해 잘 정돈된 진입로부터 넓게 깔린 잔디밭, 보기 좋게 심겨진 나무들이 주인의 정성을 한눈에 알아채게 만든다.

산뜻하게 꾸며진 주택의 외관에 걸맞게 현관과 집 주변 또한 깔끔하게 계획된 모습이다. 판석을 이용해 너른 잔디밭 가운데로는 길게 길을 내어 놓았고, 집 뒤쪽으로는 암성정원을 꾸미고 자갈길을 조성해 화사함을 선사한다. 철마다 피어나는 갖가지 꽃들이 정원을 더욱 풍성하게 해준다.

집에서 바라보는 풍광에는 다양한 수형의 소나무를 심어 재미를 느끼게 했다. 해가 갈수록 잎이 무성해지는 모습을 보여줄 것이다. 현관 옆 창가에 심겨진 나무들도 지금은 아직 어린 모습을 숨기지 못하고 있지만, 튼튼하게 장성한 풍경이 기대된다. 이렇듯 잘 꾸며진 정원 한켠으로 장독대와 바비큐 시설을 갖춘 파고라까지, 무엇 하나 빠진 게 없는 정원의 모습을 보여주고 있다.

01
오래된 소나무와 새로 조성한 정원이 자연스레 잘 어우러지는 모습이다.

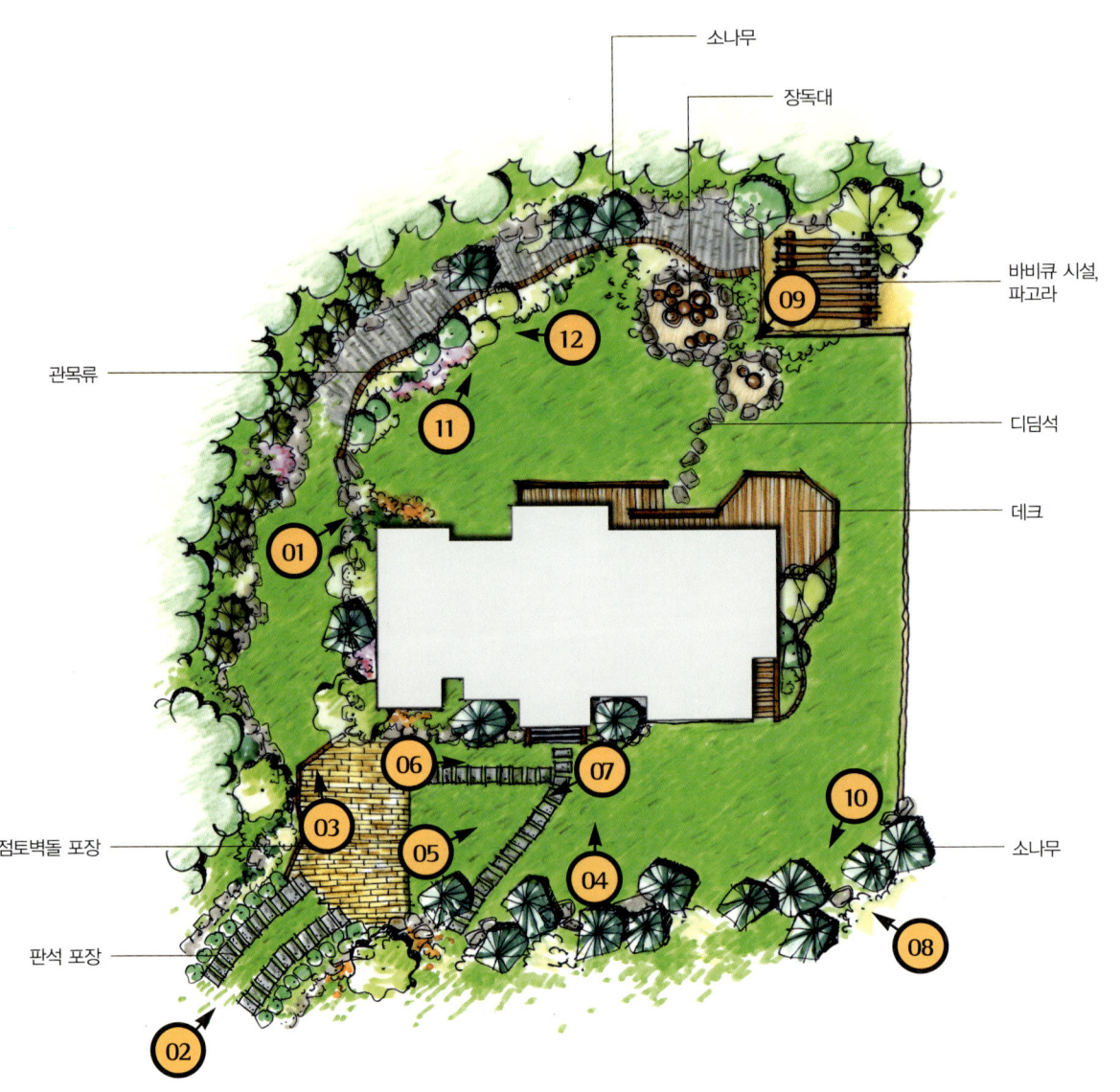

02 진입로에서 바라본 모습. 침목과 자갈, 자연석과 초화류로 꾸민 입구가 색다르다. 누구라도 한번 방문한 사람이라면 잊기 힘든 풍경이다.

03 벽돌과 자연석을 적절히 활용하여 잔디밭만으로 꾸며 단조로울 수 있는 정원에 변화를 주었다.

04

05

산뜻한 외관의 주택과 깔끔한 정원이 잘 어울린다.

06
현관으로 이어지는 동선에는 적당한 크기의 판석을 직선으로 깔아 잔디를 훼손시키지 않도록 계획했다.

07 현관에서 바라본 정원. 멋스런 수형의 키 큰 소나무들은 해가 갈수록 더욱 풍성해질 것이다.

08 녹색의 잔디가 곱게 깔린 마당 가운데 튼튼한 나무가 눈길을 끈다. 마당에 심을 조경수는 우리나라 자생수종이거나 자생화된 수종, 병충해와 공해에 강한 수종이 오래 기르기에 좋다.

09 특이하게도 이 집은 앞뒤로 마당이 널찍하게 조성되어 있는데, 뒤쪽으로는 장독대와 파고라를 두어, 생활편의에 초점을 맞추었다.

10

11

12
뒷마당에 조성된 유선형 화단. 잔디밭보다 조금 더 흙을 돋우고 벽돌을 이용해 마운드 형태로 만들었다. 계절마다 화사한 꽃을 피워 생기를 더한다.

Green Garden 4

빈틈없이 정돈된 집과 정원

주택의 건물만큼이나 주인의 성격과 성향을 잘 보여주는 것이 바로 정원이다. 마당 곳곳을 계획적으로 잘 꾸며놓은 정원이 있는가 하면 마치 그대로가 원래 있던 모습인 양 자연스러움을 컨셉으로 내세우는 정원도 있다.

광주 오포에 자리한 이 집은 어디 하나 빈틈없어 보이는 건물이 먼저 눈길을 사로잡는다. 벽돌을 주요 외장재로 묵직함이 느껴지는 주택과 주차장부터 이어지는 네모반듯한 계단이 통일성 있는 일체감을 보여준다. 여기에 그림같이 꾸며놓은 정원 역시 잘 다듬어진 관목과 동글동글하게 깎인 푸른 잎의 나무들로 같은 분위기를 이끈다.

계단참을 지나 마당에 올라서면 가장 먼저 보이는 것이 깨끗하게 깎인 잔디밭이다. 정원 외곽을 따라 길게 이어진 회양목과 철쭉 같은 관목 모두 하나같이 최상의 수준으로 정돈된 모습이다.

대지가 구릉지에 위치하고 있어 집 뒤로는 옹벽이 자리한 반면, 앞으로는 주변 풍광이 멀리까지 시원스레 내려다보인다. 덕분에 사방을 둘러싸고 있는 인근의 야트막한 산들이 마치 집 앞 정원의 일부처럼 느껴진다. 여기에 정원 곳곳에 서있는 멋들어진 수형의 관목들이 운치를 더한다.

군더더기 없이 깔끔한 정원의 좋은 예이다.

01
깨끗한 잔디만큼이나 깔끔하게 정돈된 관목들이 정원의 분위기를 단번에 알아채도록 만들어준다. 건물의 규모에 비해 크지 않은 마당인 만큼 시원스런 분위기를 노린 결과다.

02 구릉지에 위치한 대지이기에 주차장 상부를 정원으로 활용하고 있다.

03 튼튼한 외관의 주택은 이 집의 정원 컨셉과 맞물려 묵직함을 더한다.

CASE 3 Green Garden

04 **05**

계단참의 위와 아래, 건물 옆 구석구석까지 작은 공간 하나까지도
버려짐이 없이 정원으로 알차게 꾸민 모습을 엿볼 수 있다.

주택의 전면으로는 높지 않은 산들이 둘러싸고 있는데 빽빽이 자란 녹음들이 시야를 더욱 시원스레 만들어 준다. 마당 외곽을 따라 심은 나무들과 어우러져 마치 산속 한가운데 위치하고 있는 듯한 착각을 불러일으킬 정도다.

현관 옆에 마련된 테라스에서 내려다보는 모습.
정원과 주변 풍광이 더해져 여유로움을 더한다.

08 09

Green Garden 5

가꾸는 만큼 푸르름을 안겨주는 마당

용인 신봉동에 위치한 이 주택은 비정형의 마당 대부분을 잔디밭으로 계획하였다. 그리고 정원의 외곽을 따라 크고 작은 나무를 심어 놓은 것이 계획의 전부다. 꺾인계단을 오르면 디딤석을 따라 바로 주택의 현관으로 연결되고 좌우로는 잔디밭이, 뒤돌아 주택 전면으로는 전원주택 단지의 풍광이 눈앞에 펼쳐진다. 아직은 듬성듬성 자라고 있지만 계절이 바뀌고 해가 가면 잔디는 더욱 풍성해질 것이고 나무들도 연륜이 묻어날 것이다.

많은 이들이 정원을 꿈꿀 때 흔히 상상하는 것이 바로 이렇게 넓게 펼쳐진 잔디밭에 잎이 무성한 나무들이 심겨진 장면이다. 어느 집 마당에나 가면 만나볼 수 있는 풍경이라 생각할 수도 있지만 보기 좋은 정원을 유지하는 데는 그만한 노력이 필요하다. 잔디밭만 하더라도 - 병해충은 일단 차치하고 - 일일이 잡초를 제거해 주어야 하고 때마다 비료도 쳐야 하며 자라는 속도에 맞춰 깎아주기까지 해야 한다. 또한 잔디는 침수시 치명적이기 때문에 배수가 잘되도록 해주고 항상 신경 써야 한다. 나무 역시 가꾸는 이의 능력을 고려해 심는 것이 좋은데 수목의 내한성과 공해성, 수분, 토양, 생장속도 등 여러 가지 생태적 특성을 정확히 알아보고 선택해야 한다.

정원은 가꾸는 만큼 결과물을 보여주는 것이 마치 농사와 같다. 얼마나 많은 정성과 수고를 들이느냐에 따라 눈에 띄게 달라진 풍광을 얻게 된다는 사실을 명심해야 한다.

01
대문에서 현관으로 이어지는 동선을 따라 디딤석을 깔았다. 좌우로는 낮은 키의 관목을 촘촘히 식재하고 곳곳에 주목과 소나무를 비롯한 다양한 수종의 나무들을 심어두었다.

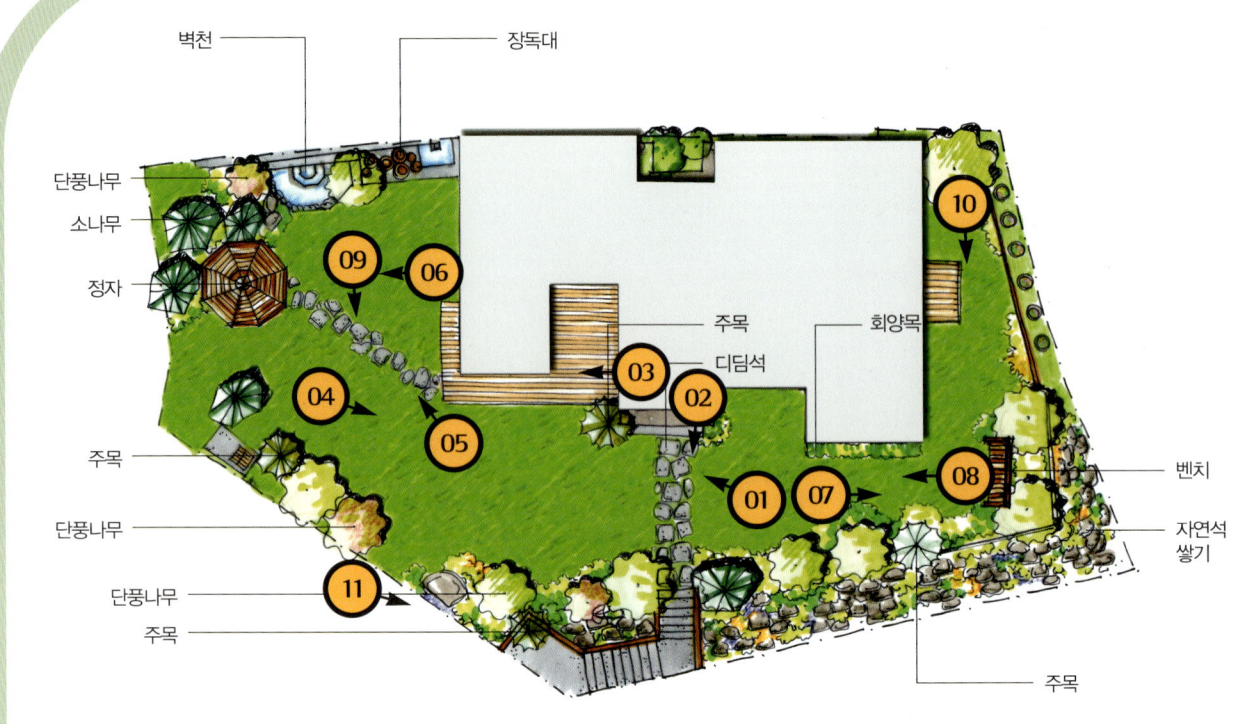

02 현관에서 내다보이는 단지 전경. 양쪽 기둥에 가려 정원은 일부만이 눈에 들어온다.

03 현관 우측으로는 건물벽을 따라 데크를 길게 설치하였다.

정자에서 바라보면 정원이 한눈에 들어온다. 키 작은 나무들이 옹기종기 모여 있는 모습이 정겹게 느껴진다.

05

06
정원 구석에는 서양식 정자와 벽천을 설치하여 여름철 쾌적한 야외활동에 도움이 되도록 했다.

07

볕이 따뜻한 곳을 골라 그네형 벤치를 설치했다. 벤치에 앉아 바라보면 시원스레 펼쳐진 원경을 배경으로 반대편 정원 끝까지 시선이 닿는다.

08

CASE 3 Green Garden

09
잔디정원에서 바라본 모습. 저 멀리 산등성이가 그림처럼 펼쳐져 있다.

10 이웃 대지와 면하는 곳에는 나무로 울타리를 치고 꽃이 심겨진 화분을 늘어놓아 삭막함을 상쇄시켰다.

11

도로와 대지의 높이차를 해결하기 위해 자연석을 쌓고 옹벽을 세워 주차장을 만들었다.
거리에서 바라보이는 곳에는 목재난간을 세워 차폐의 역할을 하도록 했다.

Green Garden 6

일상에 지친 이들에게 휴식이 되는 정원

온전히 녹음으로 가득 찬 정원이다. 돌담 옆으로 난 반 층 정도의 계단을 따라 오르면 좌측으로는 주택이, 우측으로는 마당이 자리하고 있다. 정원 가운데, 시야를 가리는 별다른 장식물 없이 깔끔하게 펼쳐진 잔디마당과 정원 외곽을 따라 우거진 수목이 아늑함을 더한다.

보통의 주택들은 대지의 중앙부에 뒤로 물러나 위치하는 경우가 많다. 그래서 집안에서도 마당이 한눈에 들어오는데 이 집의 경우는 좀 다르다. 건물의 정면은 도로와 거의 맞닿아 있고 한쪽에 따로 마당이 펼쳐져 있는 것이다.

흔한 디딤돌 하나 두지 않고 널찍하게 잔디마당을 조성한 정원은 본래 면적보다 훨씬 넓어 보이는 결과를 가져왔다. 가장 안쪽 끝에는 점토벽돌로 마감한 원형 공간을 두고 테이블 세트를 배치해 야외활동에 지장이 없도록 했다. 어찌 보면 순전히 녹음을 즐기는 공간으로 정원을 활용한 사례라 할 수 있겠다.

수십 그루의 크고 작은 나무들이 정성스레 심겨진 가운데 관목과 초화류도 사이사이 풍성하게 자라나 포근한 느낌을 배가시킨다. 일상에 지친 몸과 마음을 정화할 수 있는 정원의 기능을 충실히 해낼 마당이다.

01
정원에서 바라본 주택. 건물 바로 앞에 정원이 펼쳐진 보통의 집들과 달리 정원이 집의 한쪽 방향으로 쏠려 위치해 있다.

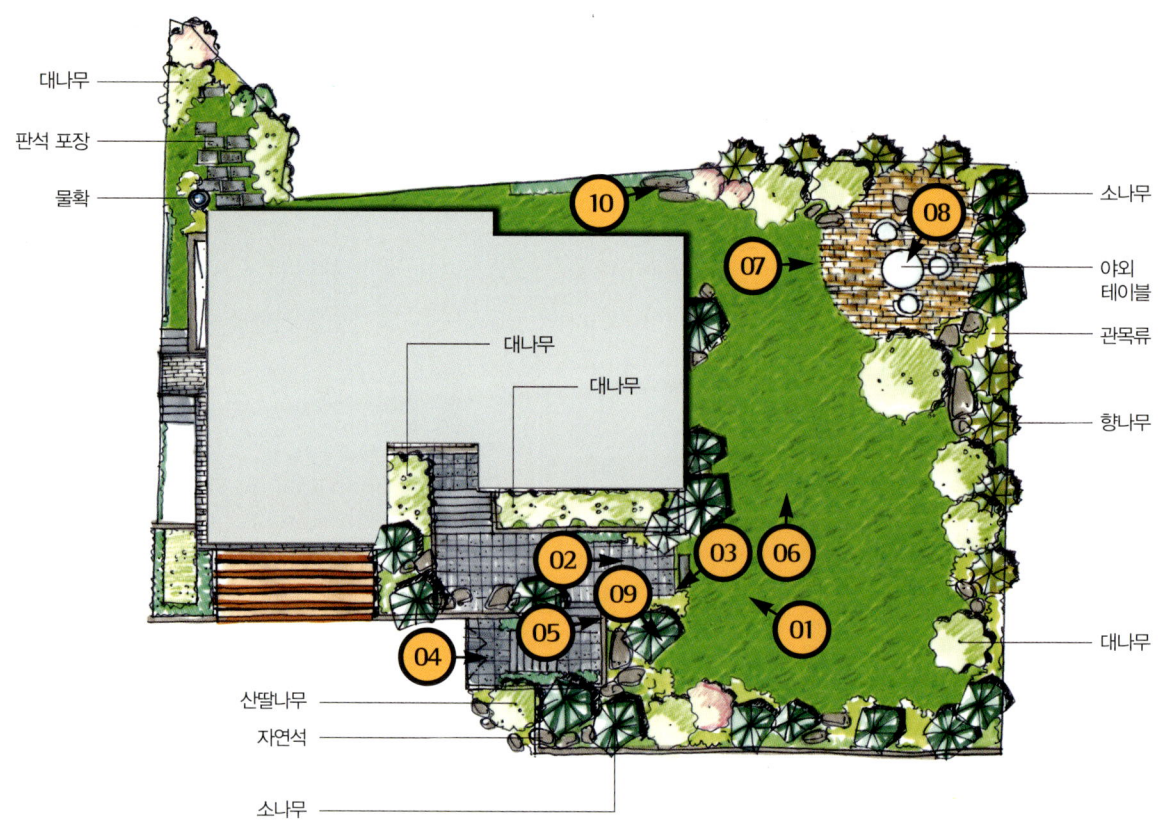

02
현관 앞으로는 판석이 넓게 깔려 있어 정원과 입구가 확연히 구분된 느낌이다. 건물 앞에도 화단을 별도로 마련하고 철재 휀스를 둘러 색다른 분위기를 풍기고 있다.

03
마당에서 계단 아래를 내려다보면 시야 가득 소나무와 산딸나무 가지가 들어온다.

04
따로 거창한 대문을 두는 대신 야트막한 계단 좌우로 관목류를 심어 산뜻하게 꾸몄다.

05
정원 가운데를 시원스레 잔디마당으로 처리해 훨씬 넓고 쾌적해 보이는 결과를 가져왔다.

06

07

마당 한쪽에는 점토벽돌을 사용해 원형으로 바닥을 깔고 나무그늘 아래 야외 테이블과 의자를 놓아두었다.

08
키가 큰 나무는 정원 외곽과 건물 벽면을 따라 빙 둘러싸듯 심어 주어진 면적을 이용해 최대한 넓은 정원을 확보하였다.

09
크고 작은 소나무들을 옹기종기 배식한 후 관목으로 하단부를 풍성하게 만들었다.

외부에서 바라본 주택과 담장, 정원의 모습.

10

건물 뒤쪽으로 이웃집과 면한 부분은 목재를 활용해 담장 역할을 하도록 계획했다. 시선이 답답하지 않고 차폐의 역할도 충분히 해내고 있으며 장미와 같은 덩굴식물이 타고 오르는 모습도 지켜볼 수 있어 일석삼조의 효과를 얻었다.

Green Garden 7

알뜰하고 이상적인 전원 속 정원

분당에 위치한 이 집은 그림같이 아늑한 전원주택의 전형을 보여준다 해도 과언이 아니다. 여름 햇볕이 쨍쨍한 8월의 어느 날, 말 그대로 '짙푸른 녹음' 그 자체인 정원을 만날 수 있었다.

따스한 난색 계열의 벽돌 옹벽 옆으로 에둘러 난 목재 계단을 천천히 따라 오르면, 역시나 벽돌로 외부를 마감한 2층짜리 단독주택과 잔디가 빼곡히 심겨진 푸른 정원이 보인다. 집 뒤로는 건물 높이와 비슷한 키의 나무들이 풍성한 가지와 잎을 자랑하며 빽빽이 자라나 있고 마당 앞 멀리에는 완만한 산등성이들이 구불구불 이어진다.

마당 한쪽에는 정자도 하나 지어두었고, 마당을 가로질러 현관까지는 폭신한 잔디 사이로 디딤돌도 총총히 이어져 있다. 계단을 오르면 바로 마주보이는 2층의 발코니에는 능소화가 흐드러지게 피어 화사함을 더하고 마당 곳곳에 심겨진 작은 꽃들은 보일 듯 말 듯 정원의 감초 역할을 톡톡히 해내고 있다. 집 뒤로는 자연석으로 계단식 옹벽을 쌓고 사이사이로 초화류를 가득 심어 자연스러움을 배가시켰다.

이 주택은 일반적인 정원 꾸미기의 좋은 예로 기본적인 조경 요소를 적재적소에 배치함으로서 가장 이상적인 완성도를 보여주고 있다. 또한 주어진 영역 안에 정원을 아름답게 꾸미는 것도 중요하지만 주변 환경을 차용하여 하나로 끌어들일 수 있다면 얼마나 더 좋은 결과를 얻어낼 수 있는지도 깨닫게 해주는 사례다.

01
2층 주택과 폭신한 잔디마당, 울창한 뒷산이 어우러진 정원 사례다.

- 자연석쌓기
- 파고라
- 디딤석
- 목재 계단
- 관목류 및 초화류
- 주목
- 관목류
- 소나무

02
벽돌로 쌓은 옹벽 옆 목재 계단을 따라 오르면
마당과 현관에 다다르게 된다.

03
계단에서부터 현관과 정자 앞 데크까지 자연석으로 된 디딤돌을 깔아두었다.

CASE 3　Green Garden

05 건물 옆 데크에서 바라본 마당.

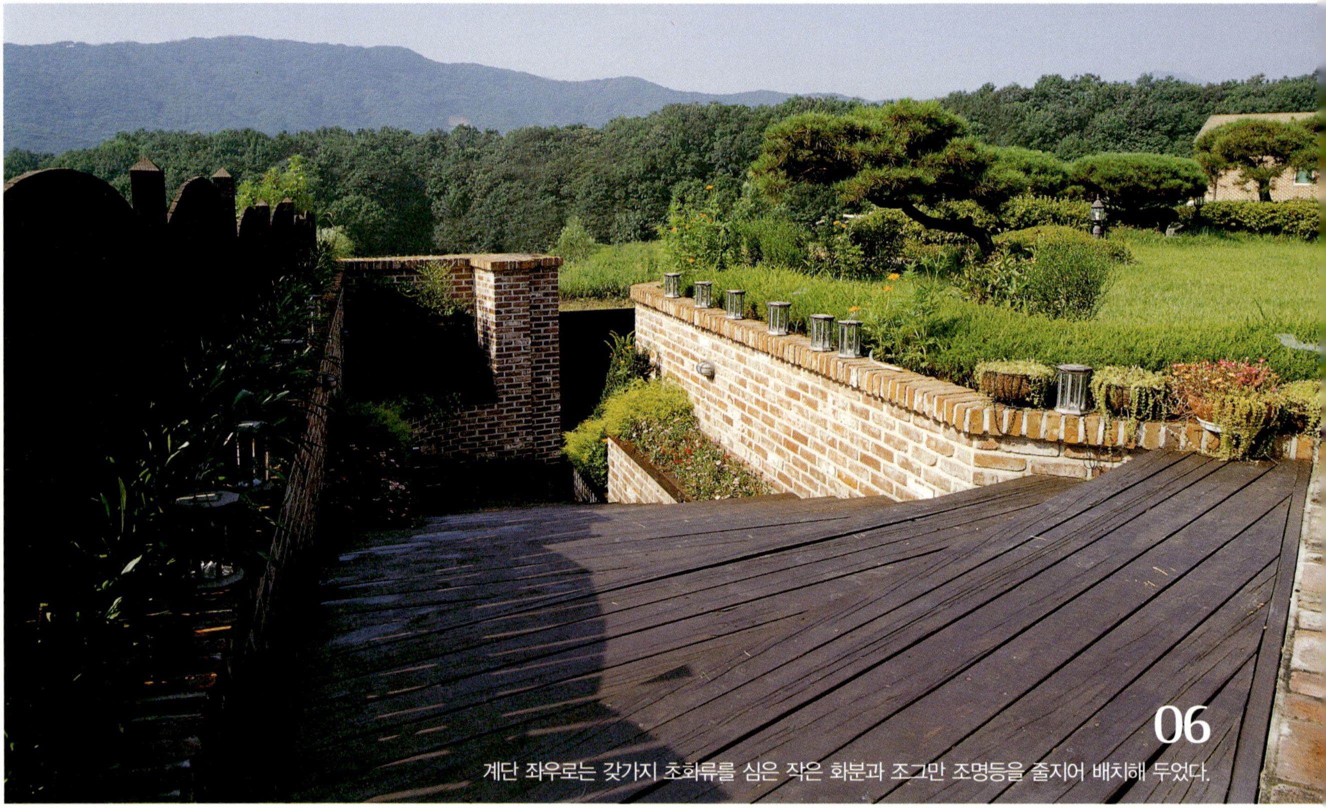

06 계단 좌우로는 갖가지 초화류를 심은 작은 화분과 조그만 조명등을 줄지어 배치해 두었다.

07
건물 바로 옆으로 데크를 깔고 정자를 세웠다. 지붕이 있는 외부 구조물은 실외 활동을 더욱 활발하게 해주는 매개체가 된다.

08
정자에서 보이는 풍광. 저 멀리 완만한 산등성이들이 겹겹이 보이는 모습이 가려지지 않도록 마당 전면으로는 키가 크지 않은 수목들을 골라 식재했다.

09
정자 옆 2층 발코니에는 능소화가 흐드러지게 피어 눈길을 끈다.

10
현관 바로 앞쪽 데크에는 양 옆으로 주목을 심었다.

11
뒷마당엔 자갈을 깔아두었다. 뒷산과 연결되는 대지 경계선에는 돌로 옹벽을 쌓고 초화류를 가득 식재해 자연스러운 모습을 완성했다.

PART 4

Garden Flower

꽃밭 꾸미기의 첫 단계, 꽃의 분류   242
봄에 심는 화초 VS 가을에 심는 화초
한해살이 화초 VS 여러해살이 화초
인기 있는 우리 꽃 Best8

사계절 화사한 공간별 꽃밭 연출법   248
꽃밭 계획 세우기
꽃밭 꾸미기 노하우

생기 있는 꽃밭 관리 노하우   254
꽃씨 파종 및 식재 방법
화초 & 화분 손질법
병충해 예방 및 제거법

야생화 가꾸기의 모든 것   258
야생화 선택 및 구입 방법
야생화가 잘 자라기 위한 흙의 조건
화분에서 기르기
정원에서 기르기
계절별 야생화

Garden Flower

화사한 정원 꽃밭 가드닝

꽃밭 꾸미기의 첫 단계, 꽃의 분류

키 크고 웅장한 수목도 좋지만, 아기자기한 꽃밭은 정원에 활력을 준다. 화초를 배합할 때는 꽃들의 특성을 잘 이해하고 배치를 해야 실패가 없다. 봄은 만물이 생장하는 중요한 시기이지만, 모든 화초들이 그 시기에 식재되어야 하는 것은 아니다. 꽃이 피는 시기와 연관해 봄에 심는 것과 가을에 심는 것으로 나누어지며, 이러한 것을 염두에 두고 정원을 계획해야 한다.

몇 해 동안 꽃이 피느냐에 따라서 한해살이와 여러해살이 꽃으로도 분류된다. 한해살이 화초의 경우, 꽃 색깔이나 모양이 화려하고 단시일 내에 꽃을 피우는 장점이 있는 반면, 모종을 매 때 구입해야 하는 번거로움이 있다. 알뿌리나 여러해살이 화초는 한번 심으면 해마다 피고 지니 보다 경제적으로 화단을 꾸밀 수 있다.

목련, 장미 등 우아하고 향기로운 꽃을 피우는 나무나 일반가정에서 비교적 잘 자라는 사과나무, 산수유 등을 뒤에 배치한다. 그 앞에는 그늘에서도 잘 자라며 꽃 색이 화려하고 다양한 알뿌리나 여러해살이 화초를 배합해준다.

개화 시기별로 분류한 화초 모음

- **봄 화단** 3월 하순 ~ 6월 상순
  한해살이 : 팬지, 데이지, 프리뮬러, 금잔화, 알리섬, 양귀비
  여러해살이 : 꽃잔디, 은방울꽃, 금계국, 붓꽃
  알뿌리 : 튤립, 크로커스, 수선화, 무스카리, 히아신스

- **여름 화단** 6월 ~ 9월 중순
  한해살이 : 페튜니아, 색비름, 천일홍, 맨드라미, 일일초, 채송화, 봉선화, 접시꽃, 메리골드
  여러해살이 : 아스틸베, 리아트리스, 붓꽃, 옥잠화, 작약
  알뿌리 : 글라디올러스, 칸나, 다알리아, 튜베로스, 진자, 백합

- **가을 화단** 10월초 ~ 11월말
  한해살이 : 메리골드, 맨드라미, 페튜니아, 토레니아, 코스모스, 살비아, 아게라텀, 과꽃
  여러해살이 : 국화, 루드베키아, 숙근 프록스
  알뿌리 : 다알리아

- **겨울 화단** 12월~2월말
  꽃양배추(영하 10℃ 아래에서는 동사)

봄에 심는 화초

칸나 4월이나 5월에 심는다. 특별히 토질을 가리는 편이 아니라 어디든 잘 자라고 재배도 쉽다. 어떤 화초와도 잘 어울리며 색상 또한 흰색, 노란색, 분홍색, 오렌지색, 빨간색 등 다양하다.

다알리아 알뿌리 화초로, 3월이나 4월에 아주심기로 심어준다. 적응력이 좋은 편이나 꽃이 잘 피도록 햇빛이 반나절 이상 드는 곳에 두도록 한다. 다양한 색상과 모양으로 꽃을 피워내 화단에 즐거움을 선사하는 꽃이다.

아마릴리스 씨앗에서 알뿌리가 되기까지 오랜 시간이 걸리므로 모종으로 심어야 빨리 꽃을 볼 수 있다. 물빠짐이 적당한 흙이라야 건강하게 자라는데, 추위에 민감하고 약하므로 적당한 온도를 유지해 주어야 한다.

글라디올러스 4월에서 6월 사이에 심는 알뿌리 화초로, 특별히 손이 가지 않아도 잘 자라며 수명도 길다. 습지는 좋지 않고 물이 부족하면 꽃대가 휘므로 물이 잘 빠지는 토양에서 물을 충분히 주도록 한다.

가을에 심는 화초

튤립 가을에 심어 봄에 꽃을 피우는 튤립은 큰 꽃잎을 원할 때는 알뿌리가 큰 것을, 작은 꽃을 원할 때는 알뿌리가 작은 것을 심으면 된다.

백합 품종에 따라 가꾸는 방법이 각기 다른데 정원에서 잘 자란다. 추위에 잘 견디는 편이나 흙이 건조해지지 않도록 영양공급에 신경을 써야 한다.

수선화 종류와 모양이 다양한 수선화는 가을에 심긴 하나 청초한 모습이 봄의 이미지와 통한다. 어떤 화초와도 잘 어울리고 추위와 더위에 크게 영향을 받지 않는다.

프리지어 그윽한 향기를 자랑하는 프리지어는 흰색과 노란색 등이 많이 알려져 있으나 분홍색, 주황색, 빨강색, 보라색 등도 있다. 가을에 심으면 봄에 감상할 수 있다.

히아신스 히아신스는 습도가 낮으면서 저온인 흙에 심거나 물에서 재배하는 것도 괜찮다. 비교적 손쉽게 키울 수 있으며 향기가 은은해 실내외 모두 좋다.

크로커스 봄에 피는 꽃으로, 추위에 잘 견디나 수명이 다소 짧은 편이다. 키가 작으므로 진입로 입구나 화단 주변에 심는다.

한해살이 화초

페츄니아 보통 2월, 3월에 씨를 뿌리나 꽃이 피는 모종을 사서 심는 것이 더 편하다. 햇빛을 좋아하고 추위를 싫어하는 꽃으로, 개화기간이 길고 흰색, 분홍색, 보라색 등 색깔도 다양해 정원 꾸미기에 좋다.

실비아 5월쯤 씨를 뿌리고 약 20℃ 내외로 온도가 유지되면 7~10일이 지나 싹이 트기 시작한다. 뿌리가 굵고 튼튼해서 아무데서나 잘 자란다. 20~30㎝ 간격으로 심어 무리지어 자라게 하면 훨씬 더 예쁘다.

메리골드 아메리칸 메리골드와 프렌치 메리골드로 나누어진다. 아메리칸 메리골드는 3월 하순 이후에 씨를 뿌리고 프렌치 메리골드는 그 이전에 뿌려준다.

백일홍 4월 하순에서 5월 중순 사이에 씨뿌리기를 하고 모종을 심을 때는 뿌리 보호를 위해 비닐에 감싸도록 한다. 습기에 약하므로 물이 잘 빠지는지의 여부를 꼭 확인하도록 한다.

프리뮬러 5백 종이 넘을 정도로 품종이 다양하며 색깔도 흰색, 노란색, 빨간색, 분홍색, 보라색 등 여러 가지다. 모종을 사서 심되, 더위에 약하므로 화단보다는 화분에 심어 온도 조절을 해주는 것이 좋다.

팬지 가을에 씨뿌리기를 하는 것으로, 화분이나 꽃밭에 모종을 심는다. 흰색, 자주색, 보라색, 노란색, 적갈색 등 색깔이 선명해 배합만 잘 하면 화려한 모습의 정원이 될 수 있다.

데이지 8~9월에 씨를 뿌려 봄에 꽃을 피운다. 흰색, 황색, 빨강 등 색상도 다양하다. 추위에도 강한 편이며 햇빛을 오래 쐬면 더 잘 자란다.

VS

여러해살이 화초

국화 꽃봉오리가 탐스럽고 향기가 진하며 수명도 길다. 보통 4월이나 5월쯤 싹꽂이를 하면 가을쯤 꽃이 피지만 일조시간이나 온도만 잘 조절해 주면 사철 내내 볼 수도 있다.

꽃잔디 잔잔한 꽃이 잔디처럼 넓게 퍼져 간 것으로, 꽃의 종류에 따라 피는 시기가 다르다. 환경 적응력이 뛰어나 어디에서나 잘 자라며 햇빛이 충분하면 꽃들이 많이 핀다.

제라늄 3월이나 4월에 씨를 뿌리거나 4월이나 5월에 꺾꽂이를 하면 된다. 습기가 많으면 회색곰팡이병에 걸리므로 물을 너무 많이 주어서는 안 되고 물빠짐이 좋은 흙에서 길러야 한다.

거베라 주로 개량품종이 많은데 온도 조절만 잘 해주면 사철 내내 꽃을 피운다. 보통 4월쯤 심는 것이 좋다.

아이리스 흰색, 청색, 노란색, 보라색 등의 꽃잎을 가진 아이리스는 약알칼리성 토양에서 키우는 것이 좋다. 다른 병충해에는 강하나 바이러스병에 민감하므로 발견되면 포기째 즉시 뽑아버린다.

사철꽃베고니아 4월이나 5월에 씨를 뿌려도 되고 9월이나 10월도 괜찮다. 2℃ 내외의 기온을 유지하면서 그늘에서 키운다. 씨가 작으므로 각별한 주의를 요하고 꽃이 피면 햇빛이 잘 드는 곳에 둔다.

인기 있는 우리 꽃 Best 8

⋘ 벚꽃 같은 청초함이 느껴지는 앵초

햇볕이 잘 드는 사질 양토의 산야습지에서 자라는 다년생 초본으로 벚꽃과 비슷한 모양을 지녔다. 세계적으로 4백여 종이 주로 북반구에서 자라고 있으며 우리나라에서도 9종이 자생한다. 잎은 주름이 지고 연한 털이 나있으며 흰색, 분홍색, 다홍색의 꽃이 10송이 정도 4~5월에 핀다. 요즘에는 원예품종으로 다양하게 개량되어 재배되고 있다. 앵초 특유의 소박하면서도 아름다운 꽃은 정원에 심어 기르기에 손색이 없다.

화사한 여름 정원을 연출하는 패랭이 ⋙

여름 장마가 시작되는 6월 하순부터 9월 하순까지 우리나라 전역의 들판, 초지, 개울가의 모래언덕에 피어난다. 패랭이는 높이 30~40㎝ 정도의 다년생 식물로 최근에는 카네이션을 비롯하여 원예종으로 많이 개발되어 있다. 특히 관상가치가 높아 야생화 조경에 유용하게 활용할 수 있는 식물이다. 한방에서는 패랭이꽃의 전초를 건조한 것을 '구맥(瞿麥)'이라고 하는데 이는 소변을 잘 통하게 하고, 월경 불순에 효과가 있으며 혈괴를 파괴하고, 농을 제거하는데 효과적이라고 한다.

⋘ 꽃과 열매로 겨울철에도 아름다운 백량금

해발 3백m 이하의 숲 속이나 냇가에서 종종 발견되는 백량금(白兩金)은 높이 약 1m 정도의 소상록 관목이다. 봄철에 흰 꽃이 지고 나면 초록의 작은 열매가 열리고 가을이면 붉고 탐스러운 열매가 되는데 이 열매는 이듬해 봄꽃이 필 때까지 달려 있어 겨울철까지 아름다움이 지속된다. 바닷가 소금기에 강해 해안가에서도 정원을 꾸미기에 알맞은 나무이다. 전체적으로 키가 작고 많은 열매가 달려 최근에는 화분 재배로도 많이 이용되기도 한다.

향기로운 보랏빛 꽃 매발톱 ⋙

화단에 심어 가꾸는 원예종 매발톱은 산매발톱을 개량한 것으로 7~8월이 되면 보랏빛 꽃을 피운다. 식재 시에는 가루를 뺀 산모래로 심어주되 공기가 메마르면 잎진드기가 붙기 쉬우므로 주의를 해야 한다. 또한 양지바른 장소에서 가꿔야 하며 꽃이 피고 난 뒤 바로 갈아 심는다. 이때 포기나누기를 할 수 있는 것은 모두 분리하고 뿌리를 길이의 2/3 정도로 잘라버려 새로운 흙으로 고쳐 심는다. 남아 있는 뿌리는 잘 펴서 심는 것을 잊지 말아야 한다.

각지에 피는 여러해살이풀 **술패랭이**

우리나라 각처의 산과 들의 풀밭이나 냇가에 나는 여러해살이풀이다. 가는 줄기에 대나무처럼 분명한 마디가 있어 석죽과로 분류된다. 조선시대 장돌뱅이들이 머리에 썼던 패랭이처럼 끝부분이 여러 갈래로 갈라져 이런 이름을 갖게 되었다. 7~10월에 연한 붉은 색이나 분홍색꽃을 피우는데, 한 포기에 대략 2백 송이 가량의 많은 꽃을 피운다. 향이 좋아 군식하면 바람결에 묻어오는 맑은 향기를 맡을 수 있다.

초보자도 키우기 쉬운 야생화 **애기기린초**

중북부지방에서 자라는 돌나물과의 여러해살이풀. 개화기는 6~8월로 노란 꽃이 줄기의 맨 윗부분에 피고, 줄기는 더부룩하게 무더기로 뻗고 키는 20cm이다. 해발 800m 이상의 높은 산의 강한 광선이 비추고 건조한 바위 위에 주로 얹서서 산다. 겨울동안 밑 부분의 10cm 정도가 살아남아 다시 싹이 나온다. 건조해도 잘 살고 내한성도 강하며 삽목도 잘 되어 초보자가 키우기에 적합한 식물이다.

야생적인 노란 꽃잎이 이색적인 **섬말나리**

울릉도 산지에 자라는 백합과의 여러해살이풀. 비늘줄기는 알 모양이며, 비늘조각은 성기게 붙고 연한 홍색을 띤다. 꽃은 밝고 붉은 노랑색으로 6~7월에 피는데, 줄기 끝에 대여섯 송이가 붙고 꽃대는 통통하고 벌어지며 밑에 잎 모양의 작은 포가 있으며 옆으로 숙인다. 꽃받침은 6장인데, 뒤로 말리고 아랫 부분에 자흑색의 반점이 있다. 여름의 수림 속에서 수레바퀴 같은 잎을 넓게 펼치고 줄기 끝에 노란 꽃을 피우면 야성적이고 이색적이며 선명한 모습을 볼 수 있다.

솜털 달린 앙증맞은 노란 꽃 **솜방망이**

국화과의 다년생초로 산기슭의 볕이 잘 드는 풀밭이나 밭둑 등지, 우리나라 전역에서 잘 자란다. 보통 키는 20~50cm 정도이며 5~6월에 개화하는데 지름이 3cm 정도인 노란색 꽃이 3~9송이씩 무리지어 줄기 끝에 달리는 것이 특징이다. 전체적으로 솜털이 나있어 솜방망이로 이름 붙여졌다. 대부분의 국화과 식물이 그러하듯 기르기가 까다롭지 않은 편이어서 정원 한쪽에 심어두면 보고 기르는 묘미를 느낄 수 있다.

Garden Flower

다양한 꽃밭 디자인 제안

사계절 화사한 공간별 **꽃밭 연출법**

1 첫 단계
꽃밭 계획 세우기

정원 꾸미기를 할 때 현재 대지 상태를 점검해보고 어떤 화초로, 어떤 위치에 꾸밀 것인지 구상한다. 크기와 모양, 수, 색상 등에 따라 구성이 달라질 수 있으므로 배치안을 그려본다. 집 입구는 꽃나무나 장미 덩굴 같은 것이 좋으며 진입로는 작고 귀여운 꽃을 심는다. 또 데크나 주택의 주변에 다소 화려한 색상의 꽃을 배치하면 집이 훨씬 더 생기 있어 보인다.

자주색이나 보라색 계열은 흰색과 어우러지면 깔끔하면서도 시원한 느낌이, 노란색과 오렌지색, 붉은색 계통의 색을 섞으면 다채로운 느낌이 든다. 크기는 비슷한 크기들끼리 묶되 작은 것은 앞쪽으로, 큰 것은 뒤쪽으로 몰아넣는다.

씨뿌리기를 할 것인지 모종으로 되어 있는 것을 심을 것인지 또 옮겨심기나 아주심기 중 어떤 방법으로 할 것인지도 결정한다. 어떤 것을 선택하느냐에 따라 시기와 방법이 달라질 수 있기 때문이다.

꽃밭은 정원의 어디 쯤에 꾸밀까?

집 부근의 남향, 또는 동남향의 자리로 바람이 잘 통하고 그늘이 지지 않는 곳이 좋다. 빗물이 고이는 곳과 도로나 길가는 매연으로 발육 상태가 좋지 않으니 피한다.

꽃밭은 주위의 땅보다 좀 도톰하게 만들어 빗물로 인해 쓸어내리지 않게 하고, 가장자리는 둘러주는 것이 좋다. 이 때 벽돌이나 통나무, 돌 등 다양한 소재를 이용할 수 있다. 나무나 화초로 둘러줄 때는 옥향나무, 철쭉류, 회양목, 실편백, 꽃잔디 등을 많이 이용한다.

첨경물 설치하면 분위기 두 배

꽃 이외에도 꽃밭의 풍취를 더욱 강조하기 위해 조각이나 분수, 정자, 조명 등의 첨경물을 놓는다. 여러 가지의 아이디어를 살려서 설치하되, 꽃밭의 크기나 분위기에 어울리는 소재를 선택하여 알맞은 위치에 놓는 것이 중요하다.

설계와 배색을 위해서 먼저 위치를 정한 다음, 위치에 맞게 모양과 면적, 첨경물, 심을 화초 등을 구상한다. 일반 가정의 꽃밭은 단순한 디자인을 택하는 것이 배색의 효과를 살릴 수 있다. 배색을 할 때는 많은 색을 쓰지 않도록 하고 비슷한 계통의 색은 하나의 무리로 생각해서 다른 계통의 색과 조화를 이루도록 한다. 꽃밭이 좁을 때는 가능하면 색의 수를 줄이는 편이 낫다.

2 정원 공간별 꽃밭 꾸미기 노하우

| 봄부터 초가을까지 꽃피는 대문 |

물확에 금빛 물결이 차고 넘치듯 메리골드를 한가득 심고 바닥까지 이어지도록 조성했다. 여기에 나리, 쥐오줌풀, 이베리스가 색색이 모여 화려함을 더한다. 안쪽으로는 무스카리를 심어 고요하고 정돈된 느낌의 정원을 만들었다.

나리
국내 모든 산야에서 볼 수 있으며, 햇볕이 잘 들고 비옥한 토양에서 잘 자란다.

메리골드
크고 화려한 꽃을 피우는 메리골드는 일년초지만 봄부터 서리가 내릴 때까지 그 화려함을 잃지 않는다. 햇볕이 잘 들고 통풍이 좋은 곳에서 잘 자라기 때문에 대문 주변에 심어주면 좋다. 물은 1주일에 한번 정도 표면이 마를 때 주고, 화학비료를 한 달에 한번 주면 꽃이 계속해서 핀다.

무스카리
가을에 심는 백합과의 구근 식물로 서울과 수도권 기후에서도 월동이 가능하기 때문에 정원에 심기 적당하다. 아르메니아와 유럽이 원산지이고, 병해충이 별로 없다.

이베리스
흔히 아리쌈이라고 불리며 양귀비목 겨자과에 속한다. 작은 꽃들이 줄기 끝에 모여서 달리는데 꽃송이는 5cm 크기이고 늦봄부터 한여름까지 핀다. 흰색, 분홍, 보라, 빨강 등 다양한 색이 있다.

쥐오줌풀
산지의 다소 습한 곳에서 자라는 쥐오줌 풀은 길초, 길초근, 은대가리나물이라고도 불린다. 여러해살이풀로 뿌리에서 나는 냄새가 쥐오줌냄새와 비슷하다 하여 이름 붙여졌다.

향기로운 테라스

여럿이 둘러앉아 살맛나는 담소를 즐기는 야외 테이블은 스트레스 해소의 공간이다. 딱딱한 목재나 철재 울타리를 쓰지 않고 수목을 둘러 자연 속에 안긴 듯한 분위기를 만들고 그 안에 금잔화와 수선화를 심었다.

금잔화

남유럽이 원산지인 금잔화는 황색 계통이 많으나 원예품종에 따라 각각 빛깔이 다르고 밤에는 오므라드는 특성이 있다. 재배하기가 쉽고 튼튼하여 관상용 뿐 아니라 절화용, 화단용 등으로도 널리 쓰인다. 독특한 향기를 갖고 있어 테라스 주변에 심어두면 편안히 앉아 향기를 느낄 수 있다.

수선화

12월에서 3월에 피는 수선화는 봄을 알리는 대표적인 장식용 꽃이다. 여러해살이풀로 한 줄기에 큰 꽃 한송이가 피는 나팔 수선이나 대형종, 다화종, 겹피기종 등 그 품종이 1만여 종이 넘는다. 가을에는 물을 피하고, 낮에 충분히 햇빛을 주는 것이 중요하다. 추위에 강해 실외에서도 충분히 겨울을 날 수 있다.

추운 겨울을 화사하게 수놓는 화초

시클라멘 겨울부터 늦봄까지 꽃을 피우는, 겨울철 화분용의 대표적인 화초다. 짙으면서도 연한 색이 서로 조화를 이룬다.

칼라코에 최근에 수요가 높은 품종으로 종 모양의 꽃이다. 소복소복 매달린 꽃의 모습이 매우 앙증맞다.

크로커스 6장의 노란 꽃잎을 지닌 꽃이다. 지표면에 가까이 피어나므로 키가 작은 구근 초화이다. 둥글둥글 포개져 있는 꽃잎이 작고 귀엽다.

프리뮬러 폴리안서스 꽃대가 크게 자라지 않고 줄기 하나에 꽃 하나가 포기 전체를 덮듯이 피는 일대 교배종이다. 마치 화려한 부채춤을 추는 듯하다.

복수초 신년에 축하용 꽃으로 화분에 심거나 모아심기를 할 때 주로 사용한다. 황금색의 꽃이 유난히 산뜻해 보인다.

포인세티아 해가 짧아지는 늦가을 무렵, 포엽이 색을 띠면 겨울이 가까워졌다는 증거다. 진분홍빛의 잎이 삭막한 겨울 정원을 화사하게 물들여준다.

프리뮬러 오브코니카 중국이 원산지이며 부드럽고 연한 색의 꽃이 여러송이 피어 다채롭다.

꽃양배추 케일과 양배추를 교배한 원예품종이다. 추워지면서 물들기 시작하는 잎색이 독특하며 보기만 해도 탐스럽다.

메리골드 봄부터 다음해 초겨울까지 노란색이나 오렌지색 꽃이 오랫동안 피는 사계절 화초다. 작은 화분에 심어 실내에 장식할 수 있다.

사철꽃베고니아 붉은 꽃의 색이 풍부하고 햇빛이 부족한 실내에서도 오랫동안 꽃을 피우는 인기 있는 사계절 화초다.

미니장미 사계절 내내 피는 꽃으로 베란다나 창문 앞에 장식하면 아름답다.

| 화단에 꽃 피우는 계절별 식물들 |

봄	수선화, 튤립, 연사홍, 아네모네, 라일락, 팬지, 금잔화, 데이지, 물망초
초여름	만수국, 공작초, 아게라텀, 페튜니아
여름	백일홍, 일일초, 나리류, 붓꽃, 수국, 천일홍
가을	코스모스, 국화, 과꽃

| 생기 있는 **외부 계단 연출** |

철쭉나무 아래 색색의 프리뮬러를 심어 화사한 화단으로 연출했다. 다래나무 덩굴이 자연스레 계단을 타고 내리는 중간 중간 산호수가 가득 담긴 행잉바스켓을 만들어 마치 꿀벌이 꽃단지를 들고 날아가듯 재미난 공간을 연출했다.

산호수

산호수는 아왜나무라고도 불리는데 6월경에 꽃을 피운다. 우리나라 제주도에서 주로 자라고 정원수로 흔히 사용된다. 쉽게 불에 타지 않아 주택 조경 시 방화용수나 생울타리용으로 이용된다.

다래나무

깊은 산에서 자라는 덩굴성 식물로 갈색의 줄기에 무늬가 뚜렷하다. 참다래의 경우 백색의 매화와 비슷한 꽃이 피고 가운데 암술이 튀어나와 있다. 다래 가운데 열매를 먹을 수 있는 것을 참다래라고 하고, 열매의 고리가 뾰죽한 개다래와 쥐다래는 조경용으로만 쓰인다.

프리뮬러

여러해살이풀인 프리뮬러는 약 2백여 종의 품종이 있으며, 화단이나 테두리 등에 널리 사용된다. 그 가운데 마라코데이데스 종은 벚꽃과 비슷한 꽃이 많이 피며 빛깔은 분홍색, 빨간색, 살몬핑크색, 흰색 등이 있다. 햇볕이 잘 드는 창가에 두고 물을 자주 주어야 잘 자란다. 병충해가 적으며 자연발아가 비교적 잘된다.

| 화려한 행잉바스켓이 연출된 테라스 |

옥외테이블 주변에 파티션을 만들면 넓은 정원과 경계를 가진 아늑한 공간이 생긴다. 여기에 임파첸스를 엮은 행잉바스켓 하나만으로 다른 장식이 필요 없는 화려한 정원을 연출할 수 있다. 주변에 푸른 계열의 붓꽃과 새털 같은 아게라텀을 심어주면 안정감도 갖출 수 있다.

임파첸스
빨강, 자홍, 오렌지, 분홍, 혼합, 흰색 등 매우 다양한 색을 갖고 있다. 늦봄부터 가을까지 오랫동안 꽃이 지지 않기 때문에 베란다, 테라스, 통로 등을 장식하는 꽃으로 널리 사용된다. 열매가 생기면 참지 못하고 쉽게 터져 종자가 흩어져 라틴어 Impatience(참을 수 없는)에서 이름이 유래됐다. 건조하지 않게 자주 물을 주고 화분을 땅에 놓지 않아야 성충의 피해를 줄일 수 있다.

붓꽃
산기슭이나 건조한 곳에서 잘 자란다. 5~6월에 자줏빛 꽃이 피는데 지름 8cm 정도로 꽃줄기 끝에 2~3개씩 달린다. 햇빛이 잘 들고 습기가 있으며 배수가 좋은 토양에서 잘 자란다. 못 가장자리나 야생화 화단에 심어두면 좋다.

| 쪽문을 향한 꽃잔디 카펫 |

정원 귀퉁이 쪽문은 자칫 잘못하면 어둡고 버려지는 공간이 되기 쉽다. 그러나 울타리를 따라 꽃잔디를 심게 되면 작은 별 모양의 꽃잎이 옹기종기 모여 화사하고 포근한 카펫처럼 펼쳐진다. 여기에 통나무를 다양한 길이로 잘라 오솔길을 만들어 주면 자연스럽고 정겨운 숨은 정원이 탄생한다.

꽃잔디
4~5월에 잔디처럼 지면을 덮어가며 피어오르기 때문에 꽃잔디라고 불린다. 흰색, 자주색, 붉은색의 교배종이 있으며, 내한성이 강하다. 넓은 면적부터 좁은 면적까지 어디든 피복할 수 있어 울타리 밑이나 화단테두리에 장식용으로 심으면 좋다.

Garden Flower

건강한 화초 & 화분 가꾸는 법
생기 있는 꽃밭 관리 노하우

꽃밭 연출을 위한 필수 준비 단계

꽃씨를 파종하거나 정식(定植)을 하기 위해 가장 먼저 해야 할 일은 재료 구입이다. 예산과 원하는 재료를 따져보고 필요한 종자(구근), 소농기구, 비료, 부엽토 등의 품목을 체크한다. 이때 수량을 계산하여 메모해 둔다면 시간과 비용을 절감할 수 있다. 재료는 화훼공판장이나 원예 전문 숍에서 구입하면 된다.

다음은 땅고르기. 이미 식물이 심어져 있던 토양은 괜찮으나 그렇지 않은 토양은 단단하게 굳어져 있어 물이 잘 빠지지 않고 통기도 안 된다. 뿌리가 잘 자랄 수 있게 뿌리의 생육을 도와주는 부엽토, 비료, 마사토를 골고루 섞어 전체적으로 뿌려준다. 그런 다음 삽으로 흙을 파서 부드럽게 땅을 골라준다.

꽃씨 파종 및 식재 방법

땅고르기가 끝나면 구덩이를 파 심고자 하는 식물이 위치할 자리를 만들어준다. 종자 파종은 종자의 2~3배 크기 정도 깊이로 하여 종자가 보이지 않을 정도로 깊게 심어주고 흙으로 잘 덮어준다.

씨 뿌리는 방법에는 세 가지가 있다. 작은 씨앗은 주로 흩어뿌리기로 하는데 씨앗을 넓게 뿌리고 고운 체로 흙을 걸러 덮어준다. 굵은 씨앗에 적당한 것은 점뿌리기로, 땅에 구덩이를 파 몇 알씩 뿌린 다음 흙을 덮는다. 또 줄을 긋고 씨를 뿌린 후 흙으로 덮는 방법도 있다.

묘목을 심을 경우는 구덩이의 깊이와 폭을 뿌리 부분보다 넉넉하고 여유 있게 파되 겉흙과 표토·속흙은 분리한다. 또한 돌, 나무뿌리, 풀뿌리 등은 완전히 제거해두는 것이 좋다.

심을 때는 묘목을 똑바로 세운 후 원래 심어져 있던 깊이만큼 심고 표토, 속흙으로 덮은 다음 겉흙으로 다

꽃의 종류와 개화 시기

꽃명	파종기	개화기	발아적온
팬지	9~10월	3~6월	15~20℃
코스모스	3~4월	8~11월	15℃
페튜니아	3월	5월	25℃
과꽃	3~5월	6~8월	15~20℃
채송화	3~5월	6~8월	20~25℃
봉선화	3~4월	6~9월	15~20℃
일일초	3~4월	6~7월	25℃
실비아	3~6월	5~10월	25℃
맨드라미	3~6월	5~10월	25℃
메리골드	3~4월	5~6월	15℃
백일홍	3~6월	5~9월	15℃
금잔화	3~4월	5~7월	15~20℃
프리뮬러	5~9월	12~3월	15~20℃
다알리아	3~4월	6~10월	15~20℃
베고니아	4~6월	12~5월	15~25℃
라닌큘러스	8~10월	2~4월	10~15℃
데이지	8~10월	12~5월	15~20℃
꽃양배추	8~9월	10~12월	20℃

독거려 준다. 이 때 물을 충분히 주지 않거나 이식 적기가 아닌 때에 이식하면 묘목이 마르고 잘 자라지 않는다. 너무 깊게 심거나 뿌리를 많이 잘라 냈을 때, 바람에 흔들거릴 정도로 엉성하게 이식하거나 배수가 잘 안 되는 토양에 이식했을 때도 각별히 신경 쓰도록 한다.

화초 & 화분 손질법

화초의 모습을 정돈하는 목적 뿐만 아니라, 병충해를 예방하고 다음에 필 꽃봉오리나 새싹의 성장을 촉진하기 위해서도 반드시 손질이 필요하다.

대부분의 화초는 꽃이 지면 열매를 맺는다. 그러나 꽃을 피우고 열매 맺는 것만으로도 양분이 소모되므로 씨를 채취하려는 것이 아니면 가능한 한 빨리 시든 꽃을 제거해 주는 것이 좋다.

또 꽃을 오랫동안 즐기기 위해서는 비료를 추가하는 등의 손질도 게을리해서는 안 된다. 구근 화초는 구근에 충분한 양분을 축적하고 있지만 오랫동안 꽃이 피는 품종의 경우는 효과가 지속적인 화학 비료를 한 달에 한번 정도 포기 사이에 준다.

비료가 중단된 포기에는 새로운 꽃봉오리나 잎이 피지 않는다. 또 꽃이 진 후에도 속효성 액체 비료를 한 번 준다.

물주기 노하우

물을 화분 표면이 마른 후에 준다. 이때 화분 밑으로 물이 흘러나올 때까지 충분히 준다. 흙이 마르기 전에 자주 물을 주면 항상 화분 속이 포화상태가 되어 뿌리가 썩는 원인이 되므로 주의한다.

특히 겨울철은 다른 계절보다 물을 적게 주도록 한다. 개화기에 꽃에 물을 뿌리면 얼룩이 생기거나 쉽게 상하므로 포기 아랫부분부터 물을 준다. 낮 동안에 잎이 젖으면 변색되는 화초도 있다.

실내에서는 공기가 쉽게 건조해져 잎끝이 상하거나 꽃봉오리가 잘 피지 않는 경우가 많은데, 분무기로 골고루 물을 뿌려주면 효과적이다.

생장기에 2~3일 정도 집을 비울 경우에 화분흙의 건조를 방지하는 대책이 필요하다. 이때는 급수 도구를 이용한다.

적재적소의 비료 사용법

기본적으로 비료는 반드시 생장기에 주고 휴면 중인 저온기에는 주지 않는다. 화분에 심어 베란다나 테라스, 실내에 두고 즐기는 화초에는 무취·무해한 화학 비료가 적합하며, 제품에 따라 질소·인산·칼륨(식물에 없어서는 안 될 3요소)의 비율이 다르므로 생육 상태에 따라 구분해서 사용한다. 비료는 화분 가장자리에 얕게 묻는 고형 비료와 물뿌리개로 주는 액체 비료로 구분한다.

액체 비료는 보통 5백배, 1천배, 2천배 등으로 물에 묽게 희석시킨 후 준다. 계량 스포이트나 스푼 등을 사용해 정확한 배율로 희석해야 한다. 바로 뿌리에 흡수되므로 효과가 빠른 편이지만, 비료의 농도에 따라서는 뿌리가 손상될 수 있으므로 적절량을 조절하는 것이 중요하다.

고형 비료는 물을 줄 때마다 조금씩 성분이 용해되어 뿌리에 흡수된다. 화분 가장자리에 얕게 묻는 것이 적당하나, 비료를 표토에만 놓아두면 물을 줄 때 비료가 물에 뜨게 되어 용해되는 비료의 양이 적어진다. 고형 비료는 비료 성분이 녹아 없어져도 형태는 그대로 남아 있으므로, 비료가 다 되었는지 손가락으로 눌러 확인한 후 반드시 새로운 비료로 교체해 준다.

병충해 예방 및 제거법

병충해는 백색이나 회색곰팡이병과 같이 잎이나 줄기에 발생하거나 작은 해충 또는, 연부병과 같이 흙 속 세균이 뿌리에 침입해 해를 끼치기도 한다. 이런 병충해를 예방하기 위해서는 무엇보다 조기 처치가 중요하다. 우선 병충해가 발생하기 어려운 환경을 만들어 주고, 만약 이미 병이 생겼다면 살균제 등을 사용해 빠른 시일에 제거해야 한다. 특히 장미와 같이 병이 많은 화초는 정기적으로 방제해 주어야 한다.

물이나 질소 비료를 너무 많이 주거나 햇빛이 부족하면 약하게 자라 병에 걸리기 쉽고 또한 해충도 발생한다. 해충의 발생 시기는 거의 일정하므로 발생 전에 살충제를 뿌려 예방하는 것이 좋다. 살충제는 1회에 많은 양을 주기보다는 3~4일 동안 2~3번 반복해서 살포한다. 또 같은 약품만을 사용하면 해충이 그 약에 저항력을 갖게 되어 효력이 떨어지므로 3번 정도 같은 약을 사용한 후 다른 약으로 교체해 준다.

잎과 줄기에 발생하는 병

반점은 세균병으로 습기가 많을 때 발생하는 병이다. 특히 아래 잎에 발병이 심하며 잎에 적갈색의 둥글고 작은 반점이 생기면서 말라 죽는 증상을 보인다. 스트렙토마이신 1천배액을 살포하거나 발견 즉시 소각해 버려야 한다. 잎이 담갈색에서 흑갈색으로 진전하면 갈반병에 걸린 것이다. 다이센 5백배액이나 벤레이트 2천배액을 살포해준다.

회색곰팡이병은 과습할 때 주로 발병되는 것으로, 꽃과 잎에 갈색 반점이 생기고 차츰 확대되는데 병이 깊어지면 전체가 갈변되면서 죽는다. 스미렉스 1천배액 또는 깨끄탄 1천배액을 뿌려준다.

흰가루병의 증상은 잎의 표면에 흰가루의 반점이 생겨 서서히 번져가는 것으로 장미에 발생빈도가 높은 편이다. 햇빛이 들지 않고 건조하며 통풍이 좋지 않는 곳에서 자주 발생하므로 실내 어두운 곳에 화초를 두는 것은 피하는 것이 좋다.

잎에 모자이크 증상이 생기면 모자이크병에 걸린 것으로 후에 기형, 황화, 반점 등의 증상이 나타난다. 병든 줄기에서 꺾꽂이순을 채취해서는 안 되며 방제를 철저히 해준다.

연부병은 포기 아래쪽에 발생하면서, 줄기가 점차적으로 썩어 포기 전체가 손상되는 병이다. 구근 화초에 주로 발생하며 약제를 살포해도 효과가 없기 때문에 용토째 버려야 한다.

작은 해충으로 인한 병충해

발생 빈도가 높은 진딧물은 약제방제가 비교적 쉬운 편이다. 물그릇을 받치고 붓으로 떨어내거나 식물성 성분의 비누로 거품을 내 씻어내도 되고 DDVP 유제, 오트란수화제, 스미치온 유제 1천배액 등을 뿌려줘도 된다.

응애류는 주로 건조한 곳에서 많이 발생한다. 켈센, 모레스탄 2천배액을 살포한다.

민달팽이는 다습한 화분바닥 등에 붙어서 살며, 새싹이나 꽃봉우리, 꽃 등 부드러운 부분을 먹어 해친다. 야행성이므로 밤에 약제를 살포해서 구제한다.

온실가루이는 잎 뒷면에 무리를 지어 즙을 빨아 먹는다. 줄기와 잎을 만지거나 화분을 움직이면 흰 가루와 같은 작은 벌레가 무리로 날아오른다. 상처를 받은 잎은 뒤틀리고 누렇게 변하면서 죽게 되므로 수프라사이드를 살포해 없애준다.

Garden Flower

초보자를 위한 야생화 정원 가이드
야생화 가꾸기의 모든 것

1 야생화 선택 및 구입방법

야생화를 기르려고 하면 무엇보다 어디서 구해야 할지 난감해 진다. 가까운 꽃집에는 온통 이국의 원예종이 가득하니 말이다. 그렇다고 산에 가서 함부로 캐와서는 안 된다. 남의 산에 들어가 식물을 캐내는 것은 불법이고, 야생화 가운데는 멸종위기종과 보호종으로 정해진 것들이 있어서 이를 채취하거나 허가 없이 보유만 해도 불법이 된다.

우리나라에 분포하는 자생식물은 4,569종이 있는데 이 가운데 화훼·약초·산채 등으로 개발할 가치가 있는 품목이 570여 종이고, 또 125종만이 화훼용으로 개발이 유망한 품종이다. 모든 야생화가 집에서 다 잘 자라는 것은 아니므로, 산에서 채취해봤자 아까운 꽃만 죽이기 십상이다. 요즘은 양재동 화훼시장이나 기타 화훼단지 내에 야생화를 전문적으로 취급하는 점포가 하나 둘 늘고 있다. 또한 인터넷을 검색해 보면 야생화를 취미로 가꾸는 사람들과 관련 동호회들이 있으므로 이곳을 통해 분양을 받을 수도 있다.

선택 야생화 모종은 단단하고 야무져 보이는 것을 고른다. 키가 크다고 좋은 게 아니며 힘없이 웃자란 것은 고온 다습한 환경에서 비료를 많이 줘서 키운 것일 수도 있다. 그리고 포트에 뿌리가 가득찬 것은 심은 지 오래된 것으로 옮겨 심어도 잘 자란다. 꽃과 줄기는 상처가 있거나 얼룩, 갈색반점이 있는 것은 피하고 싱싱한 것으로 고른다.

2 야생화가 잘 자라기 위한 흙의 조건

건강한 야생화를 키우기 위해서는 야생화가 좋아하는 흙의 종류를 알고 그에 맞춰 적절한 토양 및 환경을 만들어줘야 한다.

첫째, 통기성이 좋아야 한다
식물의 뿌리는 양분을 흡수할 뿐만 아니라 호흡을 하므로 흙 속에 일정량의 산소가 포함돼 있어야 한다. 가루가 없어 알갱이 사이로 공기가 충분히 통할 수 있는 흙이 좋다.

둘째, 보수력이 있어야 한다
식물은 물만으로도 80% 이상 생육이 가능하므로 보수력이 좋은 흙을 사용해야 야생화가 잘 자랄 수 있다.

셋째, 물 빠짐이 원활해야 한다
배수가 잘 되어야 뿌리가 새 공기로 호흡을 하고, 토양에 생성된 해로운 물질도 배출할 수 있다. 만일 물이 잘 빨려 들어가지 않고 상부에 고여 있다면 뿌리는 곧 썩어버리게 된다.

넷째, 화학비료 성분이 없어야 한다
밭이나 논에서 토양을 채취하여 사용하고자 한다면 겉흙을 완전히 걷어내고 심층의 흙을 퍼내 체에 친 뒤 건조시켜 사용한다.

다섯째, 균이 없어야 한다
화분에 한번 사용했던 흙은 이미 양분이 거의 소진된 데다 미생물이나 잡균이 번식해 있을 확률이 높으므로 반드시 새 흙을 사용한다.

흙의 종류

마사토 : 일반적으로 가장 많이 사용되는 흙으로 석비례, 산모래라고도 말하며 화강암이 오랫동안 풍화되어 잘게 부서진 것이다. 알갱이의 굵기에 따라 대립, 중립, 소립으로 나뉘어 화원이나 분재원 등에서 판매한다. 하얀빛이 많이 보이면 배수는 잘되지만 보수력이 약하고, 붉은 빛이 너무 많으면 쉽게 부서지므로 붉은 빛이 약간 도는 정도가 좋다.

황토 : 보수성과 양분이 많지만 산성이 강해 체에 쳐 건조시킨 뒤 마사토와 섞어 사용한다.

부엽토 : 낙엽활엽수의 잎을 흙과 함께 퇴적하여 발효시킨 것으로 다른 흙과 섞어 사용한다. 토양의 성질을 개량할 수 있고, 비료로도 활용된다.

물이끼(水苔) : 수분유지 능력이 좋고 가벼우며 통기성이 뛰어나다. 구입하지 않고 산속의 계곡에서 채취한 이끼를 잘 말려서 잘게 부수어 사용할 수도 있다.

숯(목탄) : 숯은 잘게 부수어 체에 쳐 중간 마사 크기 정도를 골라내거나, 큰 것을 그대로 쓰기도 한다. 수분유지능력과 통기성이 좋고 유해물질을 제거하는 역할을 한다.

녹소토(鹿沼土) : 황록색 흙으로 물을 잘 품고 통기성이 뛰어나다. 습한 곳을 좋아하는 식물에 마사토와 섞어 사용한다.

바크 : 나무껍질을 잘게 부순 것으로 화분 속의 수분이 빨리 마르지 않게 하는데 효과가 있다. 물에 담가두었다가 그늘에 두고 사용한다.

3 야생화 가꾸기 하나!
화분에서 기르기

화분 고르기

야생화분이라고 해서 따로 정해진 모양과 재질이 있는 것은 아니지만 화분에 따라 관상적 가치가 달라지고 오래 키울 수 있는가 없는가도 결정된다. 그러므로 최근에는 야생화분을 직접 굽는 사람도 늘고 있다. 분은 보수, 배수, 통기성을 중요한 기준으로 삼아 선택한다.

- 관상 및 재배용으로는 유약을 바르지 않고 고온에서 구운 도기분을 사용하는 것이 좋다. 유약분은 비쌀 뿐 아니라 통기성이 떨어지고, 토분은 보수, 배수, 통기성 등이 좋긴 하지만 잘 깨지고, 모양이 다양하지 않다.
- 키가 낮은 분이 야생화에 잘 어울리며, 뿌리가 굵고 깊이 들어가는 종은 키가 높되 배수 구멍이 큰 것을 선택한다.
- 굽의 높이가 어느 정도 되어야 통기성이 좋고 물빠짐이 좋다.
- 야생화를 돋보이게 하기 위해서는 화려하지 않고 타원이나 둥근 형태의 분을 고르는 것이 좋다.
- 화분의 테두리가 밖으로 벌어진 것보다 안으로 굽은 것이 차분해 보인다.
- 소라 모양, 찻잔 모양 등의 소품 형태로 만들어진 분도 있고 조개, 자연석, 기왓장, 고사목 등도 활용하기 좋다.

흙 배합하기

야생화 전문가들은 경험을 바탕으로 자신만의 배양방법을 사용하기 때문에 흙 배합에는 정답이 없다. 대전대 식물분류생태학연구실 자료에 따른 일반적인 사항을 소개한다.

마사토 준비 주재료로 사용되는 마사토는 흙체를 사용하여 3~4가지 크기로 나눈다. 1mm의 체를 통과한 가루흙은 버린다. 알갱이 크기에 따라 나눠 쓰는데 1~2mm는 화분에 식물을 심고 나서 제일 위의 표층을 마무리하는 화장토나 삽목용 / 2~3.5mm는 화분에서 식물이 심겨지는 부분의 주용토 / 3.5~5.5mm는 건조한 흙을 좋아하는 식물의 주용토 / 5.5~7.5mm는 화분의 밑바닥에 물빠짐과 공기 유통을 원활히 하기 위해 사용한다. 이 과정이 복잡하면 알갱이 크기별로 나눠진 제품을 구입해 물로 씻어내고 말려 써도 된다. 다른 용토와 배합할 때는 2~5.5mm의 마사토를 사용한다.

혼합할 용토 준비 황토와 밭흙은 체로 걸러서 가루흙과 5.5mm 이상의 크기는 버리고 잘 건조시킨다. 생명토, 녹소토는 체로 걸러 가루 흙은 버리되 건조시키지 않는다. 진주암(Perlite)은 토양개량용으로 판매하는 팥알 크기를 사용한다. 질석(Vermiculite)은 판매하는 것을 그대로 사용한다. 이탄(Peat moss)은 체로 쳐 가루만 제거한다.

흙 혼합하기

분류	자생지	야생화 종류	용토배합법
내건성 식물	건조하고 척박한 곳	바위솔류, 돌나물, 기린초, 두메부추, 난쟁이붓꽃, 땅채송화, 바위채송화, 백선, 돌마나리, 돌양지꽃	3.5~5.5mm 크기 마사를 주용토로 단용한다.
중생식물	적당한 습기와 비옥한 곳	참나리, 털중나리, 땅나리, 산마늘, 원추리류, 둥굴레등, 솔붓꽃, 노랑무늬붓꽃, 이질풀, 범부채	마사토 생명토 부엽토 7 + 2 + 1 7 + 1 + 2
습지성 식물	항상 습윤한 계곡이나 연못 부근	물솜방망이, 억새, 갯취, 털머위, 좀딱취, 숫잔대, 비로용담, 칼잎용담, 참좁쌀풀, 앵초, 괭이눈, 매미꽃, 동의나물, 부들 류	마사토 생명토 부엽토 6 + 2 + 2 5 + 2 + 3
수생식물	뿌리를 물 속에 담그고 떠다니거나 진흙 속에 활착	수련, 마름, 물달개비, 보풀, 어리연꽃	토분에 논흙, 부엽토, 생명토를 6:2:2 정도로 배합해 심는데 이때 1mm 체로 걸러서 나온 가루흙은 버린다. 돌절구나 입구가 넓은 큰용기에 넣은 뒤 물을 채운다.

화분에 심기

① **화분 준비** 화분을 깨끗하게 씻어 햇볕에 말리거나 증기로 쪄서 소독한다.
② **뿌리 손질** 야생화를 포트나 분에서 꺼내 엉긴 흙을 풀고, 흙을 모두 털어 낸다. 뿌리가 굵고 진흙이 묻은 경우 물로 씻어 내며, 죽은 뿌리와 너무 긴 뿌리는 1/3~1/2 정도 잘라 버린다. 오래된 잎이나 줄기는 따주는 게 좋다.
③ **그물망 설치** 그물망을 배수구멍보다 약간 크게 잘라서 사용한다.
④ **배수층 만들기** 분리해 놓은 마사토 중 5.5~7.5mm 크기를 화분 바닥이 보이지 않게 넣는다.
⑤ **흙 넣기** 조제항목에 따라 만든 흙을 1/2~2/3 정도로 넣는다. 식물을 심을 부분은 용토를 약간 둥글게 위로 쌓아준다.
⑥ **야생화 심기** 야생화를 심을 곳에 위치시키고 뿌리를 사방으로 정돈한 뒤 흙을 덮는다. 공기와 수분이 잘 들어가야 하므로 흙을 눌러 다져서는 안 된다.
⑦ **마무리** 화장토나 녹소토로 얇게 덮어 곱게 마무리하고 화분의 배수구로 충분히 흘러내릴 만큼 물을 준다.
⑧ **환경** 그늘지고 바람이 없는 곳에 일주일 정도 두었다가 야생화의 서식지에 맞는 환경으로 옮긴다.

물주기

물은 각종 중금속이나 화학물질이 없고 산소함량이 높은 것이 좋다. 정수기 물은 좋지 않고, 수돗물을 받아 하루 정도 햇볕에 두었다가 주는 것이 좋다.

물주는 주기는 야생화의 종류와 흙의 배합 방법, 날씨의 변화 등에 따라 달라진다. 공식이 있는 것은 아니며 용토의 표면이 말라 하얗게 보이기 시작할 때 주는 것이 편하다. 여름에는 저녁에 물을 주고, 가을부터는 아침에 물을 준다.

거름

물을 줄 때마다 흙 속의 양분은 빠져나가기 마련. 자연에서 자라는 야생화는 거름이 필요 없지만 배수가 잘되는 마사토를 주용토로 하는 화분 속 야생화는 거름이 필요하다. 그러나 비료를 지나치게 주면 야생화가 멋없이 웃자라 버리니 주의한다. 간편하게 가을에서 다음해 꽃눈이 만들어지기 전까지 알비료를 화분 가장자리에 드문드문 놓아 준다.

분갈이

야생화가 자라면 뿌리도 같이 자라 어느 정도가 지나면 화분이 비좁아진다. 그냥 두면 영양부족과 배수불량을 일으키므로 분을 갈아 주어야 한다.

분갈이는 여름이나 겨울에는 하지 않으며, 주로 새싹이나 꽃눈이 자라기 전인 이른 봄이나 가을인 9월 중순 경이 적합하다.

4 야생화 가꾸기 둘! 정원에서 기르기

정원 환경 파악하기

야생화 정원은 가을에 잡초더미를 베어내고 흙의 상태를 확인한 후 만드는 것이 좋다. 아름다운 정원으로 꾸미고 싶다면 우선 식재된 나무, 잔디, 구조물 등을 파악해 도면을 그린다. 여기에 기존 식생과 표토, 지하매설물과 구조물, 토양오염 상황 등도 조사해 꼼꼼히 기재한다.

화단 조성위치 선정

야생화 화단은 남향 또는 동남향으로 햇볕이 고루 들고 바람이 잘 통하며, 서북풍을 막아줄 수 있는 곳이 좋다. 토양은 빗물이 고이지 않고, 물 빠짐이 좋으며 기름진 곳이어야 식생이 잘된다. 이 가운데 주위 건물이나 꽃나무 등과 잘 어우러진 좋은 위치를 선정한다.

색채에 따른 식물배치

색상에 맞춰 알맞게 배합해 식재하면 꽃의 아름다움이 더욱 돋보인다. 유사색은 매우 비슷한 성질을 갖고 있어 조화시키기 쉽고 온화하지만 단조로워 보일 수 있으므로 장소를 잘 선택해야 한다.

반대색의 화초를 혼식하면 대조의 효과는 있지만 너무 강한 인상이 될 수 있기 때문에 주의한다. 꽃의 명도도 살펴야 하는데 흰색이나 노란색은 밝고, 파랑과 보라색은 어둡게 보이므로 같은 양의 꽃을 심어도 하얀꽃 부분의 면적이 넓어 보인다.

명도가 높은 꽃의 배색은 밝고 부드러운 느낌, 어두운 색의 꽃은 정원 전체를 세련되게 만든다. 색채를 잘 조화시키기 위해서는 배색과 관련된 서적이나 다른 정원을 많이 둘러볼 필요가 있다.

토질 및 지형에 맞춰 야생화 선택하기

	자생지	적용 화종
상록수 아래	비교적 척박한 지역이므로 강건한 낙엽성 화종을 선택한다.	**작은 면적의 소나무 군식지역** : 벌개미취, 원추리, 용머리, 붓꽃, 구절초, 섬초롱꽃 등 **넓은 면적으로 녹음이 짙은 군식지역** : 산거울, 범부채, 비비추, 춘란 등
낙엽 활엽수 아래	늦가을~봄까지는 양지이지만 초여름~가을까지는 녹음이 짙어 음지가 되므로 개화기에는 양지성, 개화 후엔 음지성의 화종을 선택한다.	앵초, 금낭화, 복수초, 꽃무릇, 맥문동류, 매미꽃, 피나물, 노루귀, 수선화, 은방울꽃 등
도로가나 담벼락 밑	차량 통행이 많아 분진·매연·바람에 강한 화종을 선택하여야 하며 음지와 양지가 공존하는 지역이므로 화종을 신축성 있게 선택한다.	**양지지역** : 왜성술패랭이, 용머리, 벌개미취, 붓꽃, 원추리, 민들레, 수크령, 섬기린초, 용머리, **반음지·음지** : 비비추, 범부채, 옥잠화, 맥문동, 석창포, 마삭줄, 송악
절개지면	건조지·적습지·습지가 공존하는 지역으로 위치별로 적용화종을 선택하여야 하며 자생식물 종자를 흩뿌려 자연스런 경관을 연출할 수 있다.	**건조지** : 구절초류, 쑥부쟁이류, 층꽃, 기린초, 왜성술패랭이, 용머리, 수크령 **적습지** : 원추리, 붓꽃, 인동, 까치수염, 범부채, 옥잠화, 비비추 **습지** : 꽃창포, 벌개미취, 부처꽃, 금불초, 흰갈풀
공간이 넓은 잔디밭	양지식물로서 건조에 강하고 개화기간이 길며 하고현상이 없이 오래도록 잎이 유지되는 화종을 선택한다.	왜성술패랭이, 용머리, 원추리, 구절초, 쑥부쟁이, 할미꽃
입면녹화	담장, 철조망, 휀스 등의 입면에는 덩굴성식물로 덮어줄 수 있는 것을 선택한다.	인동, 멀꿀, 으름덩굴, 노박덩굴, 댕댕이덩굴, 계요등, 후추등, 오미자, 머루, 개머루, 새머루, 등칡, 칡, 다래, 하늘타리, 사위질빵, 으아리, 할미질빵

계절에 따른 식물배치

야생화는 개화시기, 상록과 낙엽시기를 고려하여 조합해 식재하는 것이 중요하다. 상록의 다년초가 배경식물이 될 수 있도록 식재하고, 같은 종류의 화종을 2~3개소에 나누어 식재하므로 사시사철 꽃을 감상할 수 있도록 밸런스를 유지시켜주는 것이 필요하다.

토양 개량하기

화단을 만들 자리는 필요 없는 나무, 잔디, 잡초를 제거하고 흙이 딱딱하고 메마른 상태라면 완숙 퇴비와 숯조각을 섞어 겨울 동안 그대로 둔다. 봄에 소석회를 조금 흩어 뿌리고 흙을 뒤집어 주어 토양을 중화시킨다. 소석회는 꽃심기 7~10일 전에 뿌리며 반드시 마스크를 착용한다.

울타리와 스크린 설치하기

화단 주변을 조경석이나 울타리, 대나무 등을 이용해 경계를 이루도록 한다. 그리고 잔디를 제거한 경계면과 화초의 배치 라인에 따라 땅속에 스크린을 설치해주는 것이 좋다.

번식력이 좋은 화초는 다른 화초를 다치게 하고, 추후에는 화단이 엉망이 되기 십상이다.

식재하기

파종은 기술적으로 완벽한 결과를 예측하기 어려우므로 가능하면 포트에서 재배된 초화류를 옮겨 심는다. 식재 간격은 종에 따라 다르다. 원추리나 벌개미취처럼 잎도 크고 번식력이 뛰어나 비교적 넓게 심어도 금새 퍼지는 식물도 있지만 일반적으로 심은 해에 어느 정도 피복되기를 원하는 것은 무리다. 너무 빽빽하게

심으면 당장은 보기 좋을지 모르지만 곧 경쟁이 되어 효과가 낮으므로 20~25㎝의 간격으로 식재한다. 갈대류, 이끼, 선태류는 뗏장 재배품을 구입해 식재한다. 식재가 끝나면 뿌리가 활착될 수 있도록 물을 충분히 준다. 개화 중인 묘는 물이 닿지 않게 주의하고, 잎에 흙탕물이 튀지 않도록 주의한다.

피복하기

식재가 끝나면 신속한 종자발아, 생육 및 미관을 위해 지면에 피복을 해주어야 한다. 피복을 하면 적절한 수분과 토양온도를 유지할 수 있으며, 강우나 강풍에 의해 토양표면이 패이거나 휩쓸리는 것을 방지할 수 있다. 재료로는 왕겨, 짚, 톱밥, 깻묵, 바크, 콩자갈 등이 있다.

관리

뿌리가 활착될 때까지는 마르지 않도록 주의한다. 종에 따라서 키가 너무 큰 것은 꽃대가 형성될 때까지 순자르기를 해주면 좋다. 꽃이 여름 이전에 피고, 잎이 가을까지 마르지 않는 종은 꽃이 지고 나서 꽃대를 잘라주는 것이 좋다.

봄에 피는 야생화

각시붓꽃

- **과류** 붓꽃과 / 4~5월 개화 / 초장 10~30cm / 약용, 관상용, 절화용 / 전국 산야 반습지 서식 / 씨뿌리기, 포기나누기 / 내서(강), 내한(강), 내습(강), 내건(강)
- **특징** 전국 산야에 흔히 식생하며 습지, 건조지역 가리지 않고 토양 적응력이 매우 뛰어나다. 한 뼘 남짓한 보라색 꽃이 피며 하천변, 공원, 가로화단, 습지 등에 식재한다. 추위, 더위에 강해 키우기 좋고 여름철 꽃이 진 후 잎이 마르고 지저분할 때 짧게 적심(생장점, 꼭지눈을 따냄)을 하면 새 잎이 나 가을까지 볼 수 있다.
- **활용** 한방에서는 꽃과 뿌리를 활용하는데 인후염과 피멍을 풀고 종기를 낫게 하는데 좋다. 지혈작용이 있어서 토혈, 코피, 자궁출혈에도 쓰인다.

금낭화

- **과류** 현호색과 / 5~6월 개화 / 초장 40~60cm / 약용, 관상용, 식용 / 중부지역의 산지 / 씨뿌리기, 뿌리나누기, 삽목 / 내서(강), 내한(강), 내습(약), 내건(중강)
- **특징** 봄꽃의 대명사로 양지성 식물이나 반그늘에 식재하면 여름에 휴면이 늦게 진행되어 잎을 오래 감상할 수 있으므로 낙엽활엽수 아래 식재하는 게 좋다. 배수가 좋고 부식질이 풍부한 사질토양이 적지. 너무 비옥하거나 그늘지면 색이 화려하지 못하며 강풍에 꽃대가 부러질 염려가 있어 시비 관리를 요한다.
- **활용** 꽃이 화려해 절화가 가능하고 화분에 심어 감상하기 좋다. 어린잎은 삶아 말린 후 묵나물로 이용한다. 피 순환을 원활히 하고 종기를 낫게 한다.

할미꽃

- **과류** 미나리아재비과 / 4~5월 개화 / 초장 30~40cm / 분화용, 관상용, 약용 / 전국 산야 양지 / 씨뿌리기, 근삽목 / 내서(강), 내한(강), 내습(약), 내건(강)
- **특징** 봄에 꽃이 피고 늦가을까지 잎이 남아 지피효과가 높다. 배수 좋은 양지, 잔디밭 화단, 완만한 경사지가 적지. 꽃과 잎, 흰 깃털의 열매 모두가 관상가치가 높다. 항상 볕이 잘 들게 해야 하며 여름 장마철 물에 잠기기라도 하면 일시에 녹아버리므로 배수에 만전을 기해야 한다.
- **활용** 백두옹이란 약명으로 잎은 강심작용이 있고, 뿌리는 찢어 외치질 환부에 붙인다. 해열, 수렴, 소염, 살균, 지혈, 지사 등에 효과가 있으며 항균작용을 한다.

사진·자료 : 광륙식물 박광일

깽깽이풀

- **과류** 매자나무과 / 4~5월 개화 / 초장 20~30cm / 관상용, 약용 / 우리나라 전 지역 자생 / 씨뿌리기, 포기나누기 / 내서(중), 내한(강), 내습(강), 내건(중)
- **특징** 낙엽활엽수 밑, 숲 가장자리가 적지며 평분에 모아 심으면 좋다. 꽃은 잎보다 먼저 피는데, 빨리 지지만 연잎을 축소한 듯하여 관상가치가 높다. 배수가 잘되고 유기질이 풍부하며 비옥한 토양에 습윤하고 반그늘진 곳이 좋다. 늦봄에서 여름 사이에는 옮겨심기를 하지 않는 것이 좋다.
- **활용** 모황련 또는 선황령이라 하며 뿌리는 향긋한 냄새가 있고 편도선염, 결막염, 소화불량, 식욕감퇴 등에 효과가 있다.

복수초

- **과류** 미나리아재비과 / 3~4월 개화 / 초장 15~30cm / 약용, 관상용 / 전국 산의 양지 / 씨뿌리기, 포기나누기 / 내서(중약), 내한(강), 내습(중), 내건성(강)
- **특징** 생명력이 강해 눈 속에서도 밝은 황금색 꽃을 피운다. 5월경이면 지상부가 고사해 상록성 식물, 낙엽이 늦은 국화과 식물과 혼식한다. 이른 봄에는 햇빛을 매우 좋아하므로 양지가 되고 개화 후에는 음지나 반음지가 되는 곳이 좋다. 따라서 키가 큰 낙엽활엽수 하층에 식재하는 것이 적지이다.
- **활용** 강심제의 원료로 말린 것 0.5~1돈을 뜨거운 물에 약 5분 동안 담궈 즙을 우려내어 하루 한번 적당한 양을 마시면 심장병에 효과가 있다.

하늘매발톱

- **과류** 미나리아재비과 / 4~5월 개화 / 초장 30cm / 관상용 / 중부이북의 고산 중턱 / 씨뿌리기, 포기나누기 / 양지 식재 / 내서(강), 내한(강), 내습(중), 내건(중)
- **특징** 씨뿌리기 방법의 번식력이 매우 좋으며 양지나 반음지에서도 잘 적응한다. 늦가을까지 잎이 남아 있으며 꽃과 잎 모두 관상 가치가 높다. 대체로 강한 식물이나, 고온 다습하고 배수가 불량하면 뿌리가 썩을 수 있으므로 관리를 철저히 해야 한다.
- **활용** 한방에서는 여자의 생리불순에 지상부분을 달여서 마시거나 고약으로 만들어 먹는다.

여름에 피는 야생화

꿀풀

- **과류** 꿀풀과 / 6~7월 개화 / 초장 20~30cm / 식용, 약용, 관상용, 밀원용 / 전국 산야 / 포기나누기, 씨뿌리기 / 내서(강), 내한(강), 내습(강), 내건(강)
- **특징** 밑에서부터 꽃이 피는데 올라가면서 피고지고를 반복한다. 햇볕이 잘 들고 배수가 원활한 사질토양에 식재하고 다른 화종과 무리 없이 혼식할 수 있다. 개화 후 여름에 검은색으로 변하는 하고현상이 나타나므로 7~8월쯤 지상부를 제거하면 새싹이 돋아 깨끗함을 유지할 수 있다.
- **활용** 새순과 어린잎은 데쳐서 맑은 물에 쓴맛을 우려낸 후 나물로 먹는다. 한방에서는 꽃이 반 정도 말랐을 때 식물체 전체를 말려 강장, 고혈압, 자궁염 등에 쓴다.

노랑꽃창포

- **과류** 붓꽃과 / 5~6월 개화 / 초장 40~60cm / 관상용 / 유럽 원산 / 씨뿌리기, 포기나누기 / 내서(강), 내한(강), 내습(강), 내건(강)
- **특징** 귀화식물로 연못 속, 연못가, 습지, 건조한 곳, 척박한 곳 가리지 않고 잘 자란다. 6월경에 개화하는 꽃창포와 혼식하면 보라색 꽃과 대비를 이루어 좋다. 충분한 광선만 유지된다면 별다른 관리가 필요치 않은 식물이다.
- **활용** 주로 관상용으로 쓰이며 장기간 음식 소화가 안 되어 일어난 복부팽만증, 복통에 효력이 있고 이뇨, 타박상에도 좋다.

큰꽃으아리

- **과류** 미나리아재비과 / 6~7월 개화 / 초장 2~4m / 포복형 / 식용, 관상용, 약용 / 전국의 산야 / 씨뿌리기, 삽목 / 양지식재 / 내서(강), 내한(강), 내습(강) 내건(강)
- **특징** 가는 줄기가 타고 오르면서 미색 또는 연한 자주색의 큰 꽃이 피며 향기가 좋다. 파고라나 아치 등에 올리면 좋고 고사목에는 생명을 불어 넣을 수 있다. 반드시 지난해 줄기에서 새순이 나와 꽃이 피므로 많은 꽃을 보려면 줄기 관리를 잘해야 한다. 물 빠짐을 좋게 하고 부식질이 많은 사질토양에 시비한다.
- **활용** 어린 싹을 나물로 먹기도 하는데 유독성 식물이므로 주의해야 한다. 한방에서는 뿌리를 위령선이라 부르며, 중풍으로 입이 돌아갈 때 쓴다.

동의나물

- **과류** 미나리아재비과 / 4~5월 개화 / 초장 30~50cm / 식용, 관상용 / 전국 산지 습지 / 포기나누기, 씨뿌리기 / 내서(약), 내한(강), 내습(강), 내건(약)
- **특징** 양지, 반음지의 비옥한 토양에 식재하며 토양수분이 충분한 습지를 좋아해 개울가, 수변배경식물로 좋다. 포기나누기를 하여 약 20cm 간격으로 식재하면 이듬해 많은 그루가 생겨난다. 더위에 약하므로 밀폐된 곳과 지나친 온도 상승에 주의를 해야 한다.
- **활용** 어린잎은 삶아서 우려내고 묵나물로 활용한다. 골절상에 지상부와 뿌리를 찧어 붙이고, 치질에는 달여서 복용한다. 진통, 거풍, 가래에도 쓰인다.

참나리

- **과류** 백합과 / 7월 개화 / 초장 40~150cm / 식용, 관상용, 약용, 절화용 / 전국의 낮은 산야 / 목자, 주아, 인편 / 양지 식재 / 내서(강), 내한(강), 내습(중), 내건(강)
- **특징** 나리류 중 유일하게 주아(잎겨드랑이의 둥근 눈)가 땅에 떨어져 번식한다. 사질토양에 유기질비료를 주고 구근식물로서 뿌리가 굵은 것이 꽃도 크다. 꽃대가 손상되면 당해 년도에는 꽃을 못 보므로 잘 관리해야 한다. 9월 초순경 꽃대가 말라 제거해야 하기 때문에 가을 개화 화종과 혼합 식재함이 좋다.
- **활용** 어린 순과 부드러운 잎 그리고 구근은 식용한다. 한방에서는 강장, 자양, 건위 등에 다른 약재와 함께 처방한다.

부채붓꽃

- **과류** 붓꽃과 / 5~6월 개화 / 초장 40~60cm / 관상용, 약용 / 중부, 북부지방의 고산지대 / 씨뿌리기, 포기나누기 / 내서(강), 내한(강), 내습(강), 내건(강)
- **특징** 붓꽃보다 잎이 넓고 풍성하며 지피효과가 뛰어나다. 늦은 봄에는 아름다운 청자색 꽃이 피고 서리가 내리는 가을까지 잎이 남아 가을의 운치를 느끼기 좋다. 토질을 가리지 않는 식물로써 습지나 건조지 어디든 잘 자라므로 특별한 관리나 시비는 필요치 않다. 습도를 유지하고 퇴비를 주면 증식이 왕성하다.
- **활용** 한방과 민간에서는 뿌리, 줄기를 조제한 것을 계손(溪蓀)이라 하여 인후염, 주독, 폐렴, 촌충, 편도선염, 백일해 등에 다른 약재와 함께 처방한다.

가을에 피는 야생화

구절초

- **과류** 국화과 / 9~10월 개화 / 초장 30~50㎝ / 관상용, 약용 / 전국의 햇볕이 잘 드는 산야 / 삽목, 씨뿌리기, 포기나누기 / 내서(강), 내한(강), 내습(약), 내건(강)
- **특징** 들국화라고 불리며 감국, 산국, 쑥부쟁이, 개미취 등을 총칭한다. 양지식물로써 도로변, 공원, 화단, 절개지, 제방길 등의 배수 좋은 곳이면 어디든지 가능하다. 질소질 비료가 과다하면 식물체가 도장하고 개화 상태가 좋지 못하다. 6월 중순경 적심을 하면 초장을 낮추고 꽃대를 많이 발생시켜 관상가치가 높다.
- **활용** 4~5월경에 채취한 어린 싹과 9~10월경 채취한 꽃을 말려서 차로 활용하거나 국화주를 담그며, 이는 국향(菊香)과 더불어 강장, 식욕 촉진제가 된다.

산국

- **과류** 국화과 / 9~10월 개화 / 초장 1~1.5m / 관상용, 약용, 향료용 / 전국 각처 / 포기나누기, 씨뿌리기, 삽목 / 내서(강), 내한(강), 내습(중), 내건(강)
- **특징** 향기가 훌륭한 밀원식물로 습지에 약하고 햇볕이 충분한 양지 바른 곳이 적지다. 경사면 또는 공원 화단 등지에 식재가 적합하다. 비옥한 땅에서는 1m 이상 자라므로 관상가치를 떨어뜨리는 경우가 있다. 6~7월경 지표 높이 30㎝ 정도로 적심(생장점, 꼭지눈을 따냄)하면 키를 낮게 하면서 많은 꽃을 볼 수 있다.
- **활용** 10월경에 채취한 꽃을 말려 차로 마시면, 감기의 두통과 어지러움증이 해소된다. 부인음종에 삶아 김을 쐬고 그 물로 씻으면 효과가 있다.

용담

- **과류** 용담과 / 9~10월 / 초장 20~60㎝ / 절화용, 관상용, 약용 / 전국 산야의 초원 / 씨뿌리기, 포기나누기, 삽목 / 내서(강), 내한(강), 내습(강), 내건(중)
- **특징** 초룡담, 관음초, 과남풀로도 불리며 신비로운 보라색 꽃이 피고 그 자태가 웅장하다. 사질토양에 부엽을 섞어주고 낙엽성 교목 하부 등 반그늘이 좋다. 여름철 지표면의 온도를 낮추기 위하여 멀칭 또는 왕겨를 뿌려주거나 좀씀바귀 등과 혼식하면 생육에 좋다.
- **활용** 꽃의 색감이 뛰어나 큰 화분에서 기르거나 절화용으로 매우 좋다. 뿌리는 간기능 보호, 담즙분비 촉진, 혈압강화, 항염, 황달 등에 효과가 있다.

사진·자료 : 광록식물 박광일

층꽃나무

• **과류** 마편초과 / 8~9월 개화 / 초장 40~70㎝ / 절화용, 관상용, 약용 / 남부지방의 산야 양지 / 씨뿌리기, 포기나누기 / 내서(강), 내한(강), 내습(약), 내건(강)

• **특징** 남부지방에서는 밑부분 줄기가 살아서 월동하나 중부이북은 줄기가 고사한다. 절화용, 강한 광선이 내리쬐는 척박지, 노출된 절개지 등의 녹화용으로 좋다. 배수관리를 철저히 하고 너무 비옥한 토양이면 급속히 성장해 1년초가 되기 쉽다. 5~6월경에 적심을 실시하여 초장을 낮추어 생장시키면 관상가치를 높일 수 있다.

• **활용** 한방에서는 난향초(蘭香草)라 하여 뿌리와 지상부를 활용하는데 호흡기 감염증으로 인한 백일해, 기관지염에 유효하다. 뱀에 물린 데나 가려움증에 외용한다.

좀향유

• **과류** 꿀풀과 / 10~11월 개화 / 초장 3~6㎝ / 약용, 관상용 / 한라산 해발 1500~1700m 습지 / 포기나누기, 씨뿌리기 / 내서(강), 내한(강), 내습(강), 내건(중강)

• **특징** 척박한 토양에서도 잘 자라며 정유성분이 있어 전초에 향기가 나는 방향성 물질을 내뿜는다. 바닥에 깔려서 자주색 꽃을 피면 융단처럼 느껴진다. 햇볕이 있고 배수가 잘되는 토양에서 생육이 좋다. 1년초이므로 꽃이 지고 난 후에 종자를 곧바로 채종하여 이듬해 봄에 파종한다.

• **활용** 작은 화분에 심어 초물분재로 쓰고, 방향성이 강하여 열나고 추운 여름 감기나 두통 증상에 유효하다.

둥근잎꿩의비름

• **과류** 돌나물과 / 7~8월 개화 / 초장 20~40㎝ / 관상용, 약용, 식용 / 전국 각처 / 씨뿌리기, 삽목 / 내서(강), 내한(강), 내습(중강), 내건(강)

• **특징** 진홍빛 꽃이 누워 자라며, 두꺼운 잎과 함께 관상가치가 뛰어나다. 정원의 돌틈 사이에 심으면 늦가을 둥근 잎에 단풍까지 들어 보기가 좋다. 음지를 피하고 배수만 잘 해주면 특별한 관리가 필요 없을 정도로 적응력이 뛰어나다.

• **활용** 절개지 녹화나 관상용으로 화단이나 분에 심고, 늘어지는 경향이 있어 행잉바스켓을 만들어도 좋다. 한방에서는 경천이라 해 화끈거리는 피부 증상, 지혈, 습진 등에 처방한다. 이른 봄 연한 부분은 나물로 먹는다.

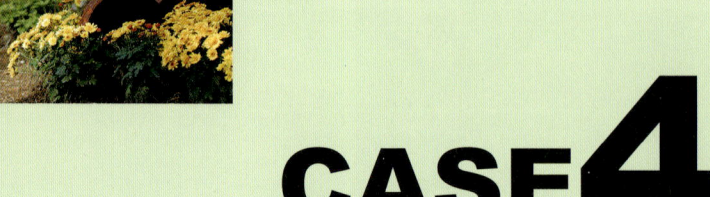

CASE 4

꽃향기 가득한 정원
Flower Garden

정원을 가득 채운 꽃과 나무가 주는 안온함	272
야생화와 항아리로 치장한 도심 속 정원	280
정원에 활기를 더하는 야생화의 향연	288
시간이 지날수록 풍성하고 아름다운 정원	294
꽃무더기 가득한 너른 마당	300

Flower Garden 1

정원을 가득 채운 꽃과 나무가 주는 안온함

오래 전부터 도심을 떠난 전원생활을 꿈꿔온 건축주는 이 집을 마련하기 위해 근 10년을 준비하고, 6개월에 걸쳐 건축가와 협의를 진행했다. 그래서인지 건축주의 개성이 물씬 묻어나는 건물만큼이나 주택을 감싸고 있는 정원 역시 무척 안온한 모습이다. 알록달록한 꽃들 하며 수형이 뛰어난 조경수들이 곳곳에 자리한 정원은 집을 더욱 돋보이도록 만들기에 충분하다. 대문에서부터 디딤석을 따라 들어서면 여기저기 꾸며진 풍경이 한눈에 들어온다. 완만한 평지가 아닌 경사와 굴곡이 있는 대지를 그대로 활용하여 더욱 역동적이고 재미있는 조경공간을 얻어냈다.
아기자기하게 다듬어진 회양목의 진한 녹색 잎을 바라보자면 양쪽으로 영산홍과 진달래, 철쭉의 분홍 꽃이 눈을 사로잡는다. 주택의 외부마감재로 쓰인 레드파인 사이딩의 자연스러운 질감과도 자연스레 어우러져 더욱 생기 있어 보인다. 특히 2층으로 연결된 데크와 옥상조경도 시선을 끄는 요소 중 하나다. 아래층에서부터 이어져 올라온 키 큰 나무가 가지를 길게 뻗고 있기 때문인데, 넓게 잔디를 깔고 꽃나무를 심어 대지의 조경과도 연계성을 획득했다. 지피류를 골고루 식재하고 파라솔과 테이블을 두었으며 2층 데크와도 연계되도록 설계했다.
이곳 외에도 주택에는 유난히 많은 데크가 설치되어 있다. 실내 활동 영역을 외부까지 자연스레 확장시키는 동시에 자연의 싱그러움을 집안 깊숙이 끌어들이고자 함이다.

01
동검리주택 전경. 식물들 사이 영산홍이 눈길을 끈다.

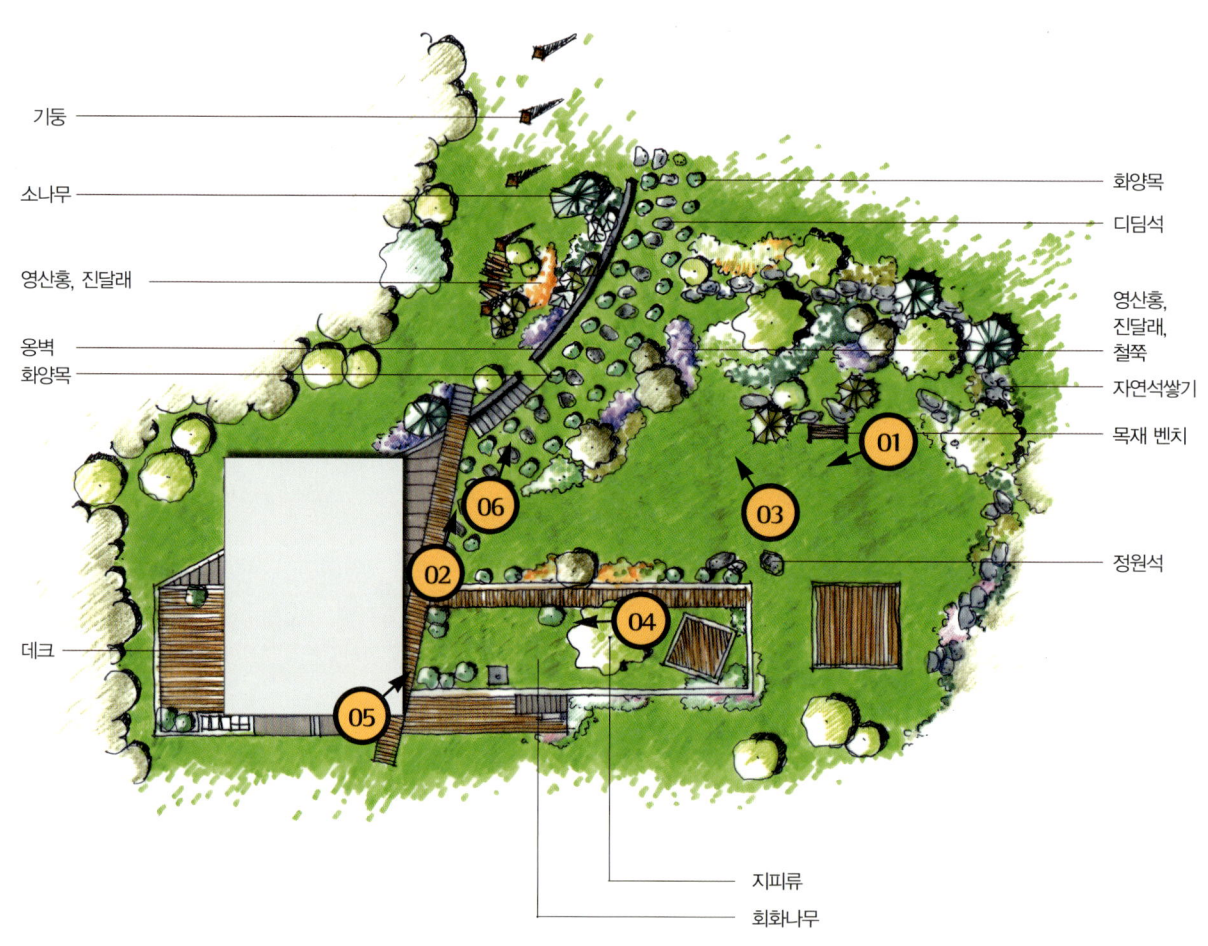

02 마당 옆에 옹벽과 지붕 위에도 정원을 꾸며 풍성한 조경공간을 연출하였다.

03
정원에서 바라본 주택 입구. 기둥과 디딤석은 동선을 유도한다.

04

05
1층의 상층부를 꾸민 옥상조경. 아래층에서부터 올라온 키 큰 나무가 흥미롭다.

06

대문 양 옆으로 소나무 한 그루씩을 심고 그 밑에는
관목과 화초를 식재하였다.

현관으로 이어지는 데크와 계단.
자연석을 배치하고 소나무를 심었다.

Flower Garden 2

야생화와 항아리로 치장한 도심 속 정원

조경은 디자인 감각이 절대적으로 필요한 작업이어서 정원을 꾸미고자 하는 방향이 확실해야만 좋은 결과물을 얻을 수 있다. 한두 해 만에 완벽하게 정리되는 공간이 아닌 만큼 애초에 뚜렷한 목표를 설정한 후 출발하는 것이 실패를 줄이는 방법이다. 이 꽃이 예쁘고 저 소품이 좋아 보인다고 해서, 무작정 사 모으다 보면 어수선하기만 할 뿐 생각처럼 멋있고 다양한 이미지는 절대 나오지 않는다.

강서구에 위치한 이 정원은 그런 면에서 좋은 본보기가 되고 있다. 친숙함이 물씬 풍기는 항아리와 우리꽃들을 주요 소재로 정원 곳곳을 알차게 꾸며놓았다. 입구에서 구석으로 갈수록 좁아지는 비정형의 대지를 캔버스 삼아 족히 50개 가까이 되는 항아리를 자연스레 늘어놓고 다양한 색상의 야생화로 치장한 것이다.

주차장을 지나 정원으로 올라서면 가장 먼저 형형색색의 꽃들이 보인다. 그 뒤로 항아리들이 이곳저곳 즐비하게 들어서 있고 십여 년은 됐음직한 잣나무와 향나무, 은행나무 등이 정원 외곽을 따라 죽 늘어선 모습이다.

정원 안쪽으로 들어가면 파고라와 작은 연못도 마련되어 있어 지루함 없이 아기자기한 풍광이 이어진다. 산책로 또한 처음엔 원형에 가까운 디딤석으로 시작되어 연못 주변에 다다르면 벽돌로 외곽을 두른 흙길이 구불구불 연결된다.

야생화는 본래 특별한 월동대책 없이도 스스로 겨울을 나고 때가 되면 그 자리에서 번식하는 식물이다. 기후에 맞는 꽃을 초기에 잘 고르기만 한다면 해가 지나도 그 자리에서 계절마다 꽃을 피우기 때문에 생각보다는 품이 들지 않는 경우가 많다. 우리꽃이 주는 포근함이 좋다면 한번 시도해보는 것도 좋을 것이다.

01
항아리와 야생화를 주 소재로 꾸민 조경 사례다. 갈색 오일스테인으로 칠한 주택과 자연스럽게 어우러지는 친근함이 특징이다.

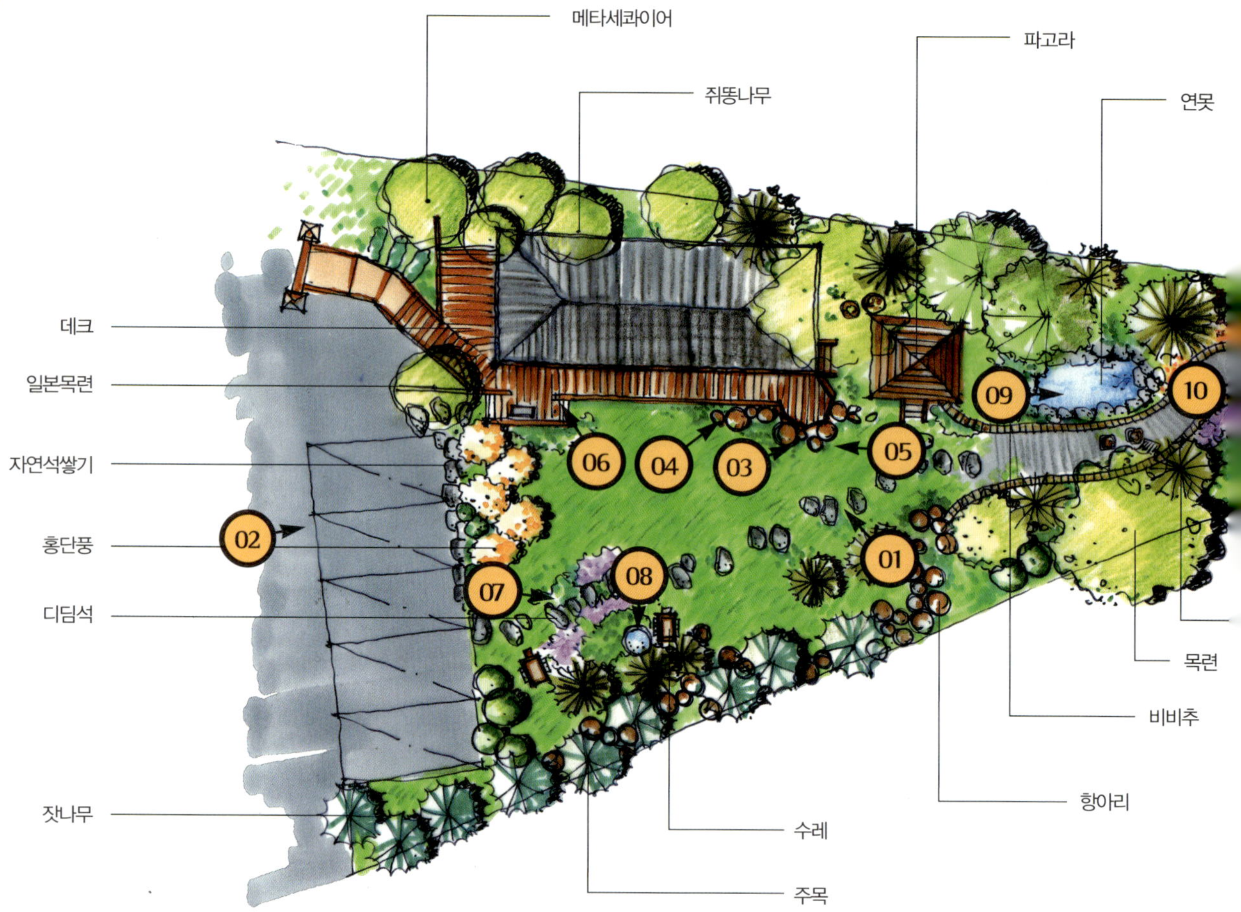

겨울이 지나면 목련꽃이 가장 먼저 피어나 새봄을 반긴다.

향나무 은행나무

주목

도심지에 위치한 정원이지만 울타리 역할을 하는 우거진 나무들이 시선 또한 차폐해 오붓함을 느낄 수 있다. 항아리를 비롯해 정자와 오솔길, 연못 등 다양한 모습을 경험하게 해준다.

03

항아리 앞으로는 올망졸망한 꽃들을 색깔별로 심어 활기를 더했다.

04

봄이면 봄, 여름이면 여름, 각 계절별로 피어나는 꽃들을 잘 골라 심는다면 1년 내내 화사한 정원을 만끽할 수 있다.

05

깨진 항아리도 계절에 맞는 꽃다발만 있다면 꼭 필요한 소품으로 활용이 가능하다.

06
데크와 맞물리는 곳에는 테크 높이와
비슷한 키의 꽃을 풍성하게
심어 보기 좋게 둘렀다.

07
정원을 가로지르는 디딤석 옆으로도
아담한 꽃무더기를 배치해
위트 있게 꾸몄다.

08
네모난 물확에는 애기별꽃을 가득 심어 화분 대용으로 활용했다. 뒤쪽 공간에는 작은 텃밭을 꾸며 채소류를 재배하는 모습도 보인다.

09
안쪽에 마련된 작은 연못에도 부레옥잠을 띄워 푸르름을 이어간다.

10
정원 끝쪽으로 이어진 오솔길은 벽돌을 비스듬히 뒤여 구불구불하게 조성했다.

11
군락을 이룬 비비추가 정원 끝자락을 풍성하게 마무리해 준다.

CASE 4 Flower Garden **287**

Flower Garden 3

정원에 활기를 더하는 야생화의 향연

길게 이어진 산등성이 아래 자리 잡고 있는 하얀 집은 한 폭의 그림에서 튀어나온 듯한 외관을 자랑한다. 경사진 대지에는 촘촘히 잔디를 심고 마당 한켠으로 장독대와 정자를 두어 전원주택의 한가로운 정취를 살린 모습이 눈길을 사로잡는다. 주변을 가득 둘러싼 짙푸른 녹음이 마냥 싱그러운 이곳, 자연석으로 변화무쌍하게 조성된 정원 곳곳에는 색색의 야생화들이 활기를 더하고 있다.

계절마다 피어날 꽃을 심어 가꾸는 것은 쉬운 일이 아니다. 꽃잎의 색깔과 크기, 꽃이 만개하는 시기나 유지되는 기간 등 고려하자면 끝이 없다. 거기다 매년 이를 관리하고 물을 주고, 신경 써야 할 부분이 한두 가지가 아니기 때문에 야생화 정원이야말로 부지런한 이들만이 얻어낼 수 있는 값진 결과라 할 수 있다.

현관을 지나 언덕배기 대지에 이어진 정원 가장 안쪽에 선 주택으로 진입하려면 편평한 바윗돌로 이어진 디딤석을 따라가면 된다. 이 길 옆에는 자그마한 스텝등이 줄지어 서있는데, 적절하게 배치된 경관조명은 보행자의 안정성을 보장해주는 장치다. 갖가지 초화류가 틈틈이 심겨져 어우러진 모습이 무척이나 자연스럽다.

여기에 몇 백 년은 됐음직한 멋스러운 소나무들이 정원 곳곳에 식재되어 있고 한쪽에 가지런히 올려진 항아리들은 예스러움을 더하며 다소곳이 모여 있다. 주택의 데크에는 야외테이블을 두고 끝부분에는 정자를 설치, 역시나 갖가지 화초와 관목을 심어 꾸며 놓았다. 적절한 위치마다 놓인 석물 또한 어색함 없이 어우러졌다. 집 뒤쪽으로 흐르는 시원스런 계곡은 청량감을 더해 정원을 더욱 풍성하게 만들고 있다.

01
산등성이를 배경으로 한적한 언덕배기에 들어선 주택. 주변으로 짙은 녹음이 드리워져 있다.

02
숲 속의 산책로를 떠올리게 하는 주택의 마당 전경. 자연석을 이용해 건물로 이어지는 동선을 알려주고 있다.

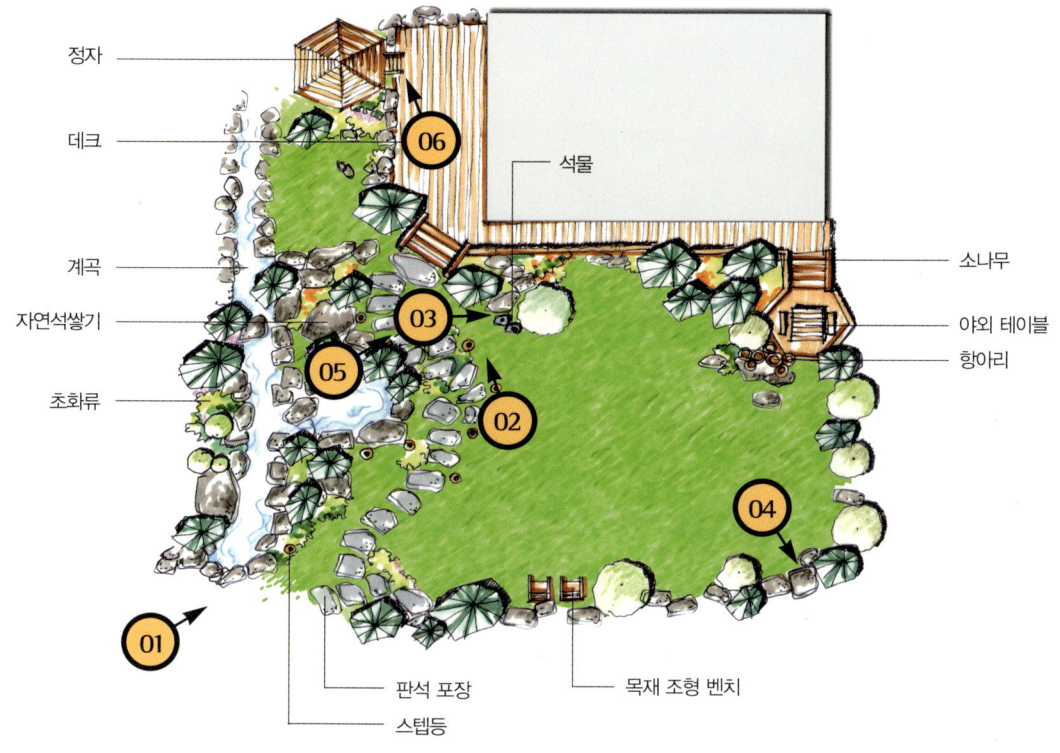

아래정원에 마련된 황토방. 촘촘히 이어진 디딤석과 야트막한 화단이 아담한 멋을 풍긴다.

CASE 4 Flower Garden

04

포레스트힐은 돌이 많은 지역에 위치한 주택단지이다. 큰 바위를 그대로 드러내고 주변으로 작은 꽃들을 심어 앙증맞은 자태를 뽐낸다.

05

현관 앞의 진입로. 디딤석의 틈새마다 갖가지 들풀과 꽃들이 자라난 모습이다. 앙증맞은 꽃잎의 컬러풀한 색감이 눈길을 끈다.

06
마당 한켠에 마련된 정자. 정자 아래와 주변에도 온갖 초화류가 가득하고 난간에는 화분도 걸었다. 자연 조경을 적극 활용한 모습이다.

Flower Garden 4

시간이 지날수록 풍성하고 아름다운 정원

굳이 조경작업이 아니더라도 무언가를 아름답게 꾸미기 위해 사용되는 요소 중 꽃만 한 것이 또 있을까. 다양한 색상과 형태, 크기와 향기로 인해 사람들의 눈길을 끄는 꽃이야 말로 공간을 한층 화사하게 만들어주는 가장 확실한 해법이다.

이 주택의 대문을 열자마자 눈에 들어오는 것도 꽃이다. 건물의 주위를 감싸고 있는 데크 아래 앙증맞은 꽃들이 길게 줄지어 피어 있다. 분홍색, 노란색, 보라색, 흰색 등, 이 계절에 보여줄 수 있는 모든 색상을 늘어놓은 듯한 모습이다. 집 뒤로 돌아가면 화단을 따라 이어진 꽃 사이사이로 벚나무와 꽃사과나무, 매화나무 등 갖가지 수목들도 함께 자리하고 있다. 그리고 함께 배치된 아담한 크기의 자연석과 정원등, 의자가 정겹다.

이제 일구어 놓은 텃밭과 한창 자리를 잡는 중인 화초들이 아직은 서로 조금씩 어색해 보이지만, 한해 두해 지날수록 더욱 풍성하고 아름답게 어우러질 정원의 모습이 눈에 선하다. 꽃을 통해 눈을 즐겁게 하는 동시에 마음까지 푸근하게 해주는 조경작업의 묘미를 한껏 느낄 수 있는 사례이다.

01
목재로 된 대문을 지나면 가지런한 디딤석이 현관까지 이어진다.

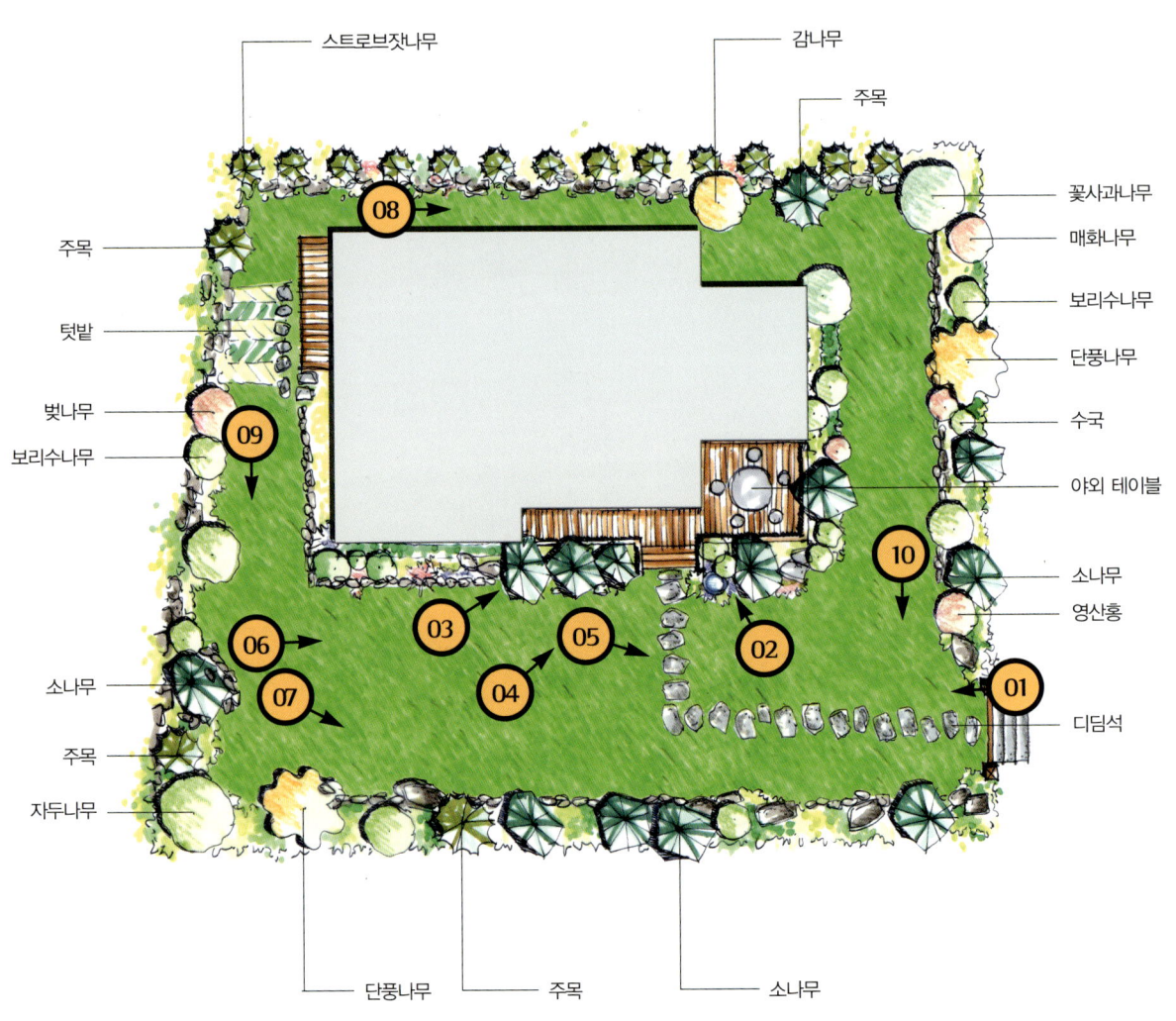

03 데크 아래 일렬로 심어진 조목과 꽃, 돌멩이를 쌓아 만든 화단이 운치를 더한다.

04 현관으로 이어지는 데크와 계단. 자연석을 배치하고 소나무를 심었다.

05 계단에서 바라본 대문.

CASE 4 Flower Garden   297

06

정원 한쪽에서 바라본 주택 전경.

07

정원 앞, 이웃집과의 경계에는 단풍나무와 주목, 소나무 등의 관목을 식재해 나무가 자랄수록 시선을 차단하도록 했다.

08

자칫 무신경하게 지나칠 수 있는 뒤쪽 마당에도 자연석을 이용해 화단을 조성하였다.

09
자줏빛 꽃과 나무의자가 어우러진 널찍한 공간.

10
대문 양 옆으로 소나무 한 그루씩을 심고 그 밑에는 관목과 화초를 식재하였다.

Flower Garden 5

꽃무더기 가득한 너른 마당

따사로운 햇볕이 내리쬐는 마당은 무척이나 조용하고 한가롭다. 특별한 울타리 없이 키 작은 관목을 두른 탓에 외부에서도 집의 마당 안쪽이 훤히 들여다보인다. 대문 역시 따로 없어 앙증맞은 우체통을 지나면 정원으로 곧장 들어서게 된다.

중앙의 잔디밭은 아이들 네댓 명이 뛰어놀거나 가족, 친구들이 모여 바비큐 파티를 하기에 안성맞춤으로 보인다. 대문에서 현관까지는 디딤돌이 놓여 있으나 굳이 정해진 동선대로 움직일 필요는 없다. 마당의 구석에는 벤치와 테이블 세트가 준비되어 발길을 향하게 하고 건물에 가려진 구석진 곳에는 작은 정자도 보인다.

널찍하게 펼쳐진 잔디밭 사이에서 눈길을 끄는 것은 다름 아닌 작고 예쁜 꽃무더기들이다. 정원 한쪽의 언덕 위에도 온통 꽃들이 활짝 피어 있고 그 아래 석축 밑으로도 키작은 앉은뱅이 꽃들이 즐비하다.

대지의 경계선을 따라 듬성듬성 놓인 소나무와 단풍나무, 회양목 아래에는 빨갛고 노랗고 하얀 꽃들이 줄지어 피어 있다. 널찍하기만 한 잔디밭을 보면 집주인이 정원 가꾸기에 무심한 것이 아닌가 싶다가도 이 꽃들을 보면 그렇지만은 않다는 생각이 절로 든다. 나무를 키우고 잔디를 다듬는 것 이상으로 손이 많이 가는 일이 바로 꽃을 심어 가꾸는 것이기 때문이다.

01
널찍한 잔디밭 주위로 갖가지 수목과 꽃들이 가득한 주택 정원.

02
특별한 담도 대문도 없는 이 집은 우체통이 놓인 계단을 오르면 진입할 수 있다.

03
주택의 데크 아래와 외벽 주위에도 키작은 초화류를 심고 소나무도 세워 녹음을 더했다.

04 **05**
다양한 색상의 꽃들이 만개한 정원.

06 소나무 밑둥 옆으로는 항아리를 두고 멀리에는 벤치와 테이블, 의자를 배치하였다.

07 대지 바로 옆 언덕과 바위 아래에도 꽃들이 만발해 있다.

08 노란 꽃이 시선을 끄는 정원 한켠.

PART 5

Kitchen Garden

텃밭 가꾸기 전략   **308**
초보자를 위한 작물별 재배 노하우
텃밭 크기에 따른 재배 사례

유기농 재배의 실제   **312**
땅고르기 – 이랑 만들기 – 파종하기 –
김매기 & 솎아내기 – 병충해 막기 – 수확하기

우리집 텃밭에 적당한 채소   **316**
다양한 쌈 채소
비타민과 미네랄이 풍부한 새싹채소 가꾸기
겨울철 휴경지를 이용한 텃밭농사
가을 김장채소 기르는 법

건강한 텃밭을 위한 퇴비 만들기   **324**
퇴비 만들기
발효제 만들기
쌀뜨물로 영양제 만들기
단계별 퇴비실

Kitchen Garden

작물 선택과 규모별 계획 & 재배
텃밭 가꾸기 전략

가장 중요한 텃밭 준비물은?

텃밭 가꾸기에 가장 중요한 준비물은 마음가짐이다. 많은 사람들이 의욕적으로 텃밭에 달려 들지만 결국에는 잡초만 무성하게 내팽겨 두는 경우가 많다. "곡식은 주인 발소리를 들으며 자란다."는 우리 선조들의 말이 있다. 곡식을 키움에 있어 정성을 들여야 할 뿐만 아니라 실제 곡식은 자신을 키우는 주인을 알아본다는 의미도 내포된 것으로 해석할 수 있다. 그러한 생명체에 독이나 다름없는 농약과 제초제를 살포하고, 사랑과 정성이 담기지 않은 화학비료나 뿌려 댄다면 식물의 본능적 생명력은 상실되고 말 것이다.

텃밭 계획과 적정 규모

옥외 공간 중에서도 특히 채소가 잘 자라는 장소가 있다. 일반적으로는 건물의 남쪽에 위치해 햇빛이 잘 들고 배수가 잘되며 기름진 토양이 적당하다. 또한 되도록이면 주거공간과 가까운 장소를 선택해 텃밭을 만드는 것이 좋다. 무작정 남는 공간을 텃밭으로 만들 것이 아니라 가족의 연간 채소 소비량, 심을 작물, 텃밭의 규모를 고려해야 한다. 너무 많이 심었다가 일손이 모자라 그냥 묵혀버리면 오히려 시간과 돈 낭비가 되기 때문이다.

매일 돌볼 수 있다면 3~5평 규모부터

텃밭을 처음 시작해 본다면 너무 욕심내지 말자. 면적을 넓게 잡아 다양한 작물을 기르면 차츰 손이 딸려 지치게 되고 결국 어느 것 하나 제대로 수확하기 어렵다. 또 매일 관리할 수 있는가 아니면 주말에만 짬을 낼 수 있는가도 생각해, 활용할 수 있는 가족의 노동력과 텃밭의 접근성 등도 고려해 규모를 산정한다.

일반적으로 두 명이 상주해 꼼꼼히 돌볼 수 있다면 3~5평 정도로 시작하는 것이 가장 적당하다고 전문가들은 조언한다. 일이 손에 익고 나서 차츰 그 규모를 넓혀가는 것도 즐거운 과정이 될 것이다.

가정에서 연간 소비되는 채소량을 1인당 40kg 정도라고 가정해 보자. 4인 가족을 기준으로 이 가족에 필요한 채소량은 연간 160kg이다.

재배기술에 따라 차이가 나겠지만 평균 1㎡의 땅에 2.5~3kg의 채소를 생산한다고 보고 일년에 두 번을 수확한다면, 소요면적은 50㎡(15평) 정도 필요한 셈이다. 가정에서 소비되는 채소량의 50% 정도를 자체 생산한다고 하면 약 15평 정도의 텃밭이 필요한데, 이렇게 재배해서 수확하면 일년에 적지 않은 반찬값을 절약할 수 있다. 그러나 돈으로 환산할 수 없는 즐거움이나 가족의 건강이 여기에 있음은 물론이다. 소일거리로 무공해 채소도 기르고 진정한 땀의 의미도 되새겨 보는 좋은 기회가 될 것이다.

어떤 품종을 심어 볼까?

텃밭에 심기 적합한 채소는 일단 기르기 쉬워 농사를 처음 짓는 사람이라도 쉽게 재배할 수 있는 것이어야 한다. 또한 관상가치가 있는 작물이라면 일석이조. 대부분의 채소는 한 작물을 같은 장소에 계속해서 심게 되면 병충해의 피해가 심해지거나 토양의 성분이 나빠지는 경향이 있어 생육이 크게 떨어진다.

이러한 현상을 '연작장해'라고 하는데, 텃밭이 넓지 않은 가정에서는 연작장해가 적은 작물을 골라 심고 되도록이면 같은 작물의 연작은 피하는 것이 좋다. 텃밭채소는 자기 가족의 먹을거리이므로 식탁에 자주 오르는 채소와 그 양을 고려해 심는다. 농업기술센터에서는 우리나라 기후에 알맞은 채소로 다음을 들고 있다.

상추 / 쑥갓 / 시금치 / 무 / 배추 / 감자 / 당근 / 완두콩 / 강낭콩 / 생강 / 토마토 / 호박 / 단옥수수 / 고추 / 마늘 / 파 / 미나리 / 부추 등

초보자를 위한 작물별 재배 노하우

적기	품목	구분	방법	비고
2월말~3월초	감자	모종	씨감자 싹을 키워 싹이 있는 쪽으로 조각을 내어 50cm 간격으로 심는다. 꽃이 피면 꽃대를 잘라줘야 감자에 아린 맛이 생기지 않으며 감자의 씨알이 굵어진다.	뿌리가 내린 다음 웃거름을 주고 싹 틔운 씨감자로 구입해야 한다.
4월	얼갈이배추·열무·쑥갓	직파	20cm 간격으로 줄뿌림을 하거나 흩어뿌린 후에 큰 것부터 속아내며, 속아낸 얼갈이와 열무는 삶아서 무쳐먹거나 된장국을 끓여 먹어도 맛있다.	씨앗을 뿌릴 때는 보이지 않게 흙으로 살짝 덮어준다.
	고추	모종	사방 50cm 간격으로 심고 밑둥에서 굵은 가지가 두 개로 나뉘어지는 것만 빼고 곁가지는 모두 따낸다. 한줄 재배 : 이랑 간격 100cm, 포기 간격 20cm 두줄 재배 : 이랑 간격 60cm, 포기 간격 30cm	뿌리가 내린 다음 1차 웃거름을 주어야 한다. 2, 3차는 30일 간격으로 준다.
	가지	모종	50cm 간격으로 심으며 곁가지는 쳐주지 말고 맨 처음 자란 커다란 잎만 따주어야 한다 (버린 잎을 밟으면 밟힌 숫자만큼의 가지가 많이 열린다는 속설도 있음)	
	토마토	모종	40~50cm 간격으로 심어 어느 정도 자라면 여름장마에 견딜 수 있게 단단하게 지지대를 묶어주며 곁가지를 따주어야 한다. 이 때 커다랗게 자란 잎도 따주어야 열매가 크게 자란다. 토마토는 원줄기에서만 열리게 한다.	뿌리가 내린 다음 웃거름을 주어야 한다.
	상추	모종, 직파	사방 한뼘 20cm 간격으로 심으며 잎이 자라면 겉잎부터 수확한다. 씨를 뿌려서 속아가며 키우기도 한다.	
	콩	직파	한 구멍에 3개씩 30cm 간격으로 심는다(강낭콩, 완두콩 등 풋콩류).	거름이 많으면 가을 수확하는 콩은 덩굴만 무성하고 열매는 제대로 여물지 않는다.
	파	모종	실파의 푸른잎을 대충 자르고 사선으로 눕혀 20cm 간격으로 심는다(김장 모종의 경우는 8월에 심는다).	
5월초	고구마	모종	고구마싹을 50cm 간격으로 심으며 그늘을 만들어주는 것이 실하게 키우는 방법이다. 줄기가 무성하게 자라면 고구마 줄기를 따주며 속아낸다. 고구마줄기는 삶아서 껍질을 벗긴 후 볶아먹거나 말려서 겨울에 먹으면 좋다.	습기가 적고 기름기가 적은 황토밭이 좋다.
4·7월 초	당근	직파	20cm 간격으로 줄뿌림 또는 흩어뿌림을 한 후 속아준다.	
8월 초	양배추	모종	45cm 간격으로 모종의 뿌리가 상하지 않도록 모종컵의 흙까지 심는다.	
8월 중순	배추	직파·모종	직파 : 30~40cm 간격으로 5~6알씩 넣고 키우면서 실한 것은 남기고 속아낸다. 추워지기 시작하면 어는 것을 방지하게 위해 묶어준다. 모종 : 30~40cm 간격으로 구멍을 내고 물을 준 다음 모종을 심는다. 모종의 뿌리가 상하지 않도록 모종컵의 흙까지 모두 심는다.	
	무우	직파	한뼘 간격으로 2~3개씩 줄뿌림을 하고 자라면서 실한 것을 남기고 속아주며 가장자리의 무성한 잎을 따낸다. 무청은 삶아서 말리면 시래기 나물이 된다.	
	갓	직파	줄뿌림이나 흩어뿌림을 한다.	
	쪽파	씨앗넣기	10cm 간격으로 씨앗을 넣는다.	
	양상추·상추	모종	양상추는 40cm, 상추는 20cm 간격으로 심는다.	
8월 중하순	알타리	직파	20cm 간격으로 줄뿌림을 하거나 흩어뿌림을 한다.	

텃밭 크기에 따른 재배 사례

1평형 - 2구획

		1	2	3	4	5	6	7	8	9	10	11	12
	0.5평				상추 등 쌈채소			열무		총각무			
	0.5평			완두			시금치			김장배추			

2평형 - 4구획

		1	2	3	4	5	6	7	8	9	10	11	12
	0.5평				상추 등 쌈채소			열무		잣			
	0.5평			완두			시금치		김장무 · 배추				
	0.5평					옥수수							
	0.5평							고구마					

3평형 - 4구획

		1	2	3	4	5	6	7	8	9	10	11	12
	0.5평				상추 등 쌈채소			열무		잣			
	0.5평			완두			시금치		김장무 · 배추				
	1평					옥수수							
	1평				마늘				열무		마늘		

4평형 - 5구획

		1	2	3	4	5	6	7	8	9	10	11	12
	0.5평				상추 등 쌈채소			열무		잣			
	0.5평			완두			시금치		김장무 · 배추				
	1평					옥수수							
	1평					고추 · 고구마							
	1평				마늘				열무		마늘		

5평형 - 6구획

		1	2	3	4	5	6	7	8	9	10	11	12
	0.5평				상추 등 쌈채소			열무		잣			
	1평				토마토 또는 오이				당근				
	0.5평			완두			시금치		김장무 · 배추				
	1평					옥수수							
	1평					고추 · 고구마							
	1평				마늘				열무		마늘		

6평형 - 7구획

		1	2	3	4	5	6	7	8	9	10	11	12
	0.5평				상추 등 쌈채소			열무		잣			
	0.5평			완두			시금치		김장무 · 배추				
	1평					옥수수							
	1평					고추 · 고구마							
	1평				토마토 · 오이				당근				
	1평				감자				파				
	1평				마늘				열무		마늘		

7평형 - 7구획

		1	2	3	4	5	6	7	8	9	10	11	12
	1평				상추 등 쌈채소			열무		잣			
	1평				토마토 · 오이				당근				
	1평			완두			시금치		김장무 · 배추				
	1평					옥수수							
	1평						고추 · 고구마						
	1평						콩 · 호박						
	1평				마늘				열무		마늘		

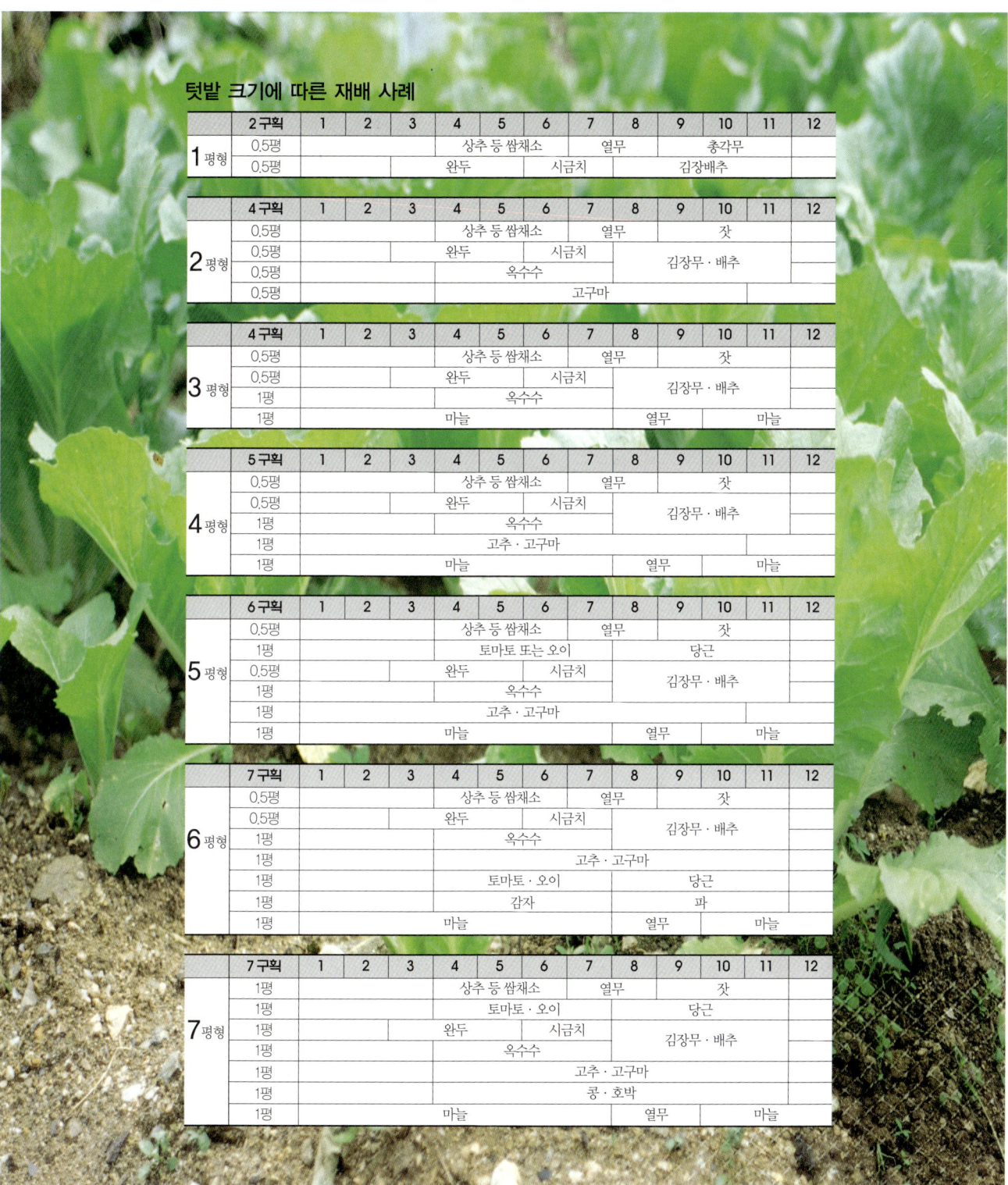

Kitchen Garden

씨뿌리기부터 수확까지
유기농 재배의 실제

1 땅 고르기
흙의 기운을 돋우는 작업

좋은 텃밭에서 좋은 채소가 나오는 것은 당연하다. 좋은 땅이란 우선 햇볕이 잘 들고 통풍이 잘 되며 물 빠짐이 좋은 곳을 말한다. 이러한 토양에서는 모든 채소가 잘 자란다. 그러나 이 조건들을 모두 충족시키는 땅을 갖는 것은 어려운 일이다. 게다가 우리나라 토양은 화강암이 풍화된 상태로 산성 땅이 많기 때문에 석회와 거름이 꼭 필요하다.

땅고르기는 '정지(整地)'라고도 일컫는 큰 풀이나 돌을 골라내는 작업부터 시작한다. 땅고르기가 끝나면 석회 비료주기, 퇴비넣기 작업을 통해 지력을 돋워 준다. 농협에서 고토석회를 살 경우 30평 기준, 15kg 정도의 기본량을 밀가루 뿌리듯 땅 전체에 골고루 뿌려준다.

비료를 뿌리고 난 후에는 땅을 갈아엎어 흙과 잘 섞어 놓는다. 퇴비넣기는 전층시비(全層施肥)를 기본으로 흩어뿌리기 한 후 깊이 섞는다. 이때 석회와 퇴비는 같이 뿌려도 무방하다.

규모가 작은 텃밭의 경우에는 퇴비와 동물의 분비물, 혼합유기질 비료만으로 충분히 흙을 고를 수 있다. 퇴비는 종묘상이나 꽃집에서 살 수 있고 가정에서는 소나 돼지, 닭 등의 분료나 식물 쓰레기를 모아서 이용하면 좋다.

음식물 쓰레기는 소금기를 없애도록 흐르는 맑은 물에 몇 번 씻어 물을 뺀 후 말려서 쓴다. 녹즙, 한약 찌꺼기와 낙엽 그리고 달걀이나 굴 껍질을 적당히 부순 것도 흙의 기운을 살리는 데 좋은 재료다.

2 이랑 만들기
작물에 따라 높이와 폭을 다르게

땅을 어느 정도 고른 다음, 해야 할 작업이 이랑 만들기다. 이랑이란 씨를 뿌리거나 모를 심는 곳을 말한다. 채소에 따라 이랑의 넓이가 달라질 수 있으나 보통 1.2m가 무난하다. 1.2m 넓이에 길이 2.7m 정도면 한 평 면적이 된다는 것을 염두에 두자. 이랑과 이랑 사이에는 35cm 정도의 통로를 두어야 작업이 편리하다.

씨를 뿌리거나 모종을 심는 이랑은 작물의 특성에 따라 높낮이와 폭을 달리 한다. 이랑의 높이 역시 채소에 따라 달리하는데 수분이 많아야 하는 작물은 이랑을 낮게, 건조한 토양을 좋아하는 작물은 이랑을 높게 한다. 또한 1줄 재배, 2줄 재배, 이랑의 방향 등에 따라서도 그 모양이 달라진다. 대개 햇빛을 많이 받게 하려면 동서방향이 적합해야 하는데, 토양 온도와 배수를 좋게 하고 뿌리에 산소를 공급하기 위해서는 약 15~20cm 정도의 둔덕을 만들어야 한다.

만약에 관수한 물이 토양 내에 흡수되지 않고 토양 표면에 남아 있게 되면 뿌리의 생육을 방해해 병이 발생하게 된다. 그러므로 수분이 많은 것을 싫어하는 고추 등은 둔덕을 높게 하고, 상추나 쑥갓 등 건조한 것을 싫어하는 작물은 둔덕을 낮게 해 주는 작업이 필요하다.

3 파종하기
초보자는 종묘를 구입하는 게 유리

씨앗을 뿌리는 것과 키워둔 묘를 사서 심는 경우가 있다. 씨앗을 뿌려 키우면 처음부터 자라나는 모습을 보는 즐거움이 있지만, 사실 일반 가정에서는 묘를 기르기가 쉽지 않으므로 좋은 모종을 선택해 기르는 편이 낫다. 특히 고추, 가지, 토마토처럼 묘 기르는 기간이 60~80일 정도로 긴 것은 늦봄에 종묘상이나 꽃집에서 키워 파는 묘를 사서 심는다.

파종법은 작물의 종류에 따라 흩어 뿌리거나(산파) 줄 뿌리기(조파), 점 뿌리기(점파) 등을 다양하게 활용한다. 산파는 쑥갓, 열무, 얼갈이배추 등의 경우에 조파는 이랑 높이 20~30cm, 폭 80~120cm, 조간거리는 10~20cm로 하고 주로 밀식 재배하는 엽채류, 근채류 등에서 많이 활용된다. 점파는 이랑 위에 일정한 간격을 두고 한 곳에 3~4개의 종자를 파종하는 방법으로 완두, 강낭콩, 참외, 수박, 호박, 배추처럼 재식거리가 먼 채소에 이용된다.

4 김매기 & 솎아내기
풍성한 수확을 위한 필수 과정

밭에 나는 잡초를 뽑아주는 일을 김매기라 한다. 잡초는 일반 작물보다 자라는 속도가 매우 빠르고 번식력이 왕성하기 때문에 초기에 잡아 주어야 한다.

미리 잡초가 나는 것을 방지하기 위해 땅에 비닐을 덮어주기도 하지만, 비닐은 환경보호 측면에서 보면 되도록 쓰지 않는 것이 바람직하다. 대신 신문지나 볏짚을 두세겹 깔거나 쌀포대를 이용하면 된다. 유기농으로 텃밭을 가꾸는 일은 농약을 사용하지 않는 만큼 손이 더 가는 것이 사실이다. 자주 열심히 뽑아주는 것이 최상의 방법이다.

어떤 채소건 수확을 할 때까지는 두 번 정도의 솎아내기가 필요하다. 싹의 생육 상태를 보면서 잎 모양이 나쁘거나 약해 보이는 것, 너무 웃자란 것은 제거한다. 종자 싹이 나오지 않는 곳에는 촘촘하게 자란 곳에서 식물 뿌리가 손상되지 않도록 흙을 떠서 옮겨 심어 준다.

5 병충해 막기
진딧물을 퇴치하는 여러 민간요법

채소의 가장 큰 적은 진딧물이다. 농약을 뿌리지 않는다는 전제를 두고 다음 방법들을 사용하면 효과적이다.

① 진딧물은 노란색을 싫어한다. 어미 진딧물이 날아오는 것을 막도록 텃밭 주위와 채소밭 위에 0.5~1m 높이로 노란색 비닐 테이프(반사되어 반짝이는 것이 좋다)를 1m 간격으로 쳐둔다.
② 담배꽁초 우려낸 물을 뿌려준다. 니코틴은 예로부터 자연농약으로 많이 쓰여 온 것인데, 물 1컵에 담배꽁초 2~3개를 넣어 1~2시간 우려낸 물을 스프레이로 진딧물에 뿌려준다.
③ 스프레이에 요구르트를 넣고 진딧물 몸에 충분히 묻도록 뿌려준다. 요구르트가 마르면서 숨구멍을 막아 죽게 한다.
④ 현미식초를 물에 타 사용한다. 신 냄새가 뭉근히 나는 정도의 배율로 물에 타 벌레에 직접 뿌려준다.
⑤ 썩은 우유나 시중에서 판매하는 목초액을 사용한다.

6 수확하기
비 오는 날 피해 아침과 저녁에

채소를 적기에 수확하는 일은 매우 중요하다. 한창 물이 오르고 맛과 풍미가 최고조에 이를 때 수확한 채소는 신선하고 영양가치도 높기 때문이다. 물론 수확기는 채소에 따라 다르며 과일 역시 색깔과 단단한 정도, 크기 등을 잘 보고 수확해야 한다.

먹을 때가 된 작물의 경우라도 그 시기를 잘 선택해야 한다. 하루 중 햇볕이 뜨거운 한낮보다는 아침이나 저녁에 수확을 해야 생산물의 온도가 낮기 때문에 호흡량이 적어 쉽게 시들지 않는다. 마늘이나 감자, 당근 등은 비 오는 날을 피해 토양 수분이 건조할 때 수확하면 저장기간이 길어진다.

> ### 영양 만점! 가을볕에 채소 말리기
>
> 한낮의 따가운 햇살과 아침, 저녁으로 부는 찬바람, 가을은 겨우내 먹을 채소 말리기에 그만인 계절이다. 옛 조상들은 가을볕에 말려둔 채소로 겨울과 봄 사이에 부족한 영양을 요긴하게 보충했다고 하니 말린 채소의 영양분은 이미 입증되었다 할 수 있겠다.
>
>
>
> **애호박** : 0.5cm 두께로 썰어 그대로 채반에서 말리면 되는데, 말리는 도중에 한 번씩 뒤집어야 골고루 건조시킬 수 있고 어지간히 마르면 실에 꿰어 바람이 잘 통하는 곳에 걸어두거나 양파 망에 넣어 보관한다.
>
> **가지** : 늦가을 끝물에 나오는 가지를 선택해야 씨도 없고 단맛이 강하므로 말리기에 적당하다. 가지를 말릴 때는 꼭지 부분을 2cm 정도 남기고 십자로 칼집을 넣어 줄에 걸쳐 매달아 두는 것이 좋다. 사전에 소금물에 살짝 담갔다가 말리면 더 고운 색이 난다고 하니 기억해 두자.
>
> **무** : 가장 쓰임새가 많은 무 말리기는 손가락 굵기로 썰고 하나씩 실에 꿰어서 말리면 되는데 간격이 너무 촘촘하면 무가 서로 겹쳐지는 곳이 잘 마르지 않는다. 또 무청은 손질하고 나서 그대로 말려도 되고 삶아서 말려도 된다. 잘 말린 무는 냉동실에 보관하고 요리를 할 때는 5분 정도 물에 불린 뒤 사용한다.
>
> **고춧잎, 깻잎** : 깨끗하게 씻은 고춧잎과 깻잎을 끓는 물에 살짝 데친다. 데친 후 찬물로 헹궈 물기를 꼭 짜고 채반에 널어 말리기만 하면 된다. 먹을 때는 미지근한 물에 불리되, 지나치게 오래 불리면 잎의 특유의 향과 단맛이 빠지게 되니 주의한다.
>
> ### 말릴 때 이것만은 알아두자
>
> 1. 맑고 바람이 약간 있는 날에 채소를 말리는 것이 좋다. 강한 햇빛은 피하고 통풍이 잘되는 그늘에서 말려 채소 속까지 완전히 건조시키도록 한다.
> 2. 구석구석 잘 마르게 하려면 채소를 자주 뒤적거려 준다.
> 3. 두꺼운 채소는 얇게 썰어서 말린다. 살짝 데친 후 말리면 색과 향을 살릴 수 있는 장점이 있다.
> 4. 습도가 높을 때는 말린 채소를 냉동실에 보관한다.

Kitchen Garden

주요 작물별 심기와 키우기

우리집 텃밭에 적당한 채소

작물을 선택하는 몇 가지 기준

01 집에서 밭까지의 거리를 생각하자. 집과 가까우면 어떤 종류를 선택해도 좋지만, 멀리 떨어져 있으면 제약이 있다. 매일 수확해야 하는 채소나 도난당하기 쉬운 귀한 품종은 피하는 것이 좋다.

02 1주일에 몇 번 왕래할 수 있는지 따져본다. 1주일에 1회나 월 2~3회 밖에 방문할 수 없다면 종류를 선택하는데 신중해야 한다. 자주 가는 경우 오이나 딸기를 재배해도 좋지만, 뜸할 경우엔 배추와 양파, 순무 등 물을 자주 주지 않아도 되고 병충해에도 강한 작물이 적당하다.

03 평수에 따라서 재배할 종류도 달라져야 한다. 좁으면 적은 양으로 충분하거나 새로운 채소, 진귀한 종류 등을 기르고, 넓으면 저장성이 높고 대량 소비할 수 있는 것으로 선택한다. 혹 부엌에 바로 딸려 있는 미니텃밭에는 적은 양만 있어도 되는 양념·향신 채소나 곁들임 채소가 적당하다.

04 토양이 가진 수분이 어느 정도인가도 고려한다. 습기가 많아도 잘 자라는 채소는 토란, 샐러리, 미나리 등이다. 반면 건조한 토양에는 고구마, 토마토, 대파, 무, 우엉, 호박 등이 좋다. 물 빠짐이 약한 땅에는 둔덕을 약간 높게 해 이를 보완하면 공기도 잘 통해 뿌리를 튼튼하게 만들 수 있다.

05 하루 종일 받을 수 있는 햇볕의 양도 중요하다. 강한 빛에서 잘 자라는 식물은 수박, 멜론, 토마토 등의 열매채소류이다. 반 음지나 그늘에서는 대부분의 수확이 좋지 않지만, 그나마 적은 빛에도 잘 견디는 종류로는 강낭콩과 머위, 생강, 파슬리, 양상추, 잎파 등이 있다.

효율적인 윤작을 위한 작물 배치

첫 해 채소 재배가 잘되었는데, 다음 해부터 수확이 어렵다면 연작 피해를 의심해야 한다. 연작 피해란 같은 채소를 땅에 계속 재배함으로써 땅 속에 그 작물에 해가 되는 병균이 발생하여 입는 피해다. 이러한 피해를 줄이기 위해서는 잘 썩은 퇴비를 사용해 유기물이 많이 살아 있는 땅을 유지시켜야 한다. 또한 다른 종류와 잘 섞어서 윤작하는 것이 병충해를 효과적으로 예방하는데 도움을 준다.

예를 들어 흙 속의 양분을 많이 흡수하는 옥수수 등의 후작으로는 퇴비가 많이 필요 없는 콩류를 심는다. 콩류는 땅을 비옥하게 해주기 때문에 그 후작으로는 퇴비 없이 가꿀 수 있는 잎채소를 가꾸는 식이다.

섞어 심기 기준표

심을 작물	같이 심으면 좋을 작물
토마토	대파, 갓, 당근, 마늘, 부추
옥수수	오이, 호박, 감자, 고구마
고추	들깨, 파, 양파, 당근
가지	콩
양파	딸기, 당근
감자	강낭콩, 완두콩
보리, 밀	완두콩
시금치	대파, 마늘

휴식기한의 기준표

돌려짓기 기한	채소
이어짓기 해도 좋은 것	무, 시금치, 부추, 쑥갓, 근데, 호박, 참깨, 옥수수
1년 휴식	작은 순무, 강낭콩, 경수채, 갓, 땅콩
2년 휴식	부추, 파슬리, 양상추, 샐러드, 배추, 비트, 생강, 오이, 딸기
3~4년 휴식	가지, 토마토, 피망, 감자, 누에콩, 토란, 우엉
4~5년 휴식	피망, 고추, 강낭콩, 완두콩

서로 좋아하는 작물끼리 심기

햇빛을 좋아하는 작물과 그늘진 곳을 좋아하는 작물을 함께 심고, 뿌리가 깊은 작물과 얕은 작물도 구별해 모은다. 벌레가 좋아하는 것과 싫어하는 것을 섞어 심어 병충해 등 여러 가지 생육장해를 극복하는 공생적 관계를 만들어 줄 수도 있다.

여러 개의 이랑을 통한 윤작

장소가 협소한 가정의 텃밭에서 사실 윤작은 어려운 일이다. 이 때 적용할 수 있는 방법은 밭에 4개의 이랑을 만드는 것. 하나의 이랑에 연작피해가 발생하기 쉬운 작물들을 모아 심는 것이다. 이렇게 하면 이듬해부터 작물 재배 계획이 간편해진다. 이랑A에서 올해 재배한 작물은 다음해 이랑B에 심고, 그 다음엔 이랑C로 옮겨 심게 되면 효율적인 윤작이 가능할 수 있다.

이어짓기해도 잘 자라는 채소는 고구마, 호박, 양파, 머위 등이다. 반면 다음 해 바로 심었을 경우 장해가 생기는 것은 완두, 수박, 멜론, 가지, 토마토, 오이, 양배추, 배추 등이다. 특히 완두와 감자는 뿌리에서 나오는 분비물에 자가 중독을 일으키는 물질이 있어 수확이 어렵다.

햇볕을 좋아하는 정도

강한 햇볕을 좋아하는 야채	호박, 가지, 수박, 토마토, 오이, 딸기, 홍당무, 양파, 감자, 고구마, 옥수수, 차마 등
약한 햇볕에도 자라는 식물	배추, 양배추, 파, 시금치, 양상추, 아스파라거스, 땅 두릅, 토란, 실파 등
그늘을 좋아하는 야채	머위, 생강, 참나물, 고추냉이 등
다습한 곳에서 잘 자라는 채소	미나리, 쇠귀나물 등
약간 습한 장소에서 자라는 채소	우엉, 근대 등
약간 건조한 장소에서 자라는 채소	고구마, 강낭콩 등

다양한 쌈 채소

적색 상추
잎이 잘 무르지 않아 기르기 쉬운 상추로 쌈용으로 많이 먹는다. 잎이 두껍고 잎색이 선명한 적색으로 연중 수확이 가능하다. 단, 온도가 높아지면 추대가 되어 도리어 수확량이 저하될 우려가 있으므로 유의해야 한다. 또 낮은 온도에서 싹을 내야 발아율을 높일 수 있다.

청색 상추
쌈 채소로 가장 인기가 높은 상추다. 잎의 녹색이 진하고 두껍지만, 부드러워 먹기에 편하다. 또한 추대(한 줄기의 잎에 빽빽이 자라 쓸모없게 되는 것)가 늦어 수확량이 많다. 집에서 싹을 내기도 쉽기 때문에 기르는 전 과정을 볼 수 있는 채소다. 간격을 적당히 두고 심어야 제 색이 나고 크는 즉시 바로 수확한다.

흑쌈치마 상추
잎이 두껍고 잎색이 진한 흑적색으로 쌈용 상추로 인기가 높다. 그러나 내한성이 약하므로 겨울재배는 피해야 하며 한여름 파종의 경우에는 추대의 염려가 있을 수 있다. 씨를 뿌려 싹튼 후 30cm 정도 폭으로 2~3회 솎아내기를 한다. 30일 이내에 옮겨 심고 물은 충분히 준다. 솎아내기를 끝낸 뒤에는 밑에서부터 차례로 잎을 따 수확한다.

청경채
4월에서 5월 중순 사이에 겹치지 않게 1cm 간격으로 씨를 떨어뜨린다. 가볍게 흙을 덮고 닭똥을 뿌린 다음 괭이 등으로 눌러준다. 본 잎이 완전해지면 포기 사이가 20cm 정도 되도록 솎아낸다. 엽육이 비교적 단단하고 맛이 담백해서 고기와 곁들여 요리하거나, 잎을 하나씩 떼어 내 쌈용 채소로 이용한다.

적근대
4월 말에 파종하면 7월 초부터 수확이 가능하다. 물 빠짐이 좋은 사질토나 점질토에서 잘 자라며 씨를 뿌려 싹튼 후 30cm 정도의 폭으로 2~3회 솎아내기를 한다.
물은 일주일에 한 번 땅 속 깊이 스며들 정도로 충분히 준다. 솎아내기를 끝낸 뒤에는 밑에서부터 차례로 잎을 따 수확한다.

비트
땅 온도가 9℃ 이상인 3~5월에 씨를 뿌리면 5~7월에 수확이 가능하다. 씨를 뿌리기 전 하룻밤 2~3번 깨끗한 물을 바꿔줘 가며 담가 놓는다. 약 2.5cm 간격으로 씨를 뿌리면 1~2주 후에 싹이 난다. 씨 한 개에 1~2개 싹이 나오는데, 잎은 쌈채로 먹고 뿌리는 직경 3cm 정도로 굵어지면 녹즙이나 채 썰기해 샐러드로 이용하면 좋다.

앤다이브

4월 초에 씨를 뿌려 5월말부터 7월초까지 수확이 가능하다. 싹 온도가 20℃ 이상이 되어야 싹이 잘 나온다. 씨앗은 3~4시간 물에 담가 놓아 바닥에 가라앉은 것을 골라서 20cm 간격으로 뿌린다. 0.5cm 정도로 흙을 얇게 덮고 그 위에 짚 등으로 덮어 수분 증발을 막는다. 수확까지는 50일 가량이 걸린다. 잎이 8~10장 가량 되면 가운데 한장만 남기고 아랫잎부터 수확한다.

적겨자

잎줄기가 두껍고 유연하며 매운 맛과 향이 풍부해 독특한 풍미를 갖는 채소다. 또 어느 토양에서나 잘 자라 기르기가 쉽고 생산량도 많다. 육묘할 때는 3번 솎아내는데, 쌍엽이 보이며 잎이 3~4장일 때 솎아낸다. 잎이 5~6장 되면 선발해 옮겨심기 한다. 쌈채로 먹을 때는 잎을 그때그때 떼어내 수확하면 된다.

바울레드

3~4월 노지에서 재배하는 샐러드 상추로 잎이 부드럽고 단맛이 나며 열무잎 모양처럼 잎이 깊게 갈라져 있다.
바로 뿌리거나 묘를 길러 키우는데 재식거리는 20×20cm이다. 기온이 높아지면 추대 현상이 발생될 우려가 있으므로 차광막이나 수막시설 등의 환경조절이 필요하다.

로사이탈리아나

치커리의 한 종류로 잎이 민들레잎과 비슷해서 민들레 치커리라 불린다. 맛은 고소한데 이눌린을 함유하고 있어 약간 쓴맛이 나기도 한다. 원래는 포기수확을 하는 채소이지만, 잎을 하나씩 떼어내서 쌈용 채소로 많이 먹는다. 일반적인 재배방법은 상추재배와 같으며 심는 간격은 20×30cm 정도로 서늘한 기후에서 잘 자란다.

롤로로사

미주, 캐나다, 유럽에서 많이 소비되는 포기형 상추로 적색이 진하고 보기에도 특이해 먹음직스럽다. 기존 상추와는 달리 부드럽고 단맛이 나는데 잎 끝 면이 몹시 오글거리며 향이 난다. 씨앗은 25×25cm 간격으로 뿌리고 자라면 어린잎을 계속 따내거나 포기 채 수확한다. 적색이 아름다워 정원이나 화단 등에 심어 관상하기 좋다.

케일

티 없이 선명한 녹색에 비타민이 풍부해서 녹즙, 쌈, 샐러드에 이용한다. 봄에 씨앗을 뿌려 가을 서리 내릴 때까지 재배하는데 하우스 내에는 연중 뿌릴 수 있다. 다만 2~3월 파종의 경우에는 온도 조건에 따라서 추대의 염려가 있다. 잎이 손바닥 크기 정도일 때 수시로 잎을 떼어내 수확하면 된다.

비타민과 미네랄이 풍부한 새싹채소

종자를 발아시켜 7일~10일 사이에 먹는 것을 새싹채소라 하고, 이후 완전히 자라기 전 연한 잎을 먹는 것을 베이비채소 혹은 어린채소라 부른다.

식물의 종자는 생명유지에 필요한 영양소가 응집되어 있다가 발아할 때 그 에너지로 새싹을 만든다. 때문에 완전히 성장한 채소에 비해 새싹에는 비타민과 미네랄 등 유효성분이 3~4배 정도 많다. 특히 비타민은 칼로 자르는 순간부터 파괴되고 물로 씻으면 수용성 비타민이 없어져 요리 후 기존량의 10~20% 밖에 섭취하지 못하게 되는데, 새싹채소를 그대로 생식하게 되면 다 자란 채소에 비해 10~15배 이상의 비타민을 얻는 셈이 된다.

새싹채소는 자연 또는 사람이 만든 독소에 신체방어작용의 역할을 하는 비타민E, 베타카로틴, 셀레늄, SOD와 아스코르브산 같은 많은 유익한 효소와 항산화제, 항암제 성분도 함유하고 있다.

씨앗은 보통 관련 카페나 새싹동호회에서 무료로 나눠주기도 하고, 시중이나 온라인사이트에서 종류별로 묶어 배양토와 함께 패키지로 판매한다.

10일~14일 정도 걸리는 새싹채소도 있지만 대부분 6~7일이면 수확할 수 있으므로, 깨끗한 가위나 칼로 윗부분을 잘라 비빔밥에 넣거나 샐러드를 해먹으면 된다.

새싹채소 키우기

씨앗 불리기 : 물 속에서 8시간 정도 불린다. 이것은 씨앗의 발아를 돕고 씨앗 포장과정에서 발생했을지 모르는 미세한 먼지나 이물질을 제거하는 과정이다.

씨앗을 불린 후 물 위에 뜨는 씨앗은 버린다. 재배용기로는 집에서 일반적으로 쓰는 바닥이 평편한 그릇 하나를 골라 바닥에 가제수건이나 솜 등을 깔고 분무기로 물을 적셔준 후 씨앗이 겹치지 않게 고루 놓아준다.

물 관리 : 물은 가능한 자주 뿌려줘서 항상 새싹이 촉촉한 상태를 유지하도록 한다. 너무 물이 많으면 곰팡이가 생길 수 있고 물이 적으면 새싹이 성장하지 않으므로 주의를 기울인다. 가능한 물은 정수기물이나 지하수 등이 좋다.

빛 관리 : 씨앗을 뿌리고 처음 1~2일 정도는 어두운 곳에 두거나 신문지 등으로 용기를 덮어준다. 이 때 신문에는 통풍이 되도록 구멍을 내 주고 1~2일 후엔 베란다나 거실로 옮겨준다.

온도 관리 : 싹이 트기 전에는 18~22℃, 싹이 트고 난 후에는 15~30℃ 정도에서 잘 자란다. 여름철에는 창가나 베란다, 겨울철에는 실내등이 있는 곳에서 키우는 것이 좋다.

겨울철 휴경지를 이용한 텃밭 농사

배추

우리나라의 가장 대표적인 채소로써 김장용으로는 8월 중하순에 파종하여 11~12월 수확하게 된다. 일반적으로 배추의 윗부분이 단단하게 통이 잘 들었을 때를 수확 적기로 본다. 그러나 눌러서 약간 엉성한 느낌이 들 때 더욱 맛있는 김장배추가 된다. 김장용 배추는 특히 갑작스런 추위에 얼지 않도록 유의한다. 거두어들이려면 겉잎부터 당겨 모아 끈으로 한 포기씩 묶어준 후 뽑아낸다. 수확 후 김장을 하기까지 저장해 두어야 할 경우, 얼지 않을 만한 적당한 곳에 배추를 모아두고 거적을 덮어주거나 한 포기씩 두세 겹의 신문지로 싸서 두면 15~20일 동안 싱싱하게 보관할 수 있다.

무

김장용 무의 경우에는 파종에서 수확까지 50~1백일 정도가 되는데, 자라는 기간이 그리 길지 않고 가꾸기도 쉽다. 텃밭에서는 8월 중하순쯤에 열무나 무로 필요할 때마다 뽑아 쓸 수 있고, 김장용으로는 11월 정도에 알맞게 굵어진 무를 뽑아 쓰면 된다. 수확이 너무 늦어지면 바람이 들거나 뿌리가 터질 수가 있으므로 적기에 거둬들이는 것이 중요하다. 얼지 않을 정도의 서늘한 곳에 쌓아두면 배추보다 오래 저장할 수 있고, 싱싱한 무잎은 따로 골라 햇볕에 잘 건조시키면 국거리로 요긴하게 쓸 수 있다.

고추

가지과에 속하는 열매채소이다. 1~2월에 씨앗을 뿌려 처음부터 가꿀 수도 있지만 4~5월 상순쯤에 시중에서 판매하는 고추 묘를 사서 심는 것이 손쉽다. 처음의 풋고추(꽃이 핀 후 10~15일)부터 붉은 고추(40~45일)까지 여러 번에 걸쳐 수확할 수 있으므로 텃밭용으로 가꾸기에 안성맞춤이다. 고추는 서리가 내릴 때까지 계속 수확할 수 있는데, 잘 건조시켜서 오래도록 보관한다. 건조기에서 2~3일간 말릴 수도 있고, 전문적인 시설을 갖추지 않은 경우에는 비닐을 깔고 그 위에 널어 10일 정도 말리면 된다. 이슬을 맞지 않도록 해가 지면 비닐을 덮어주거나 거뒀다가 다음날 다시 널어 말리도록 한다.

양파

씨앗을 뿌리기보다는 10월 초쯤 종묘상에서 묘를 구입하여 심는 것이 경제적이다. 산성에 약하기 때문에 일찌감치 밭에 석회를 뿌려 일구어 두는 것이 좋다. 밭이 준비되면 줄 사이 20cm, 포기 사이 10cm, 깊이 3cm 정도로 묘를 심는데, 묘의 작은 구근이 가려질 정도로 흙을 덮고 위에서 괭이 등으로 꾹 눌러 놓는다. 이렇게 심어진 묘는 11월 상순경이면 뿌리가 완전히 내려 바로 서게 된다. 이때 서리도 막을 겸 포기 사이에 가볍게 퇴비를 뿌려준다.

가을 김장채소 기르는 법

갓

갓은 잎의 색깔에 따라 청갓, 적갓, 얼청갓으로 구분한다. 중부지방에서는 봄재배 위주이고 남부지방에서는 가을재배 위주이나 대개 양쪽을 다 채택하고 있는 실정이다. 갓은 토양에 적응범위가 매우 넓다. 다습한 조건에서도 잘 견디며 메마른 건조지에도 수량과 상품성은 떨어지나 어느 정도 재배는 된다. 점질토양에 토양의 비옥도가 높은 땅을 좋아하며 토양의 산도는 pH 5.8~6.8 사이에서 잘 자란다. 씨앗을 뿌릴 때는 흩어뿌리기와 줄뿌림 두 가지 방법이 있지만 줄뿌림이 가꾸기에 더 쉽다. 씨앗이 작아 너무 촘촘하게 뿌려질 수 있으니 같은 굵기의 모래나 흙을 씨앗 양의 20배 정도 섞어 뿌리도록 한다. 10a당 퇴비 1,000kg, 요소 30kg, 인산 15kg, 가리 17kg, 석회 100kg 정도의 거름을 주면 된다. 갓의 품질을 좋게 하기 위해서는 유기질을 충분히 사용하고 1kg의 붕소를 주어야 붕소결핍증을 막아 줄기가 부드럽고 맛이 좋아진다. 갓은 파종 후 약 40~60일 정도면 수확할 수 있는데, 자라는 대로 솎아내어 거두면 부드럽고 좋은 갓을 먹을 수 있다.

재배순기표 (○ 씨뿌리기, ═ 수확)

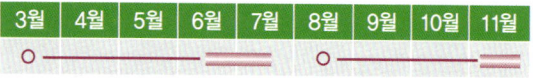

배추

생육적온이 20℃ 내외이고, 통이 차기에 알맞은 온도가 15~16℃ 정도 되는 배추는 대표적인 가을채소에 속한다. 토양 적응력이 좋아 보통 작물을 재배하는 곳이면 어디서나 가꿀 수 있는 장점이 있다. 재배환경 중 수분과 온도는 배추 성장에 큰 영향을 끼치지만 토질은 물 빠짐만 좋으면 가리지 않는다(알맞은 토양산도는 pH 5.5~6.8로 산성에 상당히 강한 편이다).

가을배추를 씨 뿌려 가꾸려면 이랑 너비 90cm에 30cm의 골을 내고, 60cm 두둑에 35cm씩 띄어 한 곳에 4~5알씩 한 줄, 점뿌림으로 씨를 넣는다.

또한, 배추는 생육기간이 짧아 밑거름을 충분히 주어야 초기부터 왕성히 자라 포기가 꽉 찰 수 있다. 10a당 퇴비 1,500kg, 요소 60kg, 용성인비 100kg, 석회 90kg, 붕사 1.5kg 정도가 필요하지만 텃밭에 조금 가꿀 때는 밑거름으로 3.3㎡당 5~6kg, 잎채소에 알맞은 복합비료 0.3~0.4kg과 석회와 붕사를 조금씩 넣고 웃거름으로 요소를 두 차례 뿌려도 물관리만 잘하면 손색없이 자란다. 파종시기가 좀 늦어 늦가을까지 포기가 꽉 차지 않을 때는 윗부분을 살며시 묶어주면 속이 단단히 찬다. 그러나 너무 일찍 묶으면 썩는 수가 있으니 주의한다.

기타관리 기상예보에 귀를 기울여 영하 3℃ 이하가 되면 즉시 수확

재배순기표 (○ 씨뿌리기, ✕ 아주심기, ═ 수확)

무

무는 배추와 마찬가지로 자라는 기간이 짧아 밭을 이용하기가 쉽고 일손이 적게 들어 초보자가 가꾸기에 쉬운 채소이다. 심는 시기에 따라 무의 종류가 다른데 가을에는 반드시 가을무를 심어야 한다(청운무, 단청무, 토광무, 팔광무, 서호무, 의암무 등). 알맞은 토양산도는 pH 5.5~6.8로 중성이나 약산성 토양이 좋다.

밭을 준비할 때는 씨앗뿌리기 3주 전 100㎡당 잘 썩은 퇴비 100g 정도와 고토석회비료도 10kg를 넣어 25cm 깊이로 갈아주고, 다시 2주 후 복합비료 3kg를 뿌려 폭 80~90cm 이랑을 만들어 준다. 이때 이랑의 높이는 15cm 정도로 하는데 뿌리가 긴 무는 더 높아도 좋다.

씨를 뿌릴 때는 포기 사이를 25cm로 하고 한 곳에 씨앗 3~4알을 2cm 간격으로 삼각(∴) 또는 사각(∷)으로 점뿌림하는 것이 관리하기 쉽다. 또 하나의 방법인 줄뿌림은 가정용 텃밭에서 하기 좋은 방법으로 2cm 깊이의 골을 만든 후, 씨를 1cm 간격으로 한 알씩 놓는다는 기분으로 뿌리고 흙을 덮어주면 된다. 10a당 요소 15kg, 용과린 75kg, 염화가리 20kg, 석회 80kg, 붕사 1.5kg 정도가 필요하다. 밑거름을 준 후 웃거름을 두 번 정도 주는 것이 좋은데 싹이 나고 본잎이 1~2장 되었을 때 깻묵, 쌀겨 등을 발효시킨 것으로 포기 사이에 뿌려주면 좋다.

기타관리 솎아내기
(1회 : 파종 후 떡잎 때, 2회 : 본잎 2~3장 때, 3회 : 본잎 5~7장 때)
재배순기표 (O 씨뿌리기, ═ 수확)

3월	4월	5월	6월	7월	8월	9월	10월	11월
	O	───	═══		O	───	═══	

쪽파

쪽파는 서늘한 고랭지나 해풍이 불어오는 해안가에서 잘 자란다. 바닷바람과 서늘한 기후가 파에 큰 피해를 주는 해충의 번식을 막아주기 때문이다. 알맞은 토양산도는 pH 5.7~7.4로, 좋은 파는 겉흙이 깊고 물 빠짐이 좋은 중성 땅에서 나온다.

쪽파의 생육적온은 15~25℃로 일교차가 큰 서늘한 가을기후에 알맞다. 쪽파를 심을 때는 텃밭에 너비 1m, 길이 3m 정도의 낮은 두둑을 지어 포기 사이 10~15cm로 촘촘히 묻는다. 굵은 것은 한쪽, 자잘한 것은 2~3쪽씩 붙어 심고, 퇴비를 뿌린 후 2.5cm 정도의 흙을 덮는다. 이 정도의 넓이면 3.3㎡쯤(텃밭 3.3㎡에 심을 쪽파 씨는 180~200g이면 충분하다) 되는데 한 가족이 먹을 만큼 나온다.

쪽파는 거름 탐이 많아 비료를 많이 주어야 하지만 양념채소라는 점에서 질소를 좀 더 줄 필요가 있다. 10a당 퇴비 1,500kg, 요소 15kg, 용성인비 50kg, 염화가리 25kg을 밑거름으로 주고, 웃거름으로 요소 30kg을 파종 15~20일경부터 생육 상태에 따라 3~4회 나누어 준다. 텃밭에 조금 심을 때는 3.3㎡당 퇴비 6kg, 복합비료 0.4kg을 밑거름으로 넣고 웃거름도 복합비료를 두세 번만 주면 충분하다.

기타관리 저장조건은 0~3℃의 저온과 95% 상대습도에 보관
재배순기표 (O 씨뿌리기, × 아주심기, ═ 수확)

3월	4월	5월	6월	7월	8월	9월	10월	11월
	O	───	×	─	×	───	═══	

Kitchen Garden

생장을 돕는 퇴비 & 영양제

건강한 텃밭을 위한 퇴비 만들기

남는 것 하나 없이 순환되는 시골마을 가정의 풍경

"쌀 씻은 물을 받아 국과 찌개를 끓이고, 상에는 밭에서 난 건강하고 싱싱한 채소가 하나 가득이다. 즐거운 식사를 마치고 나면 누룽지로 만든 숭늉으로 입가심을 하고, 채소 씻은 물로 수세미와 짚을 이용해 설거지를 한다. 설거지 한 물은 돼지에게, 채소 다듬고 남은 것은 소에게, 혹 남은 밥과 생선뼈는 키우는 멍멍개에게 준다. 쌀 씻을 때 나온 못 먹는 알곡까지 닭에게 주고 나니, 이제 남은 건 날씨가 더워 상한 음식들과 동물들도 못 먹는 식물의 딱딱한 껍질과 뿌리. 이것들을 한데 모아 집 밖 한쪽에 만들어 놓은 퇴비더미에 섞어버린다. 이 퇴비더미에는 소똥, 돼지똥, 멍멍개똥, 식구들의 똥, 풀, 볏짚 따위의 다양한 것들이 들어 있고, 닭들이 그것을 파헤치며 남은 음식과 지렁이를 잡아먹는다. 처음엔 냄새가 심했지만 뒤집기를 몇 차례 하고나니, 김이 모락모락 나면서 냄새가 없어지고 지렁이가 한두 마리 늘기 시작한다. 지렁이가 많아지면 고추, 배추, 콩, 무 따위를 키우는 밭에 이것들을 가져다 뿌린다. 다시 이 밭에서 난 잡곡과 채소들은 맛있는 밥상에 오른다."

이는 그리 오래 되지 않은 우리의 모습이었다. 그러나 지금은 땅 속에 묻히고 태워진 각종 폐기물과 쓰레기가 흙과 물, 공기를 오염시키고 있다. 남은 것들이 자기 자리를 찾지 못하고 사장되는 것이다.

가정 음식물 쓰레기 제일 많아

우리나라에서 하루에 발생하는 음식물 쓰레기의 양은 만 톤이 넘을 만큼 엄청나다. 일반 가정에서 53%, 음식점·단체 급식소·농수산물 유통시장 등지에서 47%가 발생하고 있는데, 채소류가 46%, 곡류가 22%, 어육류가 16%, 과일류가 16% 정도 차지한다. 버려지는 음식물 쓰레기를 돈으로 치면 연 수십조 원에 이를 정도다.

버려지는 음식물, 재활용하는 지혜

- **배추 겉잎** : 끓는 물에 데쳐 냉동실에 넣었다가 우거지로 활용한다.
- **과일의 씨방** : 모아서 과일차를 끓인다.
- **귤껍질** : 기름기를 분해하는 성분이 있으므로 그릇의 기름기를 닦아내는데 활용한다. 아니면 말려서 차로 우려먹어도 좋다.
- **감자나 사과껍질** : 싱크대나 조리대를 문지르면 반짝반짝 깨끗해진다.
- **무나 당근 자투리** : 가벼운 기름때를 닦는다.
- **채소 자투리, 나물반찬 남은 것** : 볶음밥, 찌개, 튀김 따위를 만든다.
- **찬밥** : 식혜를 만든다.
- **식빵** : 냉장고 탈취제, 빵가루로 이용한다.
- **남은 맥주** : 맥주를 걸레나 수건에 묻혀 기름 얼룩을 닦아내고 화초의 잎도 닦아준다.
- **쌀뜨물** : 설거지나 집안 청소할 때 천연 세제, 빨래 삶을 표백제, 채소 삶을 때 산화방지, 씻을 때 화장품, 요리의 국물로 이용하여 영양제가 된다.

퇴비 만들기

1. 적당한 용기(약 50ℓ)에 거친 흙이나 톱밥, 왕겨, 깎고 난 잔디, 잡풀, 잘게 자른 짚, 발효흙 따위를 넣어 둔다. 음식물 찌꺼기는 물이 많기 때문에 물을 흡수할 수 있는 재료를 쓰면 좋다. 수분 함량은 60%가 적당하고 또한 적당한 습기가 있어야 한다.
2. 음식물이 남을 때마다 물기를 빼고, 비닐이나 이쑤시개처럼 잘 썩지 않는 것들을 골라낸다.
3. 번거롭더라도 되도록 잘게 썰어서, 준비해 둔 흙에 골고루 섞는다. 잘게 썰수록 미생물이 접촉할 면적이 넓어져 더 빨리 분해되고 발효가 더 잘된다.
4. 섞어서 부피가 줄 때, 시중에서 판매하는 발효제를 적당량 뿌려주면 발효가 쉽게 되고, 냄새도 나지 않는다.
5. 벌레가 들어가거나 나오지 않도록 헝겊으로 덮는다.
6. 20℃ 이상의 바람이 잘 통하는 구석진 장소에 놓아두고, 틈틈이 뒤집어 준다. 공기를 넣어주는 작업으로 미생물에게는 매우 유용한 작업으로 자주 할수록 발효가 더 잘된다.
7. 음식물 찌꺼기가 흙의 절반 이상이 되지 않도록 반복한다. 고기류가 너무 많으면 냄새가 심하므로 너무 눌러 담지 않도록 한다. 한두 달쯤 지난 뒤, 냄새 없이 검은 흙색으로 발효된 흙을 텃밭이나 화단에 뿌려준다.

발효제 만들기

1. 고두밥을 만들어 삼나무로 만든 사각형 나무도시락에 2/3쯤 담는다(꼭 삼나무가 아니어도 상관 없다).
2. 고두밥과 나무도시락 사이에 비닐을 두어 밥이 달라붙는 것을 방지하고 도시락을 농사지을 밭과 가장 가까운 야산 활엽수 아래 7~15cm 정도 땅을 파고 묻는다.
3. 뚫린 윗부분은 한지로 막는데, 이는 미생물과 공기를 소통시키기 위해서이다. 그 위에 얇게 흙과 낙엽을 덮고 주위에 물을 조금 뿌려준다.
4. 4~5일이 지나 흙을 파 도시락을 열어보면 하얗고 파란 미생물이 달라붙어 있을 것이다. 여기에 같은 양의 흑설탕을 버무려 항아리에 담는다. 이 때 항아리의 빈 공간을 1/3쯤 남겨두고 입구는 역시 한지로 덮는다.
5. 일주일 쯤 지나면 검은 죽처럼 변하는데 이것을 물에 400배 희석하고, 쌀겨와 흙을 1 : 1로 버무린 다음 그 위에 뿌려둔다.
6. 거적 등 바람이 통하는 재료를 덮어 심심할 때마다 뒤집고 물을 뿌려 주면, 며칠 지나면서 다시 온도 변화가 없어진다. 얼마 안 있어 하얗고 푸른 미생물들이 가득 생기게 되는데, 음식물 쓰레기나 분뇨 등 퇴비더미에 뿌려주면 퇴비가 잘 발효된다.

쌀뜨물로 영양제 만들기

1. 쌀뜨물 2ℓ를 적당한 통에 받아 준비한다. 첫물이 좋다.
2. 당밀 또는 흑설탕, 설탕 80cc(커피 잔 하나)를 쌀뜨물에 녹여 넣는다. 당은 미생물의 에너지원이다.
3. 물로 만들어진 미생물(또는 이스트나 요구르트)발효제를 20cc(숟가락으로 2스푼) 정도 골고루 섞어 넣는다.
4. 20℃ 이상의 장소에 놓아두고 틈틈이 잘 저어 주면서 발효시킨다.
5. 벌레가 들어가거나 나오지 않도록 헝겊으로 덮는다.
6. 3~5일째부터 시큼한 술 냄새가 난다.
7. 5~7일 이후부터 미생물이 자란 물을 한 컵 이상 하수구, 정화조, 화장실에 부어주면 물을 깨끗이 하고 냄새를 줄여준다.
8. 발효시킨 물을 화분흙, 텃밭흙, 화단흙(10~50배 희석)이나 식물의 잎(2백~4백배 희석)에 미생물 영양제로 준다.

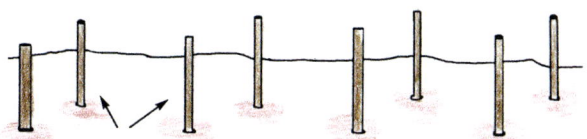
① 잘 썩지 않는 나무로 기둥을 만든다. 기둥은 약 1.6cm 간격으로 박고 땅위로 나온 높이가 1.3m 정도 되도록 한다.

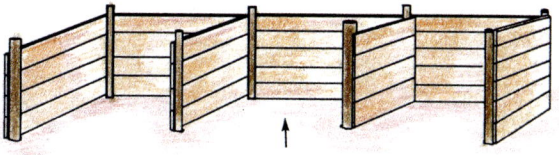
② 페인트칠을 하지 않은 헌 판자를 이용해 벽을 만든다.

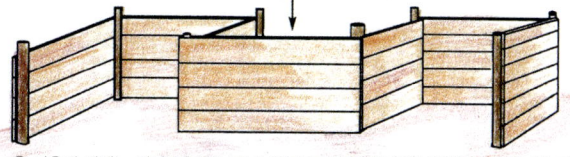
③ 가운데 칸에는 배설물은 덮는데 쓸 재료를 보관하고, 양쪽 칸에는 퇴비를 쌓는다.

④ 바닥에 판지를 댈 수도 있다. 첫째 칸을 채우고 나서 숙성시키는 동안, 셋째 칸을 채운다. 퇴비가 숙성되면 부피가 줄어들기 때문에, 한 칸을 채우는데, 4인 가족 1년이 소요된다.

단계별 퇴비실

최소한 두 칸, 가능하면 세 칸짜리 지상 퇴비실을 만든다. 세 칸으로 된 퇴비실의 경우, 가운데 칸에는 짚, 건초, 나뭇잎, 잔디 깎은 것, 정원의 잡초 같은 것을 저장해 두고, 인분이나 퇴비를 덮는 재료로 쓴다.

우선 첫째 칸에 일정 기간 동안 배설물과 다른 퇴비재료를 채우고 난 뒤 다음 칸을 채운다. 부엌의 음식 찌꺼기를 포함하여 조성이 좋은 혼합재료를 사용한다. 모든 유기물 재료를 한 퇴비실에 함께 투입한다. 새 재료 위에는 반드시 건초, 풀, 짚, 혹은 나뭇잎 같은 유기물 재료로 덮어야 한다.

CASE 5

소품으로 생기를 더한 정원
Deco Garden

정성이 가득 담긴 단 하나뿐인 공간   **330**

석재 조형물로 꾸민 정원   **340**

한결 품격 있는 정원의 완성   **346**

정원에 여유를 더하는 소품, 벤치   **354**

완성도 높은 정원을 위한 작은 노력   **362**

아기자기한 소품이 주는 활력   **370**

Deco Garden 1

정성이 가득 담긴 단 하나뿐인 공간

수백 종의 야생화와 무성한 수풀로 둘러싸인 '수빈뜰'은 예쁜 카페와 집들이 많기로 소문난 이 곳 헤이리에서도 단연 눈길을 끄는 집 중 하나다. 1층을 필로티로 띄워 온전히 비워낸 공간 가득, 갖가지 꽃과 식물이 들어차 있기 때문이다.

집주인이 거의 하루를 꼬박 들여 정성을 쏟는다는 말에 절로 고개가 끄덕여질 정도로 볼거리가 많은 수빈뜰 곳곳에는 여러 정원용 소품들도 숨어 있다. 옹기와 토분으로 된 인형과 무늬가 새겨진 석재 물확, 입구에 자리 잡은 철제 우체통 등이 그것이다. 야생화를 가꾸느라 바쁜 와중에도 이처럼 크고 작은 소품을 틈틈이 구해 배치함으로써 위트를 잃지 않았다.

야생화들은 정원의 바닥에도 심겨져 있지만 화분에 주로 담겨 있다. 재질도 무늬도 색깔도 다른 화분마다 서로 다른 이름의 야생화들이 작은 잎과 꽃을 피워낸다. 수생식물이 자라고 있는 물확들도 서로 다른 옹기와 토분이다. 인근의 공사지에서 버려지는 자재와 나무들을 가져와 재활용해 배치한 것도 많다. 이렇게 여러 요소들이 모여 수빈뜰을 완성하고 있다.

정원 중앙에는 수로를 파서 작은 개울을 계단식으로 마련하고 집 앞 연못까지 이어지도록 했다. 수공간은 정원의 완성도를 위해, 없어서는 안 될 중요한 장치다. 수풀 사이로 흐르는 맑은 물소리는 그 어떤 소품으로도 대신할 수 없는 최상의 요소가 된다.

01
헤이리에 자리하고 있는 수빈뜰. 푯말과 우체통, 크고 작은 옹기들까지 갖가지 정원소품이 풍성한 야생화들과 어우러져 색다른 풍경을 완성하고 있다.

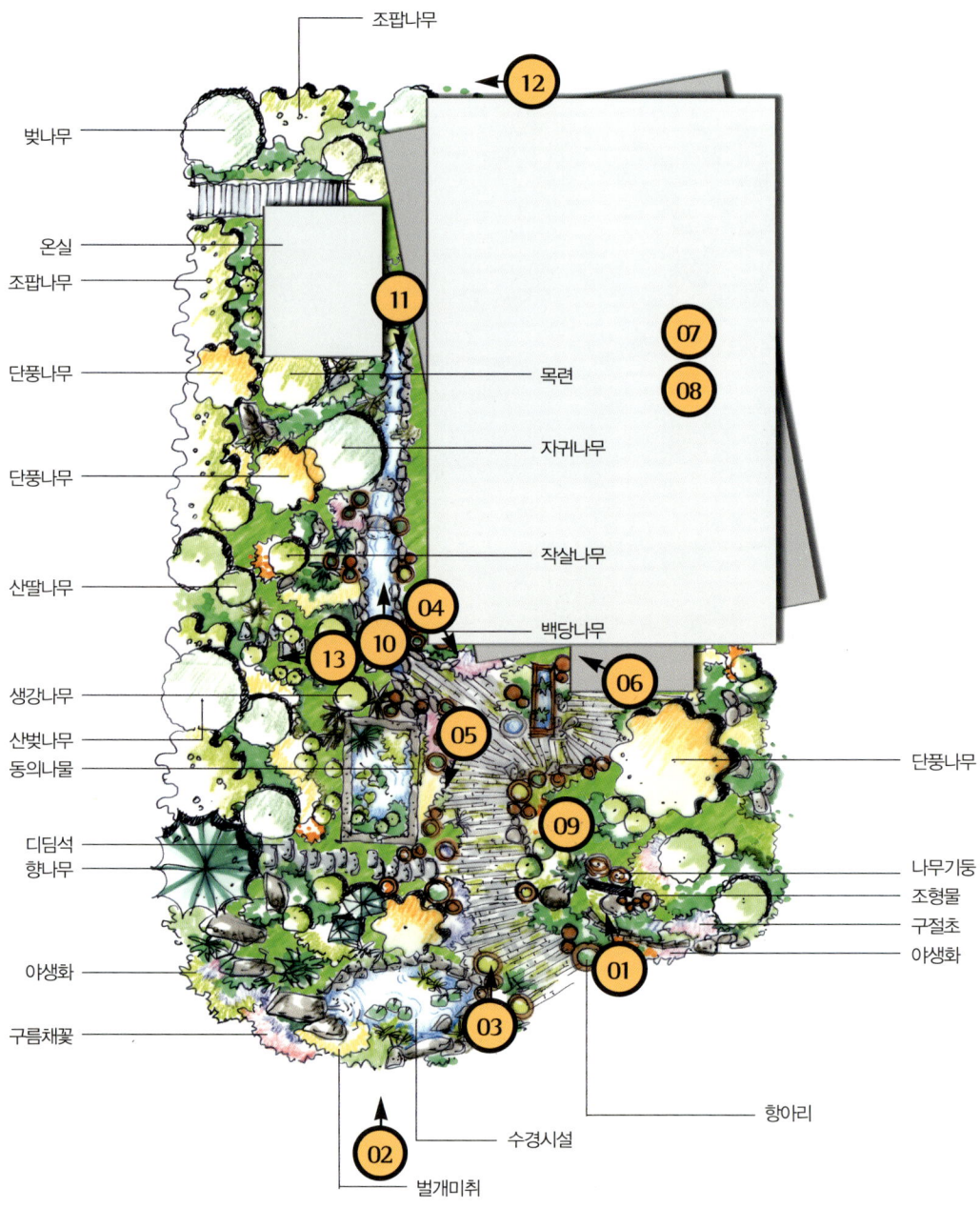

02
도로에서 바라본 수빈뜰. 유리창으로 된 박스가 튀어나온 듯 독특한 건물만큼이나 다채로운 초화류가 만발한 정원도 눈길을 끈다.

수목과 초화류가 가득한 정원이지만 그 가운데 곳곳에 놓여진 소품들을 찾아보는 재미도 쏠쏠하다.

작은 기와에도 야생화를 심어 놓았다.

입구부터 마련된 수공간과 수생식물이 담긴 물확, 크고 작은 화분들이 정겹다.

04

05
대형 석재 물확을 플랜터 삼아, 주변에도 수십 개의 화분들이 즐비하다.
야생화 가꾸기를 큰 낙으로 여기고 생활하는 집주인의 취미를 엿볼 수 있다.

CASE 5 Deco Garden   335

06

건물 입구에는 말구유 모양의 목재 플랜터를 두고 화초를 빽빽이 심어두었다.
어떠한 형태의 소품이든 흙을 담고 물을 담을 수 있다면 무엇이든 화초를 키우는 그릇으로 활용이 가능하다.

07

08
곱게 심겨진 야생화들을 보고 있자면 주인장의
꽃에 대한 마음이 가만히 전해진다.

09
크고 작은 야생화들이 만개한 모습에 마음이 따뜻해지는 풍경이다.

10

11 마당 가운데로 길게 흐르는 개울. 청명한 물소리가 정원의 녹음을 한껏 돋보이게 한다.

12 뒷마당의 비탈길로 이어지는 작은 산책로.

13 구릉지에 자리한 집과 정원의 특성을 살려 계단도 나무와 흙 만으로 조성한 모습이다.

Deco Garden 2

석재 조형물로 꾸민 정원

충남 서산의 한 마을. 비탈진 도로에 깔린 자갈밭 한쪽으로 무척이나 키가 큰 아름드리 소나무 한 쌍이 마주 서 있다. 별도의 담장 없이 관목과 초화류들로 자연 울타리를 세운 집의 대문간이다. 마당 안쪽에는 백색의 사이딩을 외장재로 사용한 주택이 한 채 보인다.

이 집은 마당의 가장 안쪽까지 차량이 드나들 수 있도록, 길쭉한 석재를 바닥재로 사용해 차로를 길게 끌어들인 것이 특징이다. 차로 좌우로는 경계석을 두어 안전성을 확보하였는데, 이것이 화단을 구획 지어주는 역할까지 맡아 하게 되었다.

멀리서 바라보았을 때는 이렇듯 소나무와 차량도로가 시선을 끌지만 문 앞에 서서 마당을 들여다보면 눈길을 사로잡는 건 따로 있다. 바로 석재로 된 여러 조형물들이다. 크고 작은 모양의 석등은 기본이고 호랑이 모양의 석상이 집의 현관을 지키고 있다. 또한 차로를 따라 양옆의 화단에는 자연석을 배치하고 초화류과 관목을 심은 뒤 석재 조형물과 물확을 이용해 조경을 완성했다.

돌로 된 조형물은 흔히 구할 수 있는 재료는 아니지만 내구성에 있어서는 어떤 소재도 따라올 수 없는 강점을 지닌다. 비바람을 맞아 색이 변하고 풍화되어 세월이 묻어날수록 더욱 멋스러운 모습을 드러낸다. 그러나 자칫 일반적인 자연석 조경이나 기타 소품을 배치하는 것보다 무거운 분위기를 연출할 수 있으니 계획시 유의해야 한다.

01
기다란 석재가 촘촘히 깔린 진입로를 지나면 현관 앞 데크에 다다르게 된다.

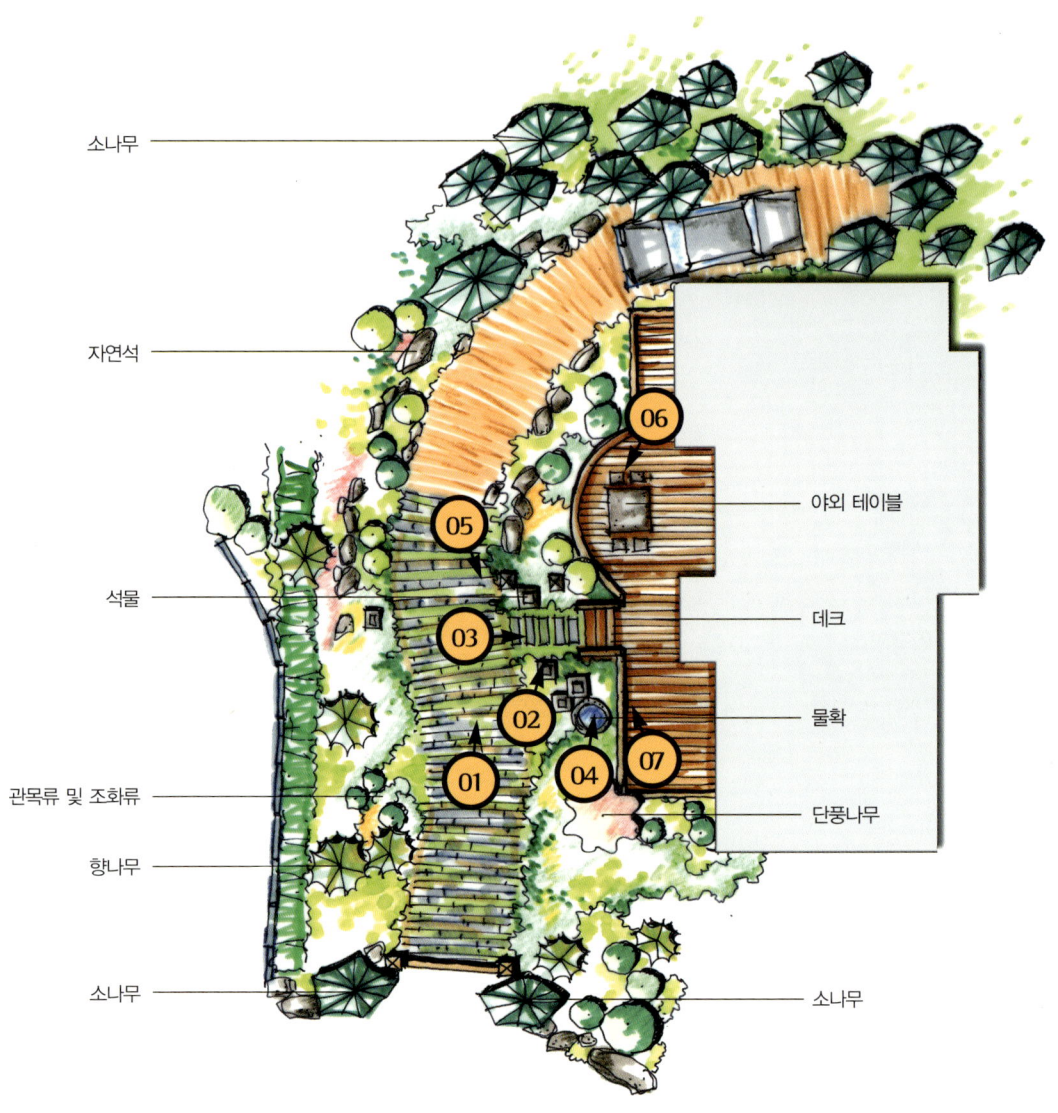

02 정교하게 깎아 만든 석등과 용맹한 호랑이상, 독특한 석재 소품을 배치한 현관 앞 모습.

03 현관 앞 데크 난간을 기준 삼아 좌우 대칭형으로 꾸며 안정감을 느낄 수 있다.

CASE 5 Deco Garden

04

05

역시 현관 양쪽으로 배치한 물확에는 수생식
물도 띄워 두었다.

06
데크에서 바라본 대문. 키가 무척 큰 소나무 두 그루와 말끔한 석등이 시선을 사로잡는다.

07
주택의 전면으로는 데크를 길게 깔고 대지의 외곽을 따라 키가 큰 소나무를 줄지어 심었다.

Deco Garden 3

한결 품격 있는 정원의 완성

새파란 여름 하늘과 짙푸른 홍천의 산자락을 배경으로 서 있는 2층 규모의 주택이다. 마당의 한쪽 긴 변으로 자연석을 쌓아올린 옹벽이 이어지고 집 앞에는 너른 잔디마당이 펼쳐져 있다. 흔히 꿈꾸는 '초원 위의 집'에 알맞은 장면인데, 정원 한쪽에 놓인 유선형의 구조물이 조금 독특하다.

보통 아기자기한 소품으로 정원을 꾸미는 경우는 많다. 재료를 구하기도 어렵지 않고 계절이나 필요한 때마다 위치를 바꾸어 분위기를 전환하기도 간편하기 때문이다. 그러나 일정 규모를 넘어서는 크기의 조형물을 배치할 때는 충분한 사전검토가 필요하다. 스케일이 주는 느낌도 고려해야 하고 설치해놓을 기간이나 위치 등 여러 가지에 보다 신중을 기해야 하기 때문이다.

홍천주택의 경우 건물의 앞뒤로 주어진 너른 공간 덕분에 유선형 조형물이 대형임에도 그다지 위화감을 주지 않는다. 다른 석물이나 장식물도 없고 그저 앉아서 쉴 수 있는 정자와 벤치가 전부인 탓에 형태상으로는 유별나지 않음에도 불구하고 자연스레 눈길이 간다.

주택의 현관이 자리하고 있는 뒷마당에는 잔디 대신 자갈을 깔아 통행이 더욱 편리하다. 주방과 연결되는 방향, 볕이 잘 드는 쪽으로는 장독대도 마련하고 돌로 된 테이블과 의자도 배치해 생활편의를 도모했다. 여기에 느티나무도 한그루 심어 정원의 구심점 역할을 하고 있다.

01
짙푸른 산등성이를 배경으로 우뚝 서 있는 주택이다. 널찍한 잔디밭으로 조성된 마당 한쪽으로 초승달 모양의 환경조형물이 보인다.

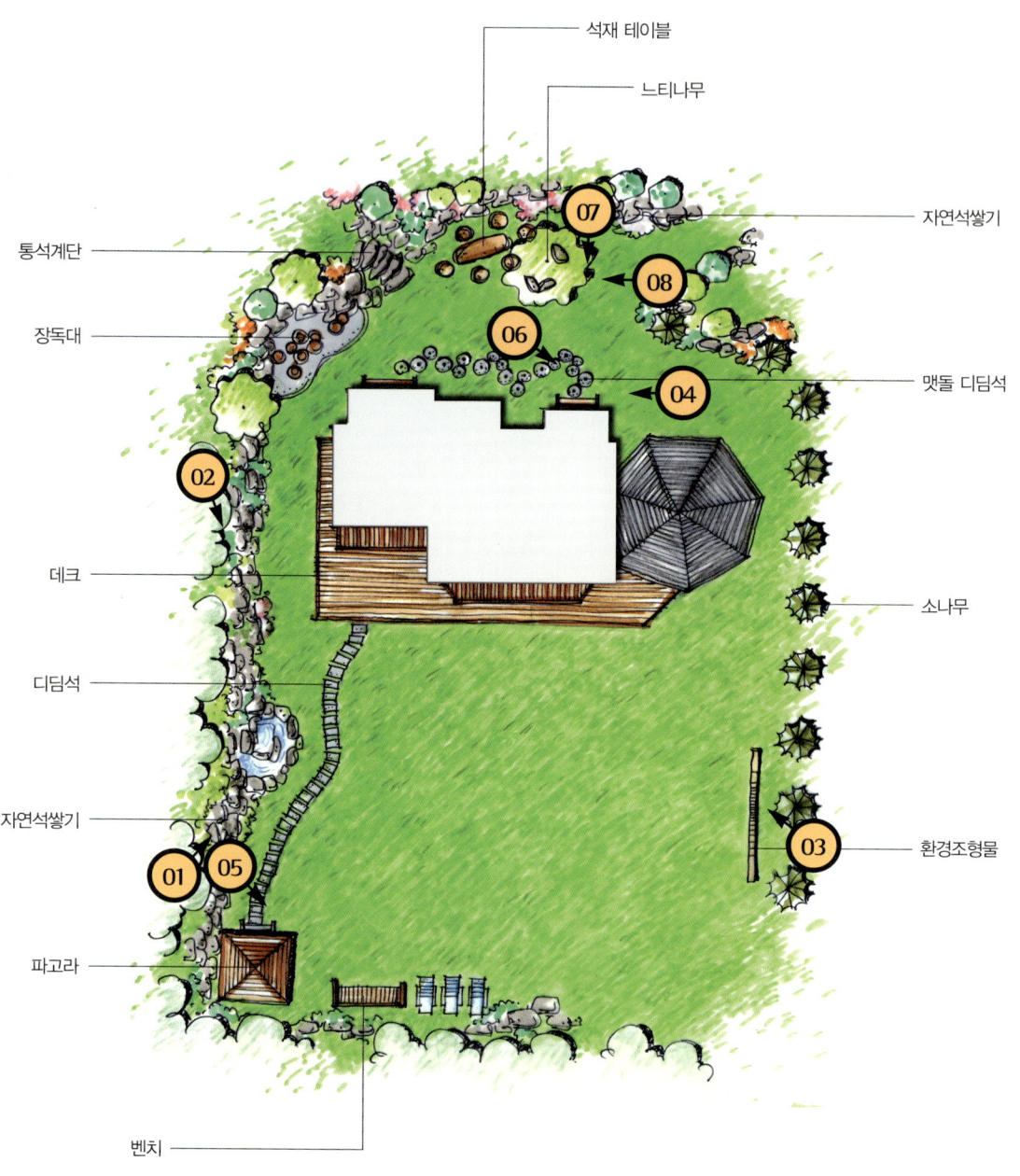

02
넓은 마당 끝에는 정자와 벤치도 마련되어 있어 한가로운 전원의 정취를 한껏 풍긴다.

03
정원 끝자락에 놓인 정자가 한적한 전원생활을 대변해 주는 듯하다.

04
건물의 뒤쪽, 현관 앞으로도 넓은 마당이 자리하고 있는데, 바닥은 잔디 대신 자갈을 깔아 차량이 드나들어도 관리에 어려움이 없도록 했다.

05
뒷마당에는 느티나무를 비롯해 장독대와 석재 테이블, 의자 등을 두어 생활편의까지 고려했다.

Deco Garden 4

정원에 여유를 더하는 소품, 벤치

잔디를 깔고 나무와 꽃을 심고 나면 기본적인 정원의 모습은 완성된다. 집 주변에 푸른 기운이 돌고 울긋불긋 꽃이 피고 낙엽이 지는 모습만으로 자연을 느끼기에 충분하기 때문이다. 하지만 여기에 야외에서의 휴식을 위한 의자를 놓고 테이블을 맞추고, 예쁜 바구니에 아기자기한 석상도 배치한다면 더욱 완성도 높은 정원을 얻을 수 있다. 단순히 활용도 측면에서만 생각하는 것보다 장식적인 면까지 추구하게 되면 더욱 보기 좋은 정원이 완성되는 것은 인지상정이다.

일산 성석동의 전원주택 단지에 자리하고 있는 이 집은 마당을 꾸미는 소품으로 앉아서 정원을 완상할 수 있는 의자를 주로 선택했다. 네모 반듯한 대지의 모서리 쪽으로 벤치와 야외테이블 세트를 배치하여 집과 마당이 한눈에 들어오도록 했다. 여가시간을 이용해 집을 바라보며 명상에 잠기거나 손님이 찾아왔을 때 바깥바람을 쐬면서 차를 마시기에 좋은 소품이다.

보통 지붕이 있는 데크나 발코니에는 의자를 두기가 쉬운데, 야외에 놓기는 고민이 된다. 비가 오거나 하면 관리에 어려움이 따르기 때문이다. 하지만 정원을 가꾸는 것 자체가 노력 없이는 좋은 결과를 얻기 힘든 만큼 조금만 더 신경 쓴다고 생각하면 덜 불편하게 느껴질 것이다. 그로 인해 더욱 많은 즐거움을 느낄 테니 말이다.

01
철제 테이블과 벤치를 정원에 배치한 사례. 앉을 수 있는 소품을 배치하는 것은 간단하지만 정원 활용도를 높일 수 있는 가장 좋은 방법이다.

02
자연석과 어우러진 화초들이 친근하다

03
대문에 서서 바라본 정원과 주택 전경.

04
부드러운 유선형으로 배열된 디딤석을 따라가면 현관에 다다른다.

05
도로보다 약간 높은 대지로 향하는 계단과 대문. 좌우로 서 있는 아름드리 소나무와 작은 조명등이 운치를 더한다.

06 07

현관 앞 계단에는 고풍스런 물확과 작은 조명등,
갖가지 초화류가 한데 어우러져 있다.

08
건물 벽과 면한 곳에는 화단을 조성하고 소나무와 반송 등을 식재하였다.

Deco Garden 5

완성도 높은 정원을 위한 작은 노력

정원이 집을 보완해주는 역할을 한다면 이 정원을 보완해주는 것은 바로 소품이라 할 수 있다. 수목과 잔디, 바위, 꽃만으로도 충분히 마당을 꾸밀 수 있지만 적절한 조경 소품이 더해진다면 훨씬 더 풍부한 이미지의 정원을 완성할 수 있다. 최근에는 조경 관련 전시회도 활발히 개최되는 추세이고 수입품을 비롯한 다양한 제품도 만나볼 수 있기 때문에 관심도도 높다.

고양시 일산동구에 위치한 이 주택에도 작은 소품들이 놓여져 아늑함을 더하고 있다. 외부에서 바라볼 때 가장 먼저 눈길을 끄는 것은 주택의 외관에 쓰인 것과 같은 재질의 벽돌을 이용해 둘러쳐진 담장과 검은색 철제 울타리이다. 차분하고 따뜻한 첫인상을 만들어주고 있다. 담장 위 정원으로 이어지는 계단 앞에는 목재 플랜터를 놓아두어 계절마다 색색의 꽃으로 화사함을 전한다.

정원 위로 올라서면 잔디밭이 펼쳐져 있고 크고 작은 수목들 사이로 화분을 들고 서 있는 석상이 눈에 띈다. 비바람을 겪으며 더욱 자연스러운 형태로 자리 잡을 소품이다. 널찍하게 조성된 데크 위로는 야외에서 식사를 할 수 있도록 테이블과 의자를 배치하고 앤틱한 물조리개와 작은 플랜터를 놓아두었다.

01

도로에서 바라본 주택 전경. 건물의 외벽과 같은 재료로 마감된 벽돌담 위로 철제 울타리를 둘렀다. 역시 같은 재질로 된 대문이 눈길을 끈다.

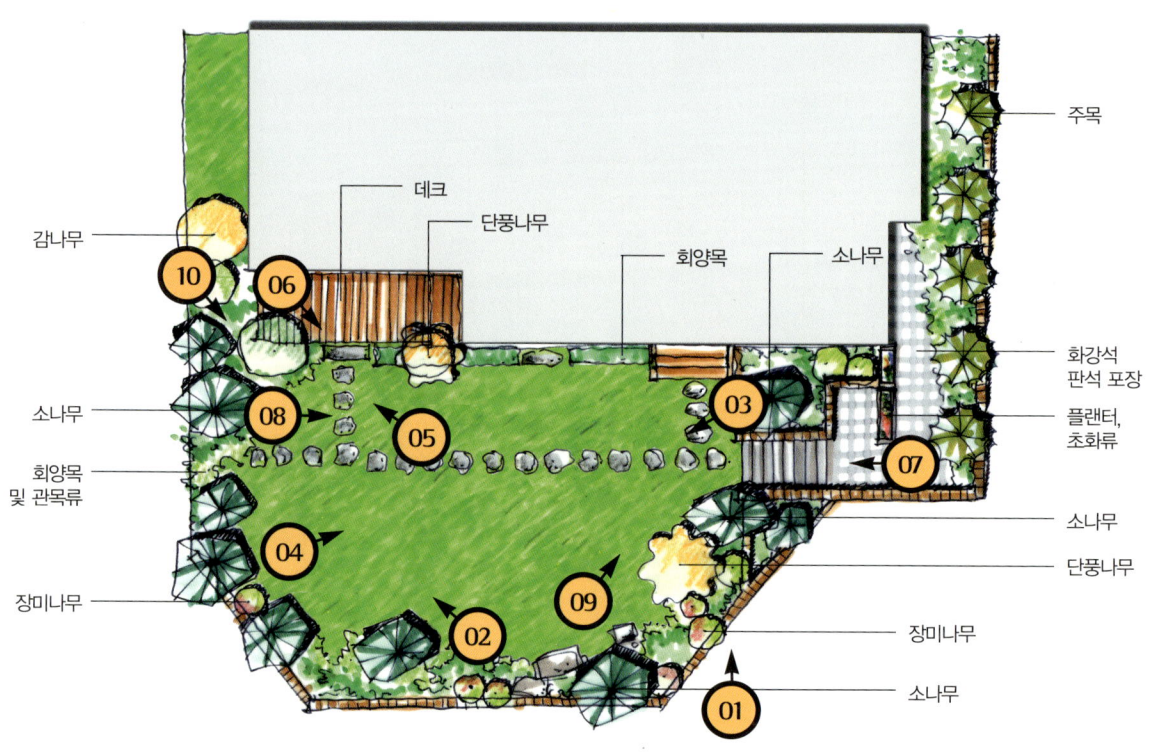

02
정원 가운데 세워둔 석상은 계절꽃을 담아둘 포트 역할도 겸한다.

03
계단 위로 올라서면 정원이 한눈에 들어온다

04

05
주택 한쪽으로는 널찍하게 데크 공간을 조성했다. 여기에 의자와 테이블을 배치하고 비를
피할 수 있는 지붕도 씌워 활용도를 극대화했다.

06 꽃이 심겨진 화분이나 장식용 물조리개 등 작은 소품이지만 정원을 더욱 풍요롭게 해주는 요소가 된다.

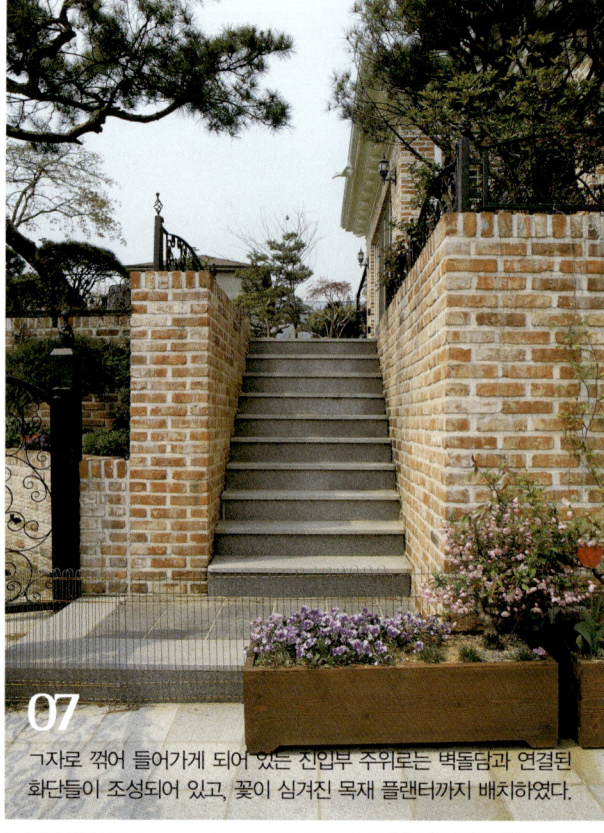

07 ㄱ자로 꺾어 들어가게 되어 있는 진입부 주위로는 벽돌담과 연결된 화단들이 조성되어 있고, 꽃이 심겨진 목재 플랜터까지 배치하였다.

08

09

10 데크 위 지붕 구조물에도 울타리에 사용된 철제를 연계시켜 통일성을 강조했다.

Deco Garden 6

아기자기한 소품이 주는 활력

전원주택이야말로 많은 이들이 꿈꾸는 동화 같은 집이다. 다양한 소품을 이용해 이를 극대화한다면 더더욱 아기자기한 마당을 꾸밀 수 있다.

용인 미르마을의 이 주택 마당에는 난쟁이 인형이 사용되었다. 현관 앞 계단참에 강아지 인형과 더불어 놓여 있다. 행잉바스켓이 걸려 있는 바로 옆 구조물에도 그네를 타고 있는 인형을 걸어 놓았다.

나머지 공간은 여느 집과 마찬가지로 잔디밭과 키 큰 수목을 심어 꾸몄다. 새빨간 잎의 단풍나무와 마당 가득 떨어진 낙엽이 가을을 실감하게 해준다. 여기에 정원으로 오르는 계단 앞에 노란 꽃무더기를 심어 자칫 을씨년스러울 수 있는 가을 정원에 생기를 주고 있다.

뒷산 옹벽 앞으로는 널찍한 데크를 조성해 바비큐 등 야외활동이 가능하도록 했다. 푸른색 폴리카보네이트 지붕을 얹어 기후에 영향을 조금이나마 덜 받고 이용할 수 있다. 마당을 가로지르는 디딤돌에 크고 납작한 바위를 사용한 것도 다른 집들과의 차이점이다.

01
낙엽이 내려앉은 정원에 노란 꽃무더기가 활기를 준다.
처마 밑에 앤티크한 시계를 매단 것도 눈길을 끈다.

CASE 5 Deco Garden

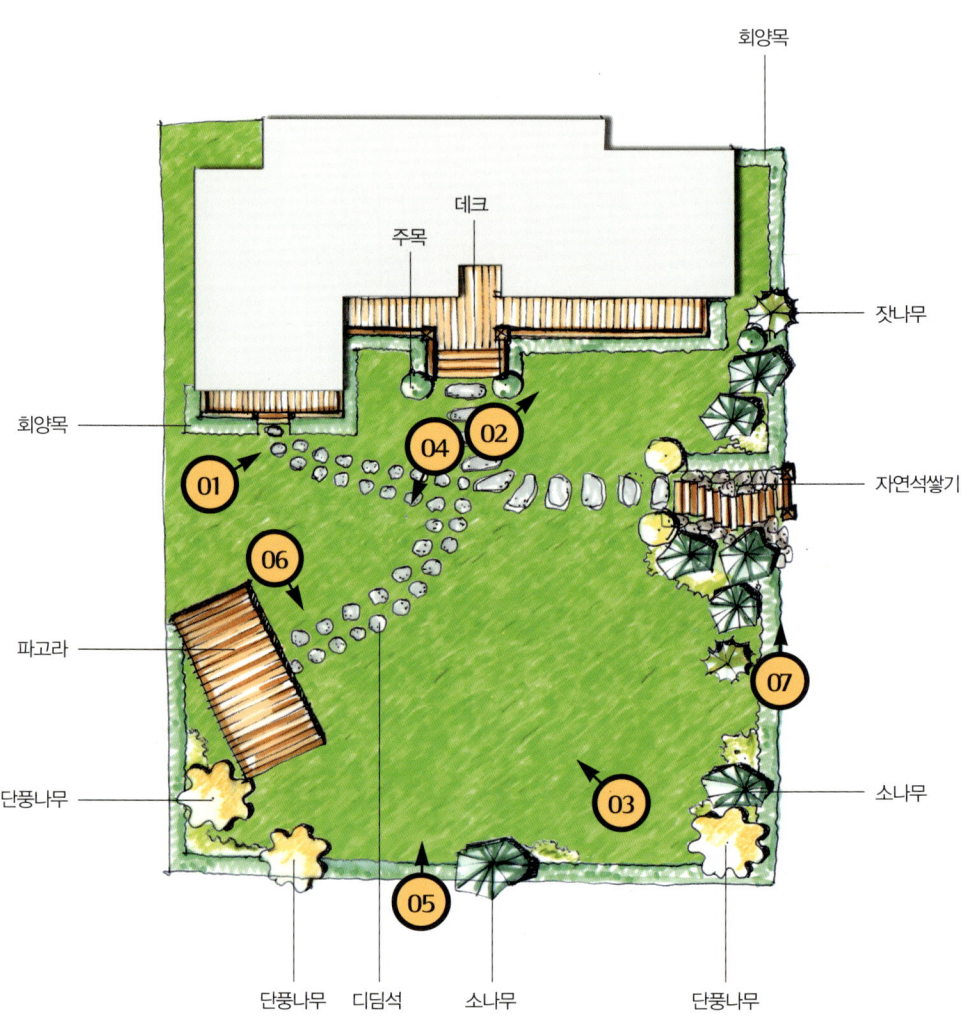

뒷산 아래에는 널찍한 데크에 파고라를 설치해 바비큐 등 야외에서 식사를 할 때 사용하는 공간을 만들었다. **02**

03 붉은 단풍 사이로 내려다보이는 주택 정원

04

05 도로로 이어지는 계단, 좌우로는 관목을 낮게 둘렀고 자연석으로 비탈진 대지를 다졌다.

CASE 6

데크로 생활공간을 넓힌 정원
Deck Garden

탁 트인 전망을 자랑하는 데크 정원   378

독특한 개성을 간직한 조경 디자인   388

데크가 선사하는 풍요로움   398

생활 영역의 확장을 도와주는 데크   406

Deck Garden 1

탁 트인 전망을 자랑하는 데크 정원

넓게 펼쳐진 잔디밭 위로 밝은 사이딩 벽체에 짙은 아스팔트 슁글 지붕을 얹은 주택이 단아하다. 대지 바로 아래로는 맑은 강물이 햇살에 반짝이며 유유히 흐르고, 멀리 푸른 산의 짙은 녹음이 청량함을 더한다.

아스팔트로 포장된 도로에 인접한 이 주택 대지의 경계에는 단풍나무와 영산홍, 소나무 등이 적절하게 배식되어 있다. 붉은 단풍나무 아래로는 아기자기한 관목과 화초를 심고 편평한 바윗돌을 배치해 자연스런 멋을 더했으며, 현관까지의 어프로치와 마당으로 향하는 동선 위에는 디딤돌을 놓아 연결했다.

반면, 정자와 후정으로 이어지는 길목에는 목재를 이용해 널찍한 통로를 구성했다. 잔디와 풀꽃을 밟지 않으면서도 충분히 정원과 교감할 수 있는 작은 산책로 역할을 톡톡히 해내고 있다. 가장 친근한 재료이면서 각기 다른 매력을 지닌 나무와 돌로 정원과 주택을 실용적이고 편안하게 연출한 것이다.

잔디를 심어 탁 트인 전망을 볼 수 있는 마당에도 데크를 넓게 설치했다. 주택에서의 데크는 보통 좀 더 효율적인 야외활동에 도움을 주는 유용한 장소가 된다. 여기에 테이블 세트를 두고 파라솔까지 설치해 맑은 공기와 향취를 느끼며 산과 강의 절경을 바라보며 여유로운 마음을 느낄 수 있도록 활용도를 높였다.

그 밖에 정원 곳곳에는 장독대와 수돗가 등 생활에 꼭 필요한 요소는 물론 골프퍼팅장까지 마련하여 작은 부분까지도 세심하게 신경 쓴 모습을 엿볼 수 있다.

01
주택의 데크에서 바라본 풍경. 푸른 잔디밭 너머로 멀리 산과 강이 내려다보인다. 이렇듯 주변 자연환경을 정원 요소로 끌어들이면 조경 효과를 배로 살릴 수 있다.

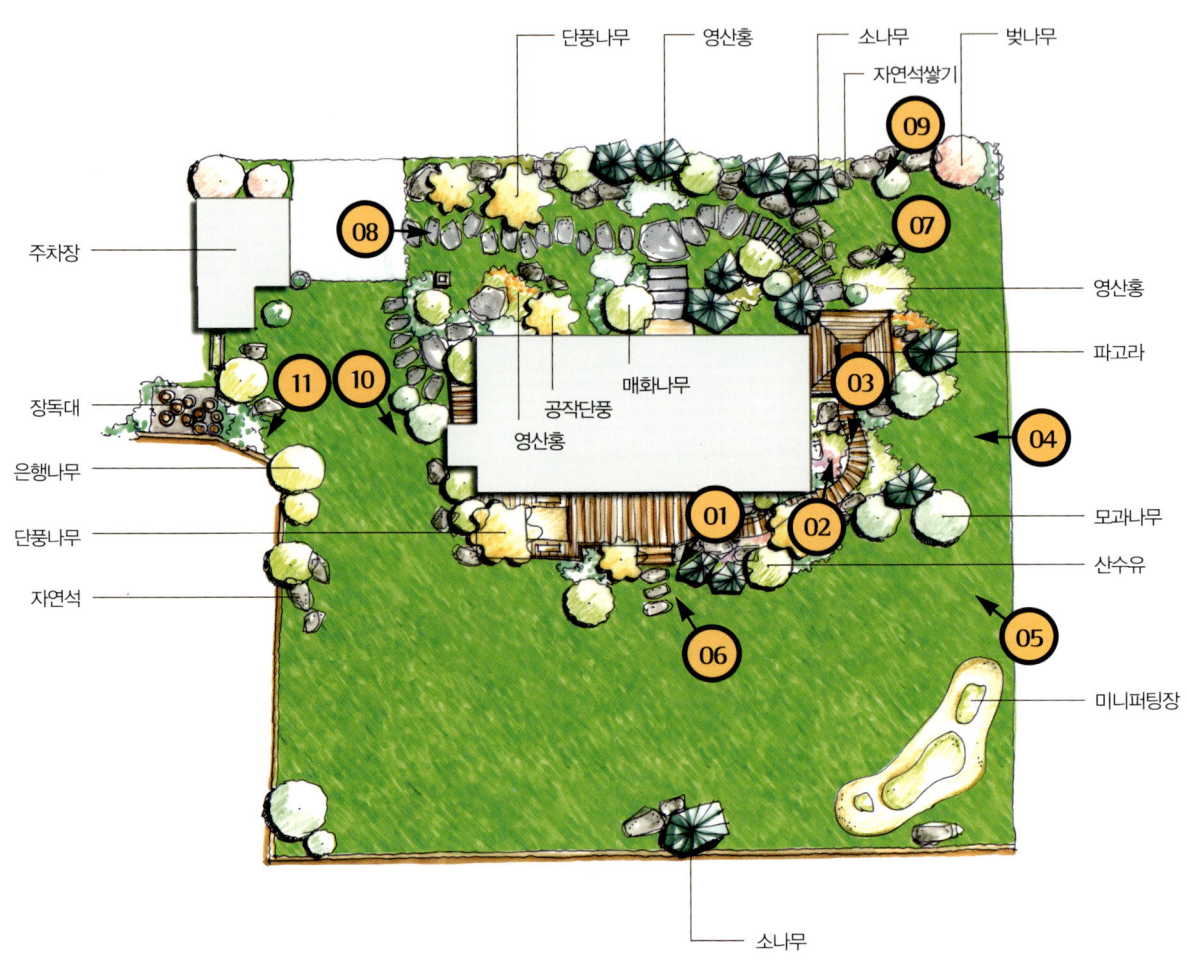

02
마당 한켠의 정자로 이어지는 진입로 주변에는 앙증맞은 꽃화분을 놓고 편안하고 작은 산책로를 완성하고 있다.

03
건물 옆으로 길게 이어진 유선형 데크 산책로를 따라 걸으면 정원과 주변 풍광을 한껏 즐길 수 있다.

04
너른 잔디밭 한쪽에 우뚝 선 주택 주위를 나무들이 감싸고 있다. 사이딩과 아스팔트 쉬글로 마감한 주택은 깨끗하고 밝은 톤으로 조경과 어우러져 화사해 보인다.

05
주택의 후면, 골프퍼팅장에서 바라본 모습.

06
데크 한쪽에는 파라솔과 테이블 세트를 두어 전원의 여유를 즐길 수 있는 야외 공간으로 꾸몄다.

07
주택을 감싸듯 정원수를 심고 크고 작은 자연석을 배치한 모습.

08
디딤석 주변으로 조그마한 석등과 키가 낮은
식물을 식재해 아기자기하게 꾸몄다.

09
도로에서 이어지는 진입부. 동선을 따라 자연석으로
길을 만들고 조명까지 신경써서 설치했다.

10 마당 한쪽에는 장독대를 배치하고 수돗가도 마련했다

11

CASE 6 Deck Garden

Deck Garden 2

독특한 개성을 간직한 조경 디자인

데크는 주택의 내외부 생활을 이어주는 구조물이라 할 수 있다. 정원과 실내 공간을 연결시켜 가족의 활동범위를 넓혀 보다 친숙한 가정생활이 가능하도록 도와준다. 그리고 어떻게 설치하느냐에 따라서 마당의 분위기와 건물의 이미지까지도 좌우한다. 때문에 전체적인 건물의 구조나 정원의 모양을 잘 파악하여 적당한 위치에 두는 것이 중요하다. 볕이 잘 들고 출입이 용이하며 목적이 되는 활동에 적당한 면적과 높이, 난간의 유무 등 여러 요건을 잘 계획해야 한다.

트랠리스와 나무판재로 구성된 대문간을 지나 철도침목을 따라 오르면 다다르게 되는 양평의 이 주택 마당에서 단연 눈길을 끄는 것은 바로 데크이다. 건물 앞쪽으로 놓인 소나무와 관목, 초화류들을 껴안으면서 길게 이어진 데크는 여타의 주택에서 흔히 볼 수 있는 그것들과 확연히 다른 모습이다. 실로 건축주의 용단이 아니고서야 실현되기 힘든 길이와 면적을 자랑하고 있다.

주택 바로 앞쪽으로는 건물의 외관 컬러와 같은 톤으로 마감한 기본적인 데크가 있고, 그 앞으로 길게 이어진 좁다란 데크가 산책로 역할을 한다. 그 끝은 연못과 정자까지 연결된다. 특히 좁은 데크의 좌우에는 길게 난간을 두른 것이 특징인데, 중간중간 꽃을 심을 수 있는 화분 역할을 겸하고 높이가 낮은 편이라 답답하지 않고 색다른 느낌을 준다.

널따란 전면의 잔디밭, 물레방아와 브릿지가 설치된 연못, 역시나 넓은 데크가 특징인 2층 높이의 정자까지, 일반적인 조경 요소들이지만 활용도에 따라 얼마든지 다른 결과물을 얻을 수 있음을 알려주는 정원 사례다.

01
주택의 전면으로 길고 좁게 이어지는 데크가 눈길을 끈다. 낮게 둘러진 난간에는 꽃을 심어 이동의 재미를 배가시킨다.

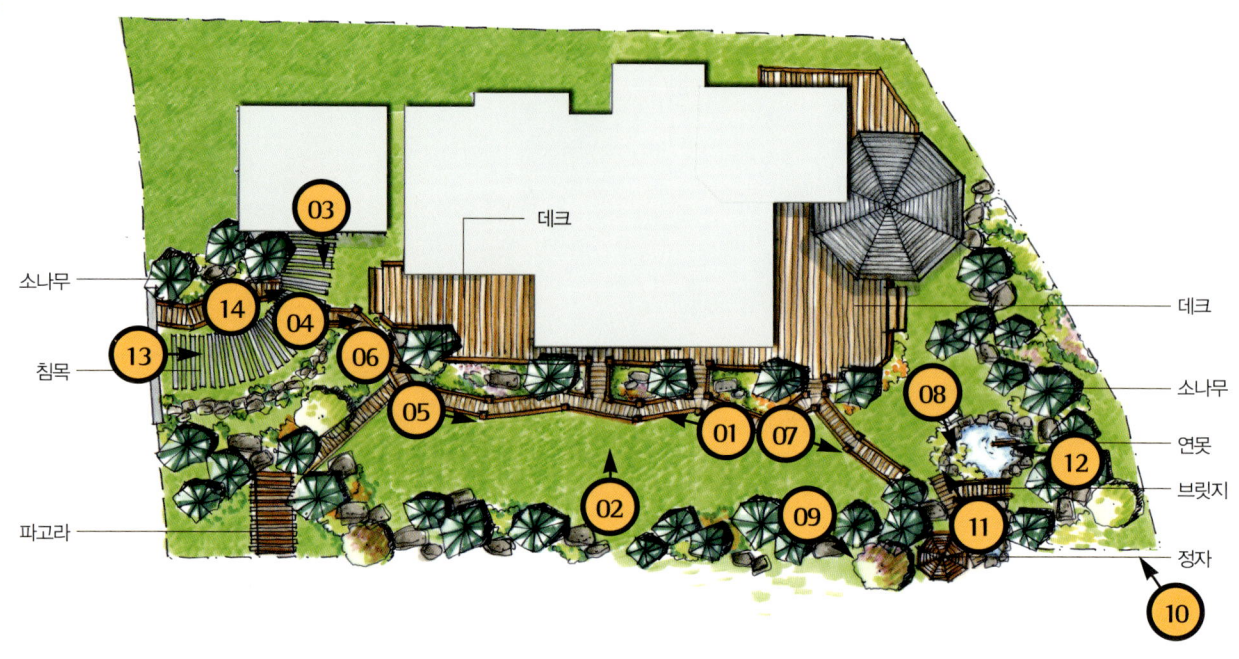

02
마당 한가운데서 바라본 주택과 전면 데크.

길게 뻗은 데크도 흔치 않지만 난간이 화분 역할까지 겸하는 것 또한 색다른 아이디어다. 평범한 조경 요소를 어떻게 활용하느냐에 따라 정원의 분위기가 확연히 달라질 수 있음을 보여준다.

05

06
연못가에서 바라본 브릿지와 정자.

07
비탈진 대지 위에 자리한 정자에도 계단을 설치해 규모를 달리했다.
지붕 바깥으로 바닥을 넓게 빼서 공간 활용도를 높인 것을 알 수 있다.

08
키 큰 소나무들과 연못, 잔디밭을 배경으로 마당 가운데 구불구불 이어진 데크가 보인다.

10 마당의 한쪽 끝자락에는 작지 않은 규모의 연못도 마련되어 있다. 작은 물레방아와 브릿지를 설치하고 온갖 수생식물까지 빽빽이 자라 보기 좋은 경관을 완성하고 있다.

11

12 대문 밖에서 바라본 주택과 정원. 목재로 마감한 계단과 침목이 정원의 데크까지 연결되어 있다.

Deck Garden 3

데크가 선사하는 풍요로움

넓은 대지에 가로로 길게 주택이 자리해 있고 그 앞으로 널찍한 데크가 마련된 정원이다. 마당으로 진입하는 계단부터 대지 외곽의 담장, 기본 조경 방향과 빈틈없이 다듬어 놓은 디딤석까지 어느 것 하나 허투루 꾸민 바가 없는 듯 깔끔하다.

대문을 열고 들어가면 제일 먼저 눈에 띄는 것은 잘 가꿔놓은 디딤판석이다. 깔끔하고 단아한 건축주의 성품이 느껴지는 일면으로 데크와 현관 등 발길이 닿는 곳이면 어디로든 연결되어 잔디를 밟지 않고도 이동이 용이하게 했다.

주택으로 들어서는 계단 옆으로는 경관석을 드문드문 배치하고 그 틈을 초화류로 메웠다. 정면에 마주보이는 데크는 주방과 바로 연결되어 있는데, 정원에서 꽤 큰 비중을 차지하며 보다 활동적인 외부생활을 영위할 수 있도록 해주는 중요한 공간이다. 가족의 또 다른 쉼터 역할을 톡톡히 해낼 수 있도록 파라솔과 야외테이블을 배치하여 꾸며놓았다.

나머지 넓고 평평한 땅에는 잔디를 빼곡히 심었다. 중간에 나무나 기타 장애물을 두지 않고 넓게 구성하여 시원스럽게 마무리했다. 언덕 아래 높다란 축대가 눈길을 끄는 정면에는 정원수를 일렬로 식재하고 단정하게 가지를 정리했다. 기와담장을 형상화한 축대의 패턴과 현관 바로 앞에 길게 마련된 기와담 화단이 일면 통일성을 보여준다.

이웃집과 맞닿은 한쪽 면은 트랠리스를 담장처럼 세웠다. 짙은 갈색이 데크와 잘 어울린다. 트랠리스 하부에는 덩굴식물을 심어 자라면서 타고 올라가도록 연출했다.

01

넓게 펼쳐진 잔디밭과 디딤판석, 데크가 눈길을 끄는 주택 정원이다.

- 기와쌓기
- 남천
- 데크
- 소나무
- 야외 테이블
- 초화류
- 자연석쌓기
- 물확
- 디딤판석
- 단풍나무
- 향나무

02
마당 가운데는 딱히 관목이나 큰 자리를 차지하는 초화류를 심지 않아
대문에서 오르는 계단부가 더 화려하게 여겨진다.

03 계단 주변으로는 크고 작은 바위 사이로 낮은 키의 초화류를 빼곡히 심어 푸르름을 더했다.

담장 안쪽으로는 외곽선을 따라 소나무와 단풍나무 등 조경수를 심었다.

05

06

트랠리스로 구성한 데크 옆쪽의 담장. 덩굴식물이 자라나 자리를 잡으면 더욱 볼만할 것이다.

07

현관 바로 앞 화단에는 기와를 쌓아 둘렀는데, 정면의 축대에 새겨진 무늬와 일맥상통하는 것으로 볼 수 있다.

08
전원주택의 대표적인 야외 공간인 데크. 주방 앞쪽으로 꽤 넓게 마련하여 생활에 편의를 더했음을 알 수 있다.

Deck Garden 4

생활 영역의 확장을 도와주는 데크

데크는 주택에서 이루어지는 모든 활동의 범위를 넓혀주는 가장 효과적인 방법 중 하나이다. 건물과 바로 연결되어 이동을 보다 용이하게 해주고 차양 등을 활용하면 날씨에도 영향을 덜 받으며 움직일 수 있다. 또 나무가 주는 친근함을 직접 발로 밟으며 느낄 수 있는 매개가 되기도 한다. 때문에 정원이 있는 주택이라면 한 군데 이상에 설치되기 마련이다.

단풍잎도 하나둘씩 떨어지는 가을의 끝자락에 방문한 이 주택 역시 정원에 데크를 적극적으로 이용하였다. 먼저 집 안 거실과 주방의 유리창 앞쪽으로 널찍하게 데크를 조성했다. 이 곳은 주로 빨래를 널거나 부엌일을 하는 등 가사에 도움이 되는 실용도 높은 공간으로 사용된다. 또 대문에서 바라볼 때 왼쪽 공간에도 따로 데크를 깔았다. 여기에는 야외 테이블과 의자를 두었는데, 한쪽으로 작은 오두막식의 파고라를 지어 바비큐를 해 먹는 등의 야외식사에 적극 활용할 수 있도록 했다. 또한 목재로 난간을 둘러 아늑함을 의도하였다.

이 두 데크 사이에는 판석으로 디딤돌을 놓아 이동시 잔디훼손을 방지하는 동시에 시선이 연결되도록 계획하였다. 또 데크 앞으로는 단풍나무와 소나무를 나란히 심기도 하고 거실 앞에는 둥근 모양의 공작단풍을 식재해 보기 좋게 정리했다.

그 밖의 공간에는 정원 외곽을 따라 자연석을 쌓고 소나무와 갖가지 관목을 둘러 심었다. 대문은 인위적인 담장 대신 수목으로 경계를 표시하고 현관을 향해서는 철도침목을 야트막한 계단처럼 쌓아 동선을 인도하도록 했다.

01
주택과 마당 한쪽에 데크를 조성해 꾸민 정원 사례이다. 짙은 브라운톤의 가구와 파고라 등이 데크와 일체화되면서 아늑함을 더한다.

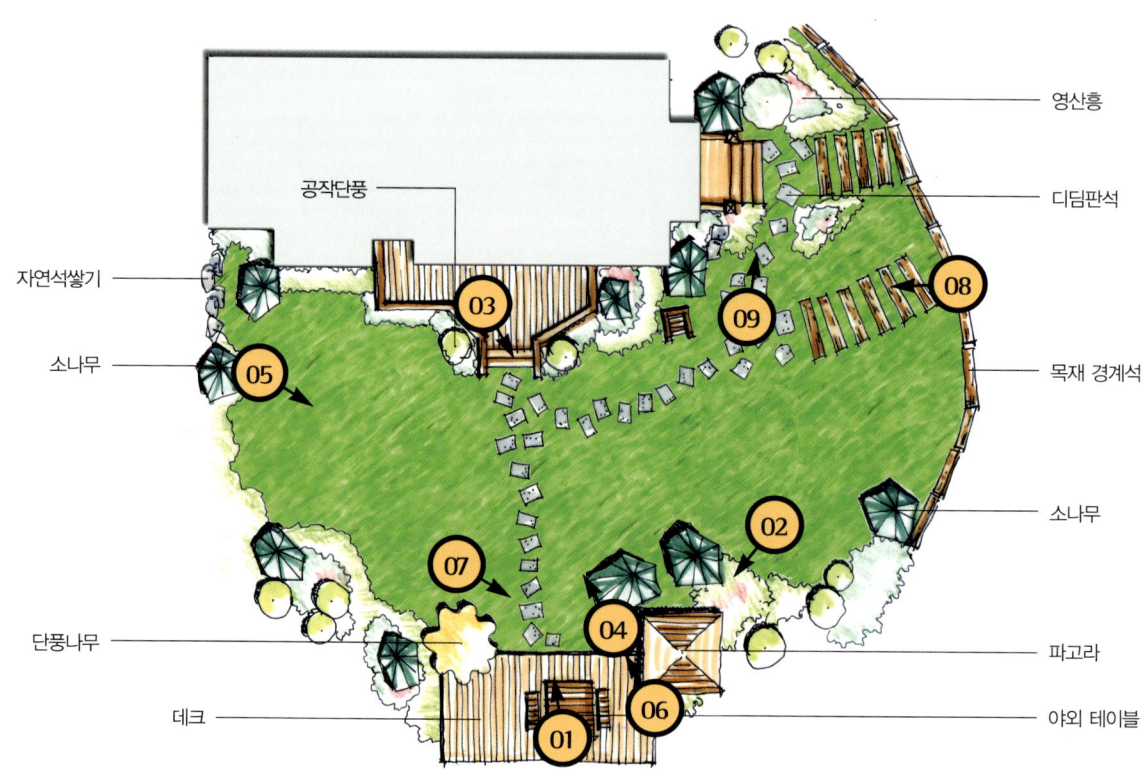

02

03
정원 한쪽에 마련된 단독 데크는 야외 테이블 셋트를 두고 바비큐를 위한 작은 파고라를 설치하는 등 야외에서의 식사에 포인트를 맞춘 공간이다. 목재 난간을 두르고 전면으로 키가 큰 나무를 심어 하나의 단독 영역으로 꾸몄다. 현관과 대문쪽에서 이어지는 디딤돌어 연결되어 있다.

04
주택에 맞붙어 있는 데크는 거실과 주방에서부터 연장된 가사공간으로 활용된다. 출입이 간편해 보다 활동적인 야외생활이 가능하도록 해준다.

05
데크를 제외한 나머지 공간은 넓게 잔디밭을 조성하고 정원 둘레를 따라 키가 작은 관목을 에둘러 심었다.

08 따로 대문을 두지 않고 철도침목을 이용해 건물과 마당으로 자연스럽게 진입을 유도하였다.

09 데크와 건물 주위 역시 관목과 초화류를 빽빽이 심어 풍성하게 꾸몄다. 별도의 담장 없이 수목을 심어 경계를 구분한 것도 특징이다.

CASE 7

고풍스러운 전통 정원
Traditional Garden

고유의 넉넉함을 한껏 드러내는 마당 산책   414

아늑함이 느껴지는 우리 정원   422

Traditional Garden 1

고유의 넉넉함을 한껏 드러내는 마당 산책

곡전재는 1929년에 지어진 조선 후기의 전통 목조 건축물로 현재 성주 이씨 24대손이 살고 있다. 원래 6채 53칸 규모로 지어졌으나, 지금의 규모는 5채 51칸이다. 지난 2003년 구례군 향토문화유산 2003-9호로 지정되었고 문화체육관광부에서 시행하는 고택 관광자원화사업 대상으로 선정, 현재 안채를 제외한 사랑채, 행랑, 중간채를 모두 펜션으로 활용하고 있다.

방문시 가장 처음 마주하게 되는 대문간은 높다란 지붕과 더불어 키가 3m는 족히 됨직한 호박돌 담장으로 둘러싸여 위용을 과시한다. 대문을 지나 사랑마당으로 들어가면 굽이쳐 흐르는 곡수를 만나게 되는데, 마당 가운데를 구불구불 가로질러 마당의 좌우 끝까지 이어져 있다. 판석으로 다리를 놓듯 동선을 연결하였으며 그 사이사이마다 야생화를 풍성하게 심어 정겨움을 더했다.

1998년 복원한 중간채와 동행랑 사이에는 '춘해루'라는 누각이 있고 그 옆으로는 널찍한 연못도 마련되어 있다. 돌멩이를 차곡차곡 쌓아 연못의 둘레를 감싸고 안채 뒤쪽에서 뻗어나온 대나무밭이 이어져 키큰 다른 나무들과 함께 녹음을 자랑한다. 한 쪽으로는 널찍한 자연석으로 돌다리를 이어 무료함을 달랬다.

01

중간 사랑채에서 바라본 대문. 앞쪽으로 곡수가 흐르고 있다.

02
굽이굽이 사랑마당을 채우고 있는 곡수 사이로 온갖 야생화들이 풍성하게 피었다.

03

04 곡수의 물길은 자연석으로 구성되어 있으며, 넓적한 판석을 중간중간 두어 사람의 동선에 영향을 주지 않도록 했다.

춘해루에서 바라본 대문간. 우거진 녹음으로 인해 시선이 자연스레 차폐되는 것을 알 수 있다.

05

06

07 호박돌 담장이 길게 이어진 서행랑 뒷마당. 오래된 기왓장을 쌓아놓은 모습이 정겹다.

08

동행랑 옆으로 자리한 연못 한가운데는 널찍한 바위를 길게 이어 징검다리를 만들었다. 곧게 뻗은 대나무와 짙은 녹색의 나뭇잎들이 바라만 보아도 시원하다.

09

마당 한쪽 구석에서 바라본 대문간과 중간채. 한옥 마당의 여유로움이 물씬 느껴진다.

Traditional Garden 2

아늑함이 느껴지는 우리 정원

우리 옛 살림집, 그중에서도 초가에 대한 감성은 매우 따뜻하고 편안한 것이어서 바라보는 것만으로도 아늑함을 준다. 거기다 넉넉하게 잘 꾸며진 정원까지 더해진다면 금상첨화일 것이다.

녹음이 짙푸른 6월의 어느 날, 이 곳 초가의 앞마당에도 푸른빛이 가득하다. 소박한 주택의 외관과 달리 체계적으로 잘 꾸며진 앞마당은 무척이나 정돈된 모습이다. 맷돌과 다듬잇돌을 이용한 디딤석들이 이곳저곳 동선을 따라 길게 놓였으며, 네모난 자연석과 기와를 이용해 쌓은 화단도 단단해 보인다.

널찍한 정원 전체에는 키 작은 관목과 화초들이 질서정연하게 심겨져 있으며 드문드문 서 있는 소나무와 단풍나무가 시선을 잡아준다. 작은 화분과 곳곳에 피어난 야생화들이 생기를 더하며 투박한 장독대와 석등도 전통조경의 분위기를 한껏 더해주는 아이템 역할을 톡톡히 한다. 여기에 정원 하면 빠질 수 없는 수공간까지 마련되어 있어 쾌적함을 극대화하고 있다.

01
아늑한 느낌의 초가와 정갈한 화단이 잘 어우러진 모습이다.

02 기와를 이용해 쌓은 화단에는 색색의 꽃을 심어 화사함을 더한다.

03 정원 한쪽으로는 수공간을 마련하는 것도 잊지 않았다.

CASE 7 Traditional Garden

05

우물을 연상시키는 석물과 다닥다닥 붙어 이어진 맷돌 디딤석이 눈길을 사로잡는다.

04

장독대에서 바라본 모습. 관목과 야생화 사이사이 키가 큰 소나무들이 시원스레 뻗어 있어 시선을 사로잡는다.

06 07

크고 작은 화분들로 꾸민 모습. 자연석을 이용해
편평하게 쌓은 초가의 기단부와 빗물받이 홈통의
끝부분을 잡아주는 기와가 정겹다.

마당 한켠으로는 벤치와 자갈길, 석등으로 꾸며진 산책로도 마련되어 있다.

INDEX
취재원 연락처 및 참고 문헌

PART 2

- p86 · 연못 관련 자료 · 한수종합조경 02-323-1361 www.hansu.com
- p89 · 연못기기 · 가든라이프 02-579-5083 www.gardenlife.co.kr
- p90 · 연못 DIY 자료 · HSM Enjoy Water 031-695-7427
  www.hsmenjoy.com
- p98 · 목재 도움말 · 한국목구조기술인협회 063-642-9922
  www.kwsea.or.kr
- p100 · 수영장 장소 협조 · 펜션카타마린 031-582-2534
  www.katamarine.com
- p101 · 간이수영장 제품 · SPA international 031-558-0358
  www.sspa.co.kr
- p102 · 히노끼목재 · 동신종합목재 031-572-2662
  www.hinokinara.com
- p103 · 스파제품과 가제보 · LASPA 02-893-9244
  www.artsianspa.com

PART 3

- p146 · 정원수 선택 · 국립산림과학원 산림유전자원과 031-290-1192
  www.kfri.go.kr
- p150 · 유실수 · 농촌진흥청 국립원예특작과학원 기술지원과
  031-240-3590 www.rda.go.kr
- p158 · 소나무 관리 · 산림청 산림환경보호과 042-481-2504
  www.forest.go.kr
  | 이오조경 031-989-2504
  | 예전조경 02-572-6622 www.yeijeon.co.kr
- p161 · 소나무 병해충 관리 · 국립산림과학원 산림병해충연구과
  02-961-2651 www.kfri.go.kr
- p162 · 생나무울타리 · 국립산림과학원 산림유전자원과 031-290-1102
  www.kfri.go.kr
  | 창성농원 사철나무 063-291-4673 www.365tree.com
- p166 · 잔디 선택 및 DIY · 미성잔디 02-381-5404 www.miseong.co.kr
- p174 · 잔디깎기, 예초기 · 계양전기 080-545-0989 ww.keyang.co.kr
  | 우창통상 02-3461-1691 www.wct.co.kr
  | 혜지교역 02-2279-0451 www.craftsman.co.kr
  | 한국로버트보쉬 02-2270-7114 www.bosch.co.kr
- p176 · 잔디119 · 왕초보잔디 02-453-3786 www.imjandi.co.kr
- p180 · 잡초제거 · 농촌진흥청 국립농업과학원 031-290-0408
  www.naas.go.kr

PART 4

- p248 · 공간별 꽃밭 연출법 · G그린 02-573-0931 www.Ggreen.co.kr
- p254 · 꽃밭 관리 · 농업기술센터 02-3462-5708 www.agro.seoul.kr
  | 한그린원예전문백화점 02-3461-3461
- p254 · 꽃밭 관리 노하우 · 서울시 농업기술센터 02-459-8992
  agro.seoul.go.kr
- p258 · 야생화 가꾸기 · 광릉식물원 031-756-6500 www.krflower.co.kr
  | 민들레식물원 02-445-4116
  | 대한종묘조경 02-718-8500 www.wfw.co.kr
  | 천보식물원 02-384-7148
  | 왕농사 02-579-5083 www.garden-life.co.kr

PART 5

- p308 · 텃밭의 적정 규모 · 서울시 농업기술센터 02-459-8992
  agro.seoul.go.kr
- p311 · 텃밭 크기에 따른 재배사례 · 전남도청 친환경농업과
  061-286-6223 www.jeonnam.go.kr
- p312 · 단계별 유기농 재배 과정 · (사)전국귀농운동본부 031-408-4080
  www.refarm.org
- p318 · 다양한 쌈 채소 · 환경운동연합 02-735-7000 www.kfem.or.kr
- p320 · 새싹채소 · (주)아시아종묘 02-443-4303 www.asiaseed.co.kr
- p324 · 퇴비만들기 · (사)흙살림 020-333-8179 www.heuk.or.kr
- p327 · 퇴비실 만들기 · '똥살리기 땅살리기' (녹색평론사, 2004) 참조